职业教育课程改革创新教材
智能制造专业群系列教材

AutoCAD 2018 中文版 机械制图

方意琦　主编
何涨斌　虞春杰　副主编
伊水涌　主审

科学出版社
北　京

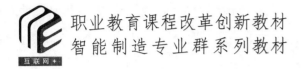

内 容 简 介

本书是以AutoCAD 2018中文版为软件平台组织编写的，主要内容包括AutoCAD概述及基础操作、设置绘图环境、绘制与编辑简单平面图形、绘制与编辑复杂平面图形、尺寸标注、绘制零件图、绘制装配图、绘制轴测图、创建3D实体、图形打印。为了方便学习，书中提供了大量的图例及习题，且书后附有附录（练习图精选、制图员技能检测模拟题、AutoCAD 2018常用快捷命令）。

本书可作为职业院校机械类专业相关课程的教材，也可供工程技术人员参考。

图书在版编目(CIP)数据

AutoCAD 2018 中文版机械制图/方意琦主编. —北京：科学出版社，2018.8

职业教育课程改革创新教材 智能制造专业群系列教材

ISBN 978-7-03-058454-0

Ⅰ. ①A… Ⅱ. ①方… Ⅲ. ①机械制图-AutoCAD软件-高等职业教育-教材 Ⅳ. ①TH126

中国版本图书馆CIP数据核字（2018）第177229号

责任编辑：张振华 / 责任校对：王万红

责任印制：吕春珉 / 封面设计：东方人华平面设计部

科学出版社 出版

北京东黄城根北街16号

邮政编码：100717

http://www.sciencep.com

三河市良远印务有限公司印刷

科学出版社发行 各地新华书店经销

*

2018年8月第 一 版 开本：787×1092 1/16

2023年2月第五次印刷 印张：14 3/4

字数：330 000

定价：36.00元

（如有印装质量问题，我社负责调换〈良远〉）

销售部电话 010-62136230 编辑部电话 010-62135120-2005

前　言

党的二十大报告指出："加快建设国家战略人才力量，努力培养造就更多大师、战略科学家、一流科技领军人才和创新团队、青年科技人才、卓越工程师、大国工匠、高技能人才。"为了深入贯彻落实二十大报告精神，编者根据二十大报告和《职业院校教材管理办法》《高等学校课程思政建设指导纲要》《"十四五"职业教育规划教材建设实施方案》等相关文件精神，对本书内容做了更新、完善等修订工作。在修订过程中，编者紧紧围绕"培养什么人、怎样培养人、为谁培养人"这一教育的根本问题，以落实立德树人为根本任务，以学生综合职业能力培养为中心，以培养卓越工程师、大国工匠、高技能人才为目标。通过这次修订，本书的体例更加合理和统一，概念阐述更加严谨和科学，内容重点更加突出，文字表达更加简明易懂，工程案例和思政元素更加丰富，配套资源更加完善。具体而言，主要具有以下几个方面的突出特点。

1）校企"双元"联合编写，行业特色鲜明。本书是在行业专家、企业专家和课程开发专家的指导下，由校企"双元"联合编写的。编者均来自教学或企业一线，具有多年的教学或实践经验。在编写过程中，编者能紧扣该专业的培养目标，遵循教育教学规律和技术技能人才培养规律，将新理论、新标准、新规范融入教材，符合当前企业对人才综合素质的要求。

2）与实际工作岗位对接，强调"工学结合"。本书基于"理实一体化"教学的编写理念，以真实生产项目、典型工作任务、案例等为载体组织教学，能够满足项目化学习、模块化学习等不同教学方式的要求。

3）融入思政元素，落实课程思政。为落实立德树人根本任务，充分发挥教材承载的思政教育功能，本书凝练思政要素，融入精益化生产管理理念，将安全意识、质量意识、职业素养、工匠精神的培养与教材的内容相结合，使学生在学习专业知识的同时，潜移默化地提升思想政治素养。

4）立体化资源配套，便于实施信息化教学。为了方便教师教学和学生自主学习，本书配套有免费的立体化的教学资源包，包括多媒体课件、微课、视频等。此外，本书中穿插有丰富的二维码资源链接，通过扫描可以观看相关的微课视频。

本书共 10 个单元，在内容上力求做到图文并茂、形象直观，文字叙述条理清晰、简明扼要、通俗易懂。所有绘图知识点都有具体的应用实例，每个实例都有具体的步骤和详细的解释，同时融汇了大量的经验和技巧，读者只需按照书中描述的步骤逐步操作，即可掌握所讲述的知识点。另外，附录中提供了大量的练习题，供读者巩固练习使用，以提高绘图水平。为方便教学，本书配套有免费的立体化教学资源包（下载地址：www.abook.cn）。

本书由方意琦担任主编，何涨斌、虞春杰担任副主编，陈海女、王桂芬参编。全书由方意琦负责框架设计及后续统稿、定稿，由伊水涌主审。

由于编者水平有限，加之编写时间仓促，书中难免有不妥之处，恳请广大读者批评指正。

目　　录

单元1 AutoCAD 概述及基础操作 1

1.1 概述……2
1.2 AutoCAD 2018 工作界面……4
1.3 图形文件基本操作……7
习题……10

单元2 设置绘图环境 11

2.1 设置图形单位、图形界限……12
2.2 坐标系……13
2.3 设置“选项”对话框参数……15
2.4 设置图层……17
2.5 设置绘图辅助工具……20
习题……21

单元3 绘制与编辑简单平面图形 23

3.1 绘制简单图形……24
3.2 直线命令……29
3.3 选择对象与删除和恢复命令……30
3.4 点命令……33
3.5 矩形、多边形、分解命令……34
3.6 修剪、延伸、打断、拉长命令……37
3.7 圆、圆弧、圆环命令……41
3.8 椭圆、椭圆弧命令……44
3.9 偏移命令……46
3.10 绘制轴承座……48
习题……52

单元4 绘制与编辑复杂平面图形 54

4.1 镜像、阵列命令……55
4.2 旋转、移动命令……59
4.3 复制、缩放命令……61
4.4 倒角、圆角命令……64

4.5 绘制样条曲线、剖面线 68
4.6 绘制端盖实例 70
习题 73

单元5 尺寸标注 75

5.1 尺寸标注的基本知识 76
5.2 创建与设置尺寸标注样式 77
5.3 尺寸标注的类型 83
5.4 编辑尺寸标注 86
5.5 标注端盖尺寸 90
习题 96

单元6 绘制零件图 99

6.1 图纸幅面、标题栏和比例 100
6.2 设置零件图尺寸标注样式 104
6.3 标注表面粗糙度 105
6.4 标注几何公差 112
6.5 书写文字 116
6.6 抄画“托架”零件图 119
习题 125

单元7 绘制装配图 128

7.1 绘制详细的二维装配图 129
7.2 由零件图组合装配图 132
7.3 标准件处理 134
7.4 标注零件序号 136
7.5 填写明细栏 137
7.6 由装配图拆画零件图 138
习题 141

单元8 绘制轴测图 143

8.1 轴测图相关知识及绘制长方体轴测图 144
8.2 在轴测模式下绘制圆 148
8.3 在轴测模式下书写文本 151
8.4 在轴测图中标注尺寸 153
8.5 绘制支架轴测图 154
习题 158

单元9 创建3D实体 161

9.1 三维绘图基本知识 …… 162
9.2 绘制三维造型 …… 165
9.3 三维图形的编辑 …… 172
习题 …… 176

单元10 图形打印 180

10.1 模型空间与图纸空间 …… 181
10.2 布局与视口 …… 182
10.3 打印设置与出图 …… 184
习题 …… 189

附 录 190

附录1 练习图精选 …… 190
附录2 制图员技能检测模拟题 …… 215
附录3 AutoCAD 2018常用快捷命令 …… 223

参考文献 226

1 单元 AutoCAD 概述及基础操作

◎ **内容导航**

AutoCAD 是一款优秀的计算机辅助设计软件，也是国内外受欢迎的 CAD 软件之一。它以强大的平面绘图功能、直观的界面、简捷的操作，赢得了众多工程人员的青睐，尤其在机械设计领域的应用更为广泛。

通过本单元的学习，读者将对 AutoCAD 的发展史、AutoCAD 2018 的启动、AutoCAD 2018 的工作界面及文件操作等方面的内容有一个整体的认识。

◎ **学习目标**

- 了解 AutoCAD 的发展史。
- 了解安装 AutoCAD 2018 所需要的系统配置。
- 认识 AutoCAD 2018 工作界面。
- 掌握 AutoCAD 2018 文件操作的方法。

1.1 概　述

通过本节的学习，了解 AutoCAD 的发展史及安装 AutoCAD 所需要的系统配置。

1. AutoCAD 的发展史

AutoCAD 2018 是美国 Autodesk 公司 2017 年 3 月推出的一个新版本。AutoCAD 从 1982 年推出的第一个版本至今已有 30 多年的历史，其功能不断被强化，市场占有率位居世界前列。它在机械、建筑、电子、汽车等工程设计领域得到了广泛的应用。

AutoCAD 的发展过程可分为初级阶段、发展阶段、高级发展阶段、完善阶段、进一步完善阶段和成熟阶段 6 个阶段，如表 1-1 所示。

表 1-1　AutoCAD 的发展过程

发展阶段	时间	版本号	发展阶段	时间	版本号
初级阶段	1982 年 11 月	AutoCAD 1.0	进一步完善阶段	2003 年 5 月	AutoCAD 2004
	1983 年 4 月	AutoCAD 1.2		2004 年 8 月	AutoCAD 2005
	1983 年 8 月	AutoCAD 1.3		2005 年 6 月	AutoCAD 2006
	1983 年 10 月	AutoCAD 1.4		2006 年 3 月	AutoCAD 2007
	1984 年 10 月	AutoCAD 2.0		2007 年 3 月	AutoCAD 2008
发展阶段	1985 年 5 月	AutoCAD 2.17	成熟阶段	2008 年 3 月	AutoCAD 2009
	1986 年 6 月	AutoCAD 2.5		2009 年 3 月	AutoCAD 2010
	1987 年 9 月	AutoCAD 9.0		2010 年 3 月	AutoCAD 2011
高级发展阶段	1988 年 8 月	AutoCAD 10.0		2011 年 3 月	AutoCAD 2012
	1990 年 8 月	AutoCAD 11.0		2012 年 3 月	AutoCAD 2013
	1992 年 8 月	AutoCAD 12.0		2013 年 3 月	AutoCAD 2014
完善阶段	1996 年 6 月	AutoCAD R13		2014 年 3 月	AutoCAD 2015
	1998 年 1 月	AutoCAD R14		2015 年 3 月	AutoCAD 2016
	1999 年 1 月	AutoCAD 2000		2016 年 3 月	AutoCAD 2017
进一步完善阶段	2001 年 9 月	AutoCAD 2002		2017 年 3 月	AutoCAD 2018

2. 安装 AutoCAD 2018 所需的系统配置

AutoCAD 2018 所进行的大部分工作是图形处理，涉及大量的数值计算，因此对计算机系统的软、硬件环境有一定的要求，以下列出的是最低要求。

1）操作系统：Windows 7 SP1（32 位和 64 位）。

2）浏览器：Internet Explorer 11。

3）处理器：32 位系统，1GHz，32 位（×86）处理器；64 位系统，1GHz，64 位（×64）处理器。

4）内存：32 位系统，2GB（建议使用 4GB）；64 位系统，4GB（建议使用 8GB）。

5）视屏：1360×768 像素（建议 1920×1080 像素），真彩色。

6）显卡：Windows 显示适配器、1360×768 像素彩色功能和 DirectX 9。

7）磁盘空间：4GB。

8）输入设备：鼠标或其他定位设备。

9）其他可选设备：打印机、绘图仪、Open GL 兼容三维视频卡、访问 Internet 的连接设备等。

3. 启动 AutoCAD 2018

启动 AutoCAD 2018 的方法有以下 3 种。

1）通过桌面快捷方式启动。在桌面找到 AutoCAD 的快捷方式图标，双击该图标，即可启动 AutoCAD 2018。

2）从“开始”菜单启动。选择“开始”→“程序”→“Autodesk”→“AutoCAD 2018”命令，启动 AutoCAD 2018。

3）通过打开已有的 AutoCAD 文件启动。找到扩展名为.dwg 的文件，双击该文件，即可启动 AutoCAD 2018。

4. 退出 AutoCAD 2018

退出 AutoCAD 2018 的方法有以下几种。

1）单击工作界面右上角的“关闭”按钮。

2）在标题栏上右击，在弹出的快捷菜单中选择“关闭”命令。

3）在命令窗口的当前命令行中输入“QUIT”或“EXIT”命令，然后按 Enter 键。

4）按 Ctrl+Q 组合键。

5）按 Alt+F4 组合键。

退出时，若没有保存改动过的图形文件，会打开“AutoCAD”信息提示对话框，提示是否进行保存，如图 1-1 所示。

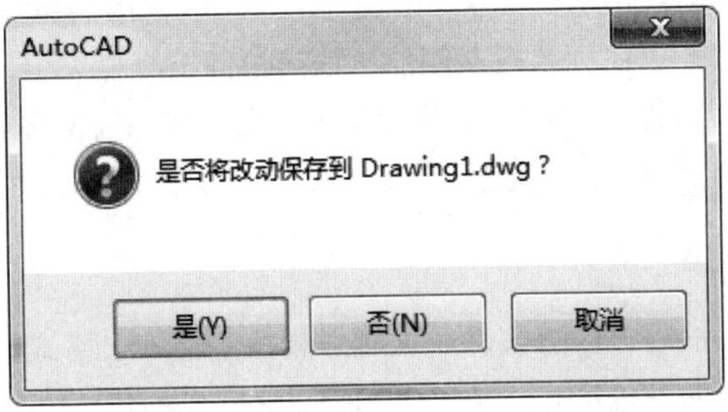

图 1-1　“AutoCAD”信息提示对话框

1.2 AutoCAD 2018 工作界面

工作界面是 AutoCAD 软件和用户互动交流的平台，通过本节的学习，熟悉 AutoCAD 2018 的工作界面，对 AutoCAD 2018 有更进一步的了解。

AutoCAD 2018 的工作界面由标题栏、菜单栏、功能区选项卡、绘图区、命令窗口、状态栏等部分组成，如图 1-2 所示。

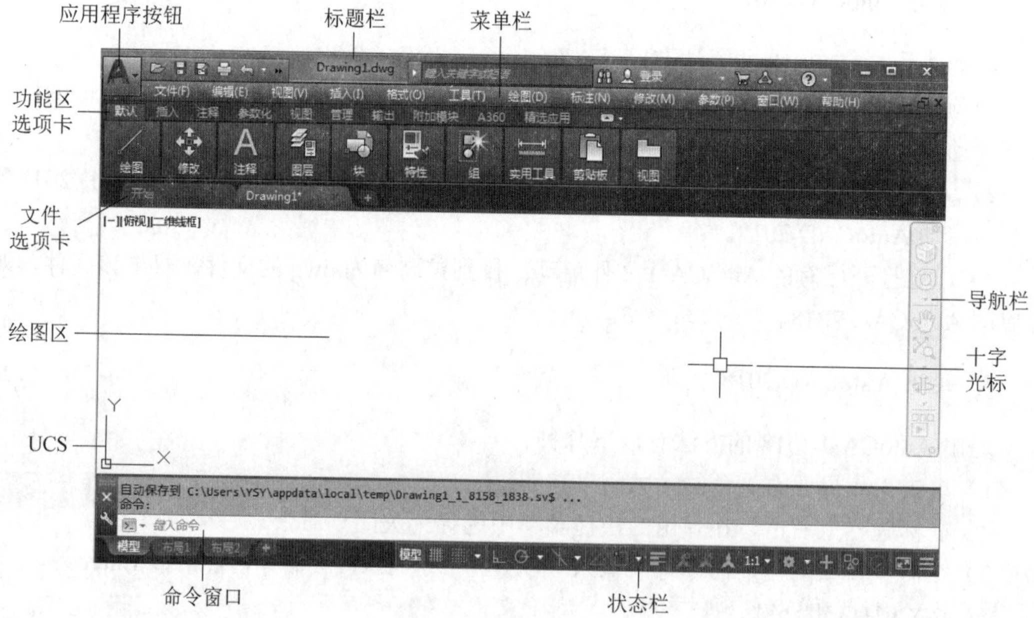

图 1-2　AutoCAD 2018 的工作界面

1. 标题栏

标题栏位于 AutoCAD 2018 工作界面的最上方，一些常用的命令按钮（如“新建”“打开”“保存”“打印”等）放在标题栏左侧的“快速访问工具栏”中，也可以根据需求自定义“快速访问工具栏”。标题栏中间显示软件及版本名称和当前文件名称及保存路径。标题栏的最右侧有 3 个控制按钮，可以对窗口进行最小化、最大化和关闭等操作。

2. 菜单栏

菜单栏位于标题栏的下方，有文件、编辑、视图、插入、格式、工具、绘图、标注、修改、参数、窗口、帮助等菜单。各菜单中包含了 AutoCAD 大部分的命令。

通过单击标题栏中的“自定义快速访问工具栏”按钮，在弹出的下拉列表中，选择“显示（或隐藏）菜单栏”命令来显示（或隐藏）菜单栏，如图 1-3 所示。

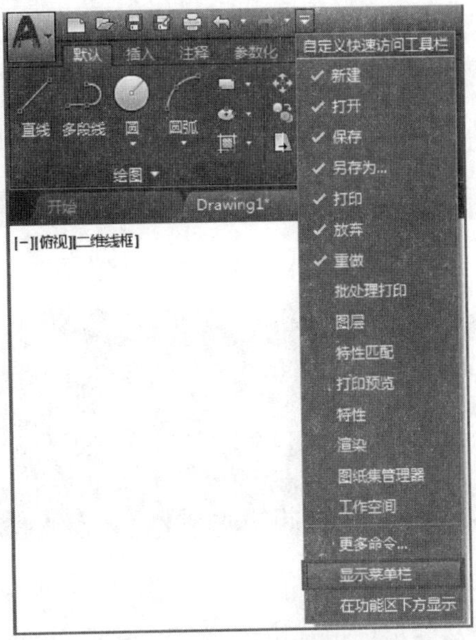

图 1-3　设置显示（或隐藏）菜单栏

允许自定义用户界面的方法是，选择“工具”→“自定义”→“界面”命令，在打开的“自定义用户界面”对话框中定义即可。

3. 功能区选项卡

功能区选项卡位于菜单栏下方，如图 1-4 所示。

图 1-4　功能区选项卡

选择某个选项卡，会显示其下对应的面板工具栏，面板是一组图标型工具的集合。系统默认的是“默认”选项卡下的各种面板工具，图 1-5 所示为“默认”选项卡下的“绘图”面板。

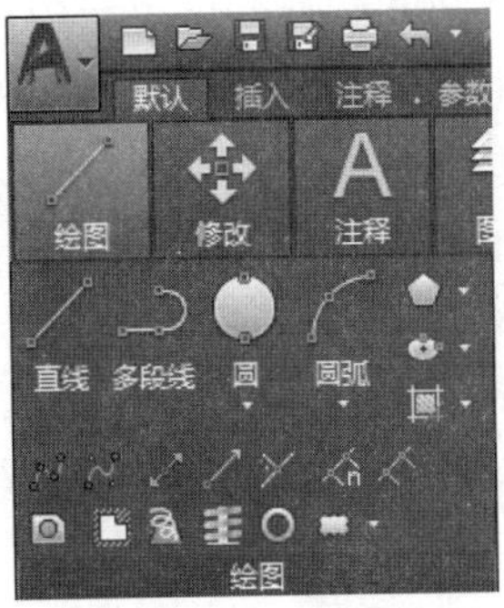

图 1-5　“默认”选项卡下的“绘图”面板

双击选项卡，面板将在简化和展开之间切换，如图 1-6 和图 1-7 所示。

图 1-6 “默认”选项卡下的简化面板

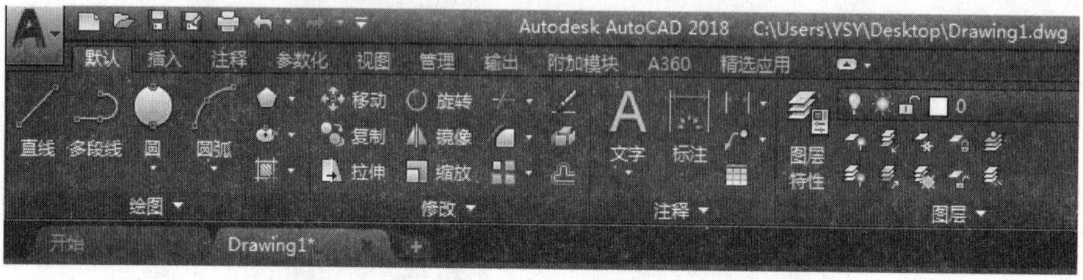

图 1-7 “默认”选项卡下的展开面板

单击并拖动面板可将菜单面板拖出功能区，也可以单击面板右上角的“将面板返回到功能区”按钮，使菜单面板返回到功能区，如图 1-8 所示。

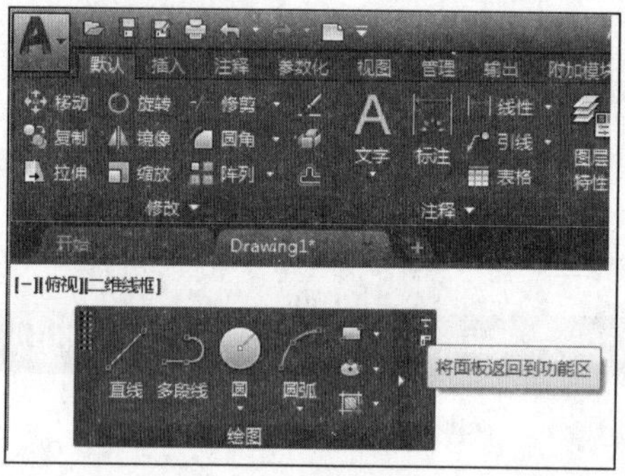

图 1-8 将“绘图”菜单面板拖出功能区

4. 绘图区

工作界面上最大的空白区即绘图区，它是显示和绘制图形的工作区域。绘图区没有边界，利用视窗缩放功能，可使绘图区增大或缩小。工作区域的实际大小，即长、高各有多少数量单位，可根据需要自行设定。绘图区中有十字光标、用户坐标系图标、滚动条等。绘图区的背景颜色默认为黑色，光标为白色，也可通过选择“工具”→“选项”→“显示”→“颜色”命令来设置不同的背景颜色。

绘图区左下角是模型空间与图纸空间的切换按钮 模型 / 布局1 / 布局2，利用它可方便地在模型空间与图纸空间之间切换。默认的绘图空间是模型空间。

5. 命令窗口

命令窗口也称命令行或命令提示区，是用户与 AutoCAD 程序对话的地方。其显示的是用户从键盘上输入的命令信息，以及用户在操作过程中程序给出的提示信息。在绘图时，用户应密切注意命令窗口的各种提示，以便准确、快捷地绘图。命令窗口的大小可以调整。

6. 状态栏

状态栏位于工作界面的底部，显示当前十字光标的三维坐标和 15 种辅助绘图工具的切换按钮。单击切换按钮，可在系统设置的 ON 状态和 OFF 状态之间切换。

1.3 图形文件基本操作

AutoCAD 2018 提供了一系列的图形文件管理命令。本节主要讲解学习文件的基本操作，为正确地管理和使用文件打下基础。

1. 创建图形文件

在 AutoCAD 2018 中，创建图形文件的方法有以下 4 种。

1）选择菜单栏中的“文件”→“新建”命令。

2）单击“新建”按钮。

3）在命令窗口输入“NEW”。

4）按 Ctrl+N 组合键。

当系统变量 STARTUP 的值为 0、2、3 时，执行“新建”命令后将打开图 1-9 所示的“选择样板”对话框，可以选择系统提供的样板文件新建，也可以按图 1-10 的路径打开无样板（公制）文件。

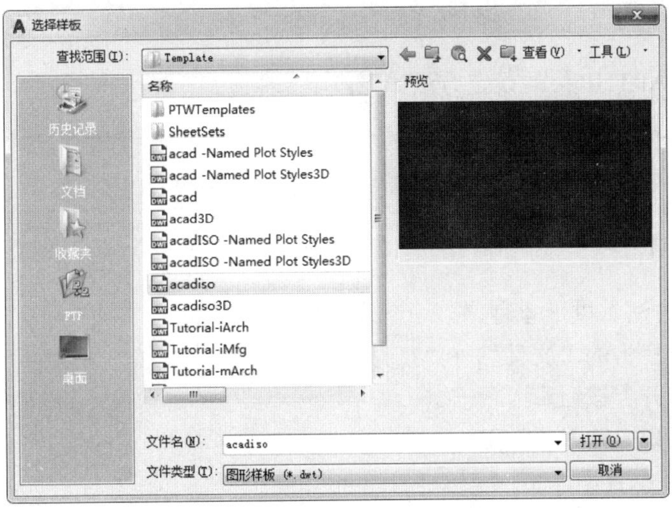

图 1-9　“选择样板”对话框

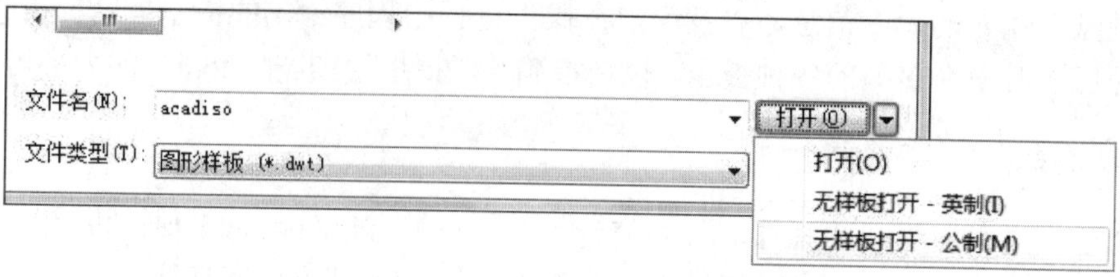

图 1-10　选择“无样板打开-公制”命令打开文件

在“文件类型”下拉列表中有 3 种格式的图形样板，扩展名分别是.dwt、.dwg 和.dws。在一般情况下，.dwt 文件是标准的样板文件，通常将一些规定的标准样板文件设成.dwt 文件；.dwg 文件是普通的样板文件；.dws 文件是包含标准图层、标注样式和文字样式的样板文件。

当系统变量 STARTUP 的值为 1 时，执行“新建”命令后将打开图 1-11 所示的“创建新图形”对话框，可以单击“从草图开始”按钮、“使用样板”按钮或“使用向导”按钮新建文件。

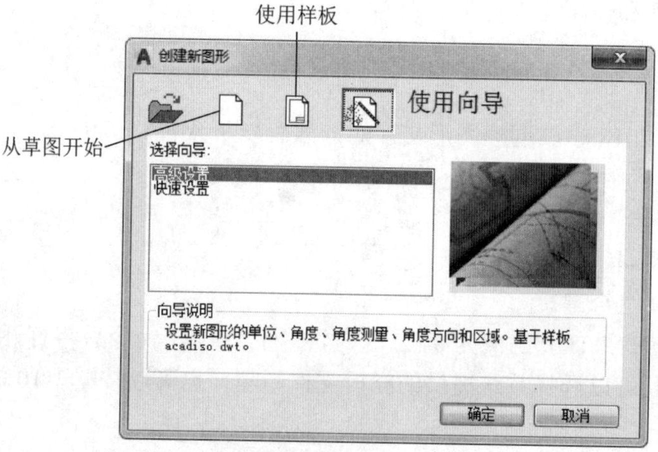

图 1-11　“创建新图形”对话框

系统变量 STARTUP 值的设定方法如下：

```
命令:Startup
输入 Startup 的新值<1>:                //输入 0 或 1、2、3
```

2. 打开文件

打开文件的方法有以下 4 种。

1）选择菜单栏中的“文件”→“打开”命令。

2）单击“打开”按钮。

3）在命令窗口中输入“OPEN”。

4）按 Ctrl+N 组合键。

执行命令后，打开“选择文件”对话框，如图 1-12 所示。

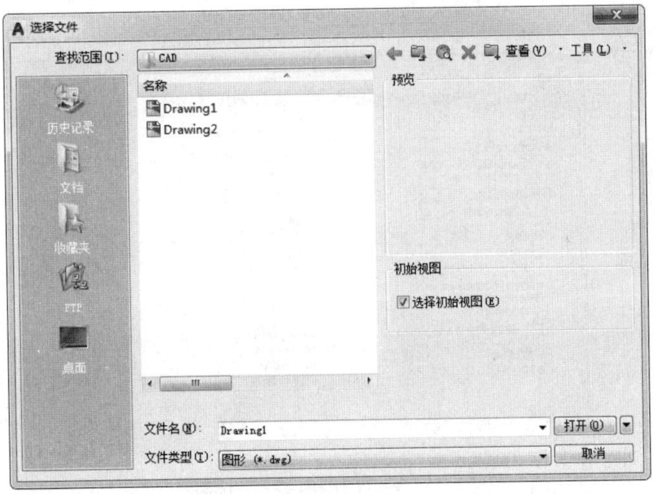

图 1-12 “选择文件”对话框

打开文件时，可选择以下 4 种打开方式。

1）打开。

2）以只读方式打开。

3）局部打开。

4）以只读方式局部打开。

其中，“打开”和“局部打开”可以对图形进行编辑，“以只读方式打开”和“以只读方式局部打开”无法对图形进行编辑。

在“文件类型”下拉列表中可选.dwg 文件、.dws 文件、.dxf 文件和.dwt 文件。.dxf 文件是用文本形式存储的图形文件，该类型文件能够被其他程序读取，许多第三方应用软件都支持.dxf 格式。

同时打开多个文件的方法是，在“选择文件”对话框中，按 Ctrl 键的同时选中几个要打开的文件，单击“打开”按钮即可。文件间切换的方法是，换 Ctrl+F6 组合键或 Ctrl+Tab 组合键。

3. 保存文件

保存文件命令用于将绘制的图形以文件的形式进行存盘，方便以后对图形进行查看、使用或修改、编辑等。保存文件的方法有以下 4 种。

1）选择菜单栏中的“文件”→“保存”命令。

2）单击“保存”按钮。

3）在命令窗口中输入“SAVE”。

4）按 Ctrl+S 组合键。

第一次保存文本时，将打开“图形另存为”对话框，选择文件要保存的路径，并在“文件名”文本框中输入文件名，单击“保存”按钮即可。

当需要 AutoCAD 自动保存时，可选择菜单栏中的“工具”→“选项”命令，打开“选项”对话框，选择“打开和保存”选项卡，选中“自动保存”复选框并设置保存间隔时间，如图 1-13 所示。

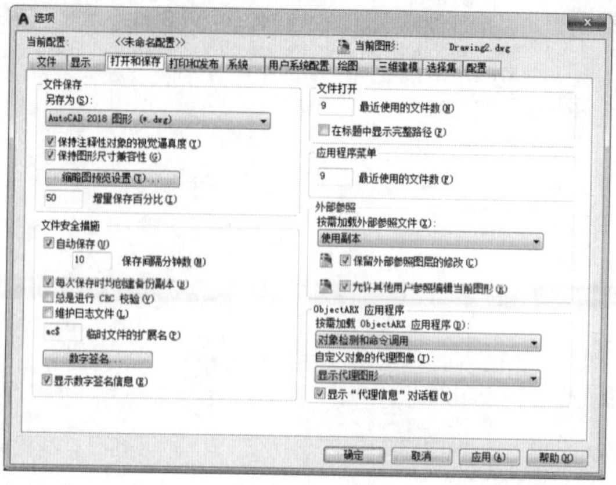

图 1-13 “打开和保存”选项卡

当用户在已存盘的图形基础上进行了其他修改工作，又不想覆盖原来的图形时也可以使用“另存为”命令，将修改后的图形以不同的路径或不同的文件名进行存盘。执行“另存为”命令的方法主要有以下 4 种。

1）选择菜单栏中的“文件”→“另存为”命令。

2）单击“另存为”按钮。

3）在命令窗口中输入“SAVES”。

4）按 Ctrl+Shift+S 组合键。

4. 退出文件

退出文件的方法有以下 4 种。

1）选择菜单栏中的“文件”→“关闭”命令。

2）单击“关闭”按钮。

3）在命令窗口中输入“CLOSE”。

4）按 Ctrl+F4 组合键。

图形文件经过修改后没有保存的，在关闭前将同样打开图 1-1 所示的对话框。

习 题

1. 在 AutoCAD 2018 中新创建一个图形文件，并以“CAD-1.dwg”为文件名，将它保存在 E 盘下。

2. 通常将绘图区上方的区域统一称为（ ）。

A. 功能区　　B. 绘图区　　C. 命令窗口　　D. 工具选项板

3. 新建 AutoCAD 文件的方法有（ ）种。

A. 2　　B. 3　　C. 4　　D. 5

4. 重新打开题 1 的 CAD 文件，将其另存到桌面，重新命名为“CAD-2.dwg”。

2 单元 设置绘图环境

◎ **内容导航**

在使用 AutoCAD 2018 绘制图形时，如果对系统默认的绘图环境或当前的绘图环境不满意，可以将其设置成自己所需要的环境。

◎ **学习目标**

- 了解图形单位的意义。
- 了解图形界限的设置。
- 掌握输入坐标的方法。
- 了解图层的作用。
- 掌握创建、应用图层的方法。
- 掌握使用辅助绘图工具的方法。

2.1 设置图形单位、图形界限

通过本节的学习，了解图形单位的意义，会设置所需的图形单位；了解图形界限的作用，会根据实际需要来设置图形界限。

1. 设置图形单位

（1）功能

设置图形单位即设置长度、角度的显示精度，计算方式及一个单位所表示的距离。

（2）命令的调用

调用图形单位命令的方法有以下两种：①在命令窗口中输入“UNITS”（缩写 UN）；②选择菜单栏中的“格式”→“单位”命令。

（3）说明

01 执行命令后，打开图 2-1 所示的“图形单位”对话框。在该对话框中，可根据自己的需要进行设置。

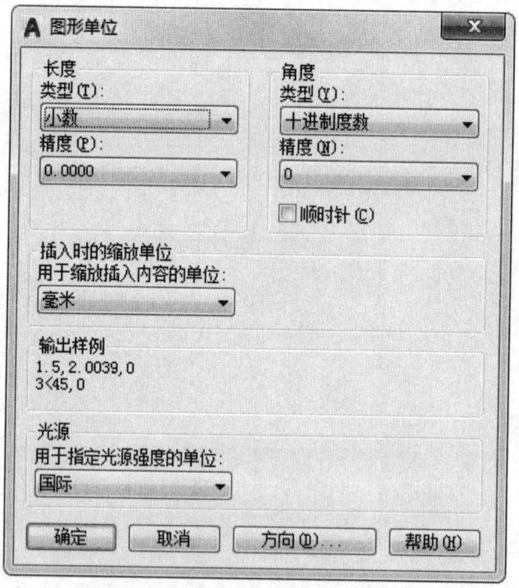

图 2-1 “图形单位”对话框

02 单击“方向”按钮，打开“方向控制”对话框，可设置基准角度 0° 的方向［系统默认东（*X* 轴正向）为 0° 方向］。

一般情况下，在应用 AutoCAD 进行机械绘图时，采用系统默认的设置即可，不需要进行重新设置。

2. 设置图形界限

（1）功能

AutoCAD 的绘图区是无限大的，为了规划绘图区域，可设置图形界限。

（2）命令的调用

调用图形界限命令的方法有以下两种：①在命令窗口中输入“LIMITS”；②选择菜单栏中的“格式”→“图形界限”命令。

（3）格式

```
命令:limits↙
指定左下角点或［开(ON)/关(OFF)］<0.0000,0.0000>          //设置左下角点
指定右上角点或<420.0000,297.0000>                        //设置右上角点
```

左下角点和右上角点围成的矩形就是图形界限的范围。

图形界限设置好后，在绘图区看不到变化，只有在检查功能打开的情况下［命令窗口中的“开（ON）/关（OFF）”设置为“ON”］，当图形画出界限时 AutoCAD 才会给出提示。

设置图形界限的检查功能：

```
命令:limits↙
指定左下角点或［开(ON)/关(OFF)］<0.0000,0.0000>ON        //打开检查功能
指定左下角点或［开(ON)/关(OFF)］<0.0000,0.0000>          //继续设置操作
```

2.2 坐 标 系

坐标系是绘图的一个参照基准，绘图时，点的精确定位是通过坐标系来实现的。通过本节的学习，读者将了解 AutoCAD 的两个坐标系及坐标点的输入方法。

AutoCAD 的坐标系统采用三维笛卡儿直角坐标系（CCS），默认状态，在屏幕左下角显示坐标系统的图标，也称世界坐标系（world coordinate system，WCS），在多数情况下，世界坐标系即可满足作图的需要。但用户也可以建立新的坐标系，新建立的坐标系称为用户坐标系（user coordinate system，UCS）。

1. 世界坐标系

图 2-2 所示是世界坐标系。此坐标系的 X 轴是水平轴，向右为正；Y 轴是垂直轴，向上为正；Z 轴正方向垂直屏幕向外，指向操作者。在二维空间作图时，用户只需要输入点的 X 坐标值、Y 坐标值，其 Z 坐标值将由系统自动分配为 0。

2. 用户坐标系

图 2-3 所示是用户坐标系。当世界坐标系不能满足用户的需要时，用户可以根据实际

的需要，在任意位置建立坐标系。

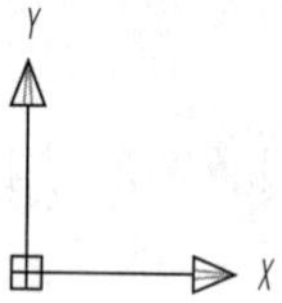

图 2-2　世界坐标系

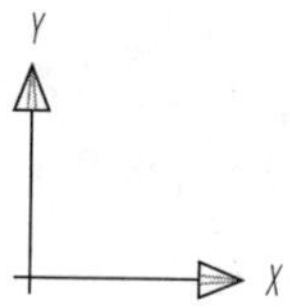

图 2-3　用户坐标系

注意：世界坐标系的原点有符号“□”，而用户坐标系没有。

3. 坐标的输入

绘制机械图形时，通常采用以下 4 种点坐标的方法来输入坐标，即绝对坐标、相对坐标、相对极坐标、绝对极坐标（较少使用）。

（1）绝对坐标

绝对坐标是相对于坐标原点的坐标。从原点开始，*X* 坐标向右为正，向左为负；*Y* 坐标向上为正，向下为负。如图 2-4 所示，*A* 点的绝对坐标为（10，10），*B* 点的绝对坐标为（20，15）。

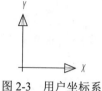

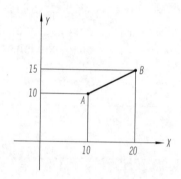

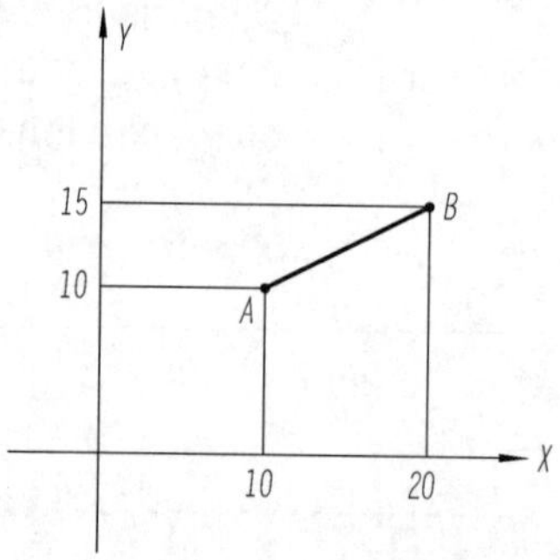

图 2-4　绝对坐标

输入格式：*X*，*Y*。用绝对坐标画直线 *AB* 的命令如下：

```
命令:l↙
LINE 指定第一点:10,10↙                    //输入 A 点绝对坐标
指定下一点或 [放弃(U)]:20,15↙              //输入 B 点绝对坐标
指定下一点或 [放弃(U)]:↙                   //按 Enter 键结束命令
```

（2）相对坐标

相对坐标是相对于前一点的坐标，相对于前一点，*X* 坐标向右为正，向左为负；*Y* 坐标向上为正，向下为负。如图 2-4 所示，*B* 点相对于 *A* 点的坐标增量为（10，5）。

输入格式：@Δ*X*，Δ*Y*。用相对坐标画直线 *AB* 的命令如下：

```
命令:l↙
LINE 指定第一点:10,10↙                    //输入 A 点绝对坐标
```

```
指定下一点或 [放弃(U)]:@10,5↙          //输入 B 点相对坐标
指定下一点或 [放弃(U)]:↙               //按 Enter 键结束命令
```

（3）相对极坐标

相对极坐标也是相对于前一点的坐标，指当前点到前一点的距离和当前点与前一点的连线与 *X* 轴正方向的夹角（逆正顺负）。

输入格式：@长度<角度。

利用相对极坐标可以方便地绘制已知长度和角度的斜线。

利用相对极坐标画图 2-5 所示的直线 *CD*。

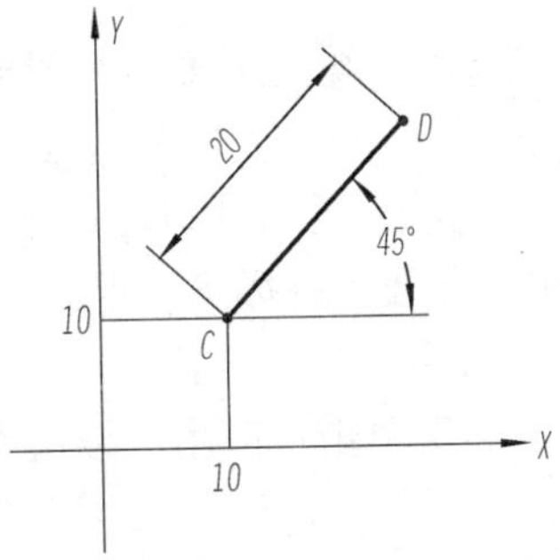

图 2-5　相对坐标

```
命令:l↙
LINE 指定第一点:10,10↙                  //输入 C 点绝对坐标
指定下一点或 [放弃(U)]:@20<45↙          //输入 D 点相对极坐标
指定下一点或 [放弃(U)]:↙                //按 Enter 键结束命令
```

（4）绝对极坐标

绝对极坐标是相对于坐标原点的坐标，指当前点到原点的距离和当前点与原点的连线与 *X* 轴正方向的夹角（逆正顺负）。

输入格式：长度<角度。

绝对极坐标在 AutoCAD 制图中极少使用。

注意：在 AutoCAD 中，对于第二个点或后续的点，默认采用相对坐标输入，可以单击下方状态栏中的按钮关闭动态输入，将第二个点或后续的点的输入方法改成绝对坐标输入。

2.3 设置“选项”对话框参数

通过本节的学习，初步了解“选项”对话框中的内容，会进行一般的设置。

1. 功能

“选项”对话框的功能是设置常用系统配置。

2. 命令的调用

打开“选项”对话框的方法有以下两种：①在命令窗口中输入“OPTIONS”（缩写 OP）；②选择菜单栏中的“工具”→“选项”命令。

3. 应用

1）设置“平移”快捷方式：当我们观察所绘制的图形时，会用到“平移”命令，更快捷的方法是按下鼠标中键（滚轮）进行拖动来平移绘图窗口。正确的状态是按下鼠标滚轮后鼠标指针变为“一只手”的形状，此时才可进行平移，如果按下滚轮后出现的不是“一只手”形状而是一个菜单，那么需要进行如下设置。

在“选项”对话框中，选择“配置”选项卡，单击“重置”按钮。在打开的对话框中单击“是”按钮，如图 2-6 所示，然后单击“应用”按钮和“确定”按钮即可。

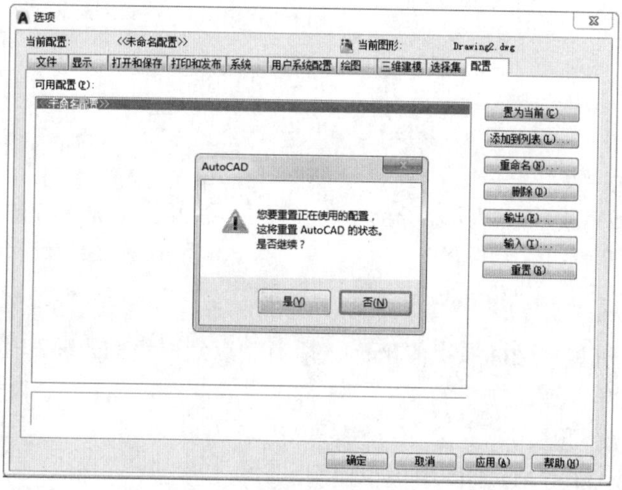

图 2-6 “配置”选项卡

注意：“重置”操作会将其他系统配置恢复到 AutoCAD 的默认起始状态，所以，这一步操作最好在最开始的时候做。当然，也可以利用这个命令来恢复 AutoCAD 的系统配置，如当把所有的工具栏都关闭时，可以用“重置”命令恢复到最开始的默认状态。

2）设置十字光标靶框的大小：在“选项”对话框中，选择“绘图”选项卡，在“靶框大小”选项下，用鼠标直接拖动滑块可调整靶框的大小，然后单击“应用”按钮和“确定”按钮即可，如图 2-7 所示。

3）设置自动捕捉标记的大小和颜色：在图 2-7 所示的“绘图”选项卡中，在“自动捕捉标记大小”选项下，用鼠标直接拖动滑块即可调整自动捕捉标记的大小。

单击“颜色”按钮，打开图 2-8 所示的“图形窗口颜色”对话框，然后进行颜色的设置。

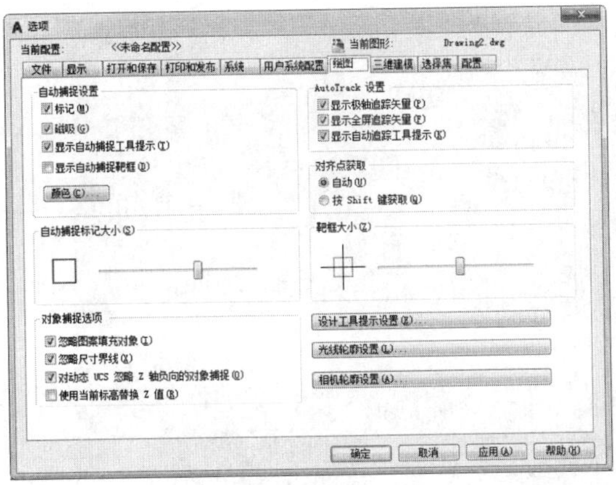

图 2-7　“绘图”选项卡

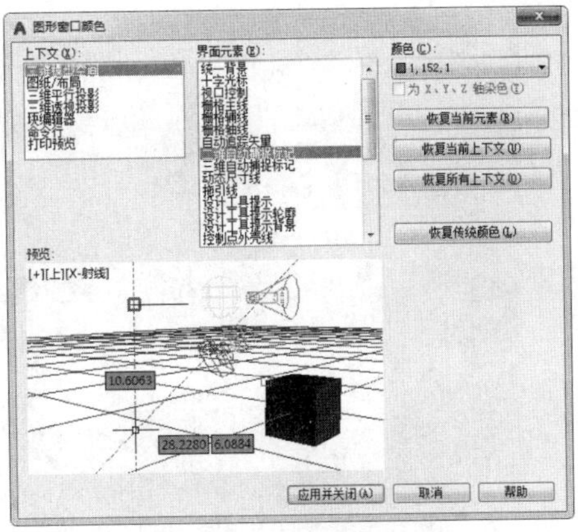

图 2-8　设置窗口颜色

一般情况下，2）、3）项不影响画图，可不改变系统的设置。其他选项卡将在后续相关内容中进行介绍。

2.4 设置图层

图层类似透明的图纸，用来分类组织不同的图形信息。绘图前，按照绘图对象设定好图层，在绘制过程中，将各对象绘制到相对应的图层中，为修改对象及管理图形提供便利。

通过本节的学习，读者将对图层的特点及应用有一定的了解，并学会创建图层。

1. 图层的特点

1）可以在 AutoCAD 中创建多个图层，数量不限。

2）每一个图层都包含相同的特性，如“图层名”“线型”“线宽”等。

3）当前正在使用的图层为当前层，当前层只有一个，但可以切换。

4）可以在图层上设置对象是否可见、是否可编辑、是否可打印等。

2. 新建图层

（1）命令的调用

调用命令的方法有以下 3 种：①在命令窗口中输入“LAYER”；②选择菜单栏中的“格式”→“图层”命令；③单击“图层”面板中的按钮。

（2）应用

执行命令后，打开图 2-9 所示的“图层特性管理器”对话框。在此对话框中，可以进行新建图层、删除图层等操作。

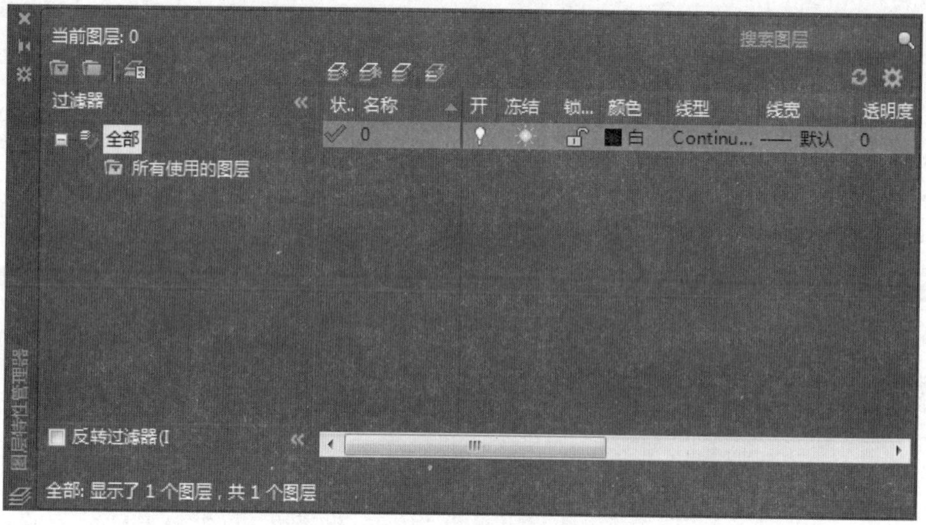

图 2-9　“图层特性管理器”对话框

新建图层的方法如下：单击“图层特性管理器”对话框中的“新建图层”按钮，创建一个名为“图层 1”的新图层，此时“图层 1”处于可编辑状态，输入图层的名称（如“粗实线”）后，在空白处单击即创建了一个新图层（“粗实线”层），如图 2-10 所示。

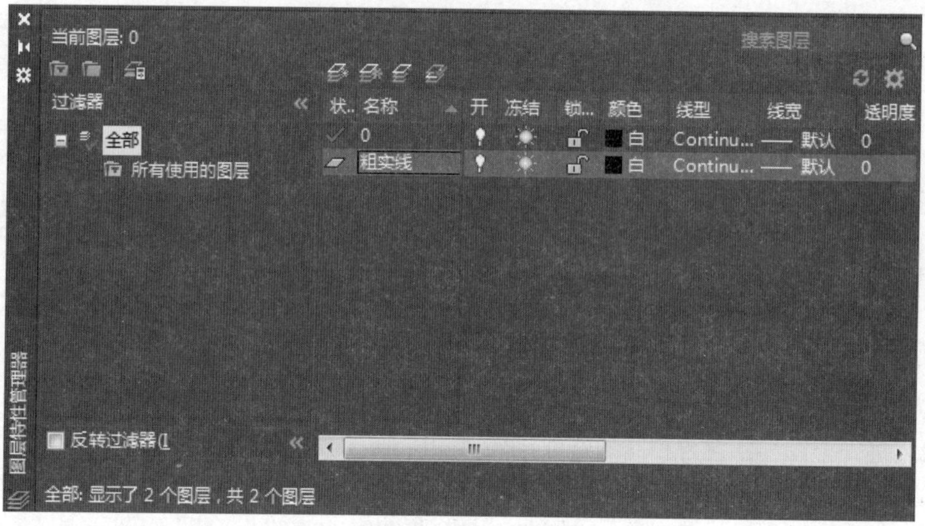

图 2-10　新建“粗实线”层

为了使图层具有一定的特性，可以根据需要对图层进行颜色、线型、线宽等设置。

1）设置图层颜色。单击所在图层的“颜色”按钮 白，打开图 2-11 所示的“选择颜色”对话框，选择需要的颜色即可。

2）设置图层线型。单击所在图层的“线型”按钮 Continu...，打开图 2-12 所示的“选择线型”对话框，选择需要的线型。如果在已加载的线型中没有需要的线型，则单击“加载”按钮，打开图 2-13 所示的“加载或重载线型”对话框，加载出需要的线型后，再选择即可。

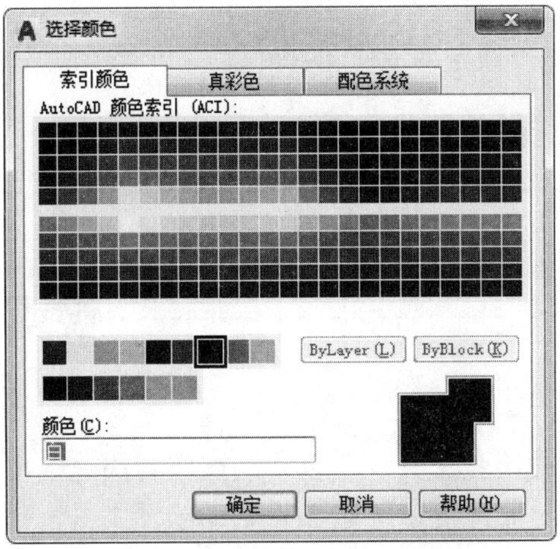

图 2-11 “选择颜色”对话框

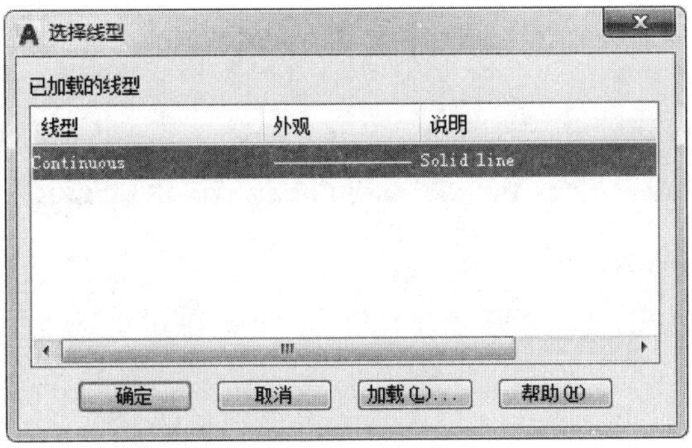

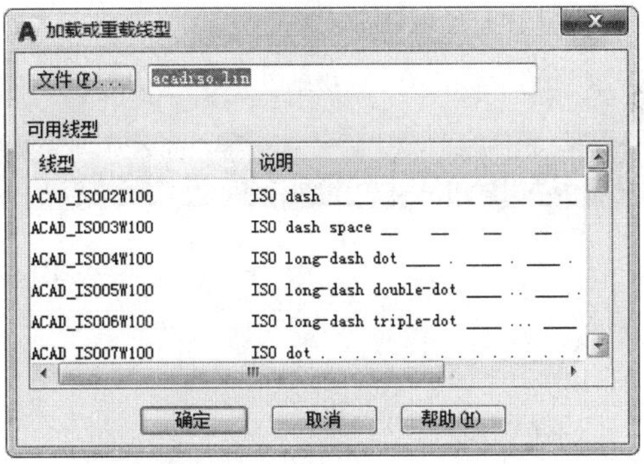

图 2-12 “选择线型”对话框

图 2-13 “加载或重载线型”对话框

3）设置图层线宽。单击所在图层的“线宽”按钮—— 默认，打开图 2-14 所示的“线宽”对话框，选择需要的线宽，单击“确定”按钮即可。

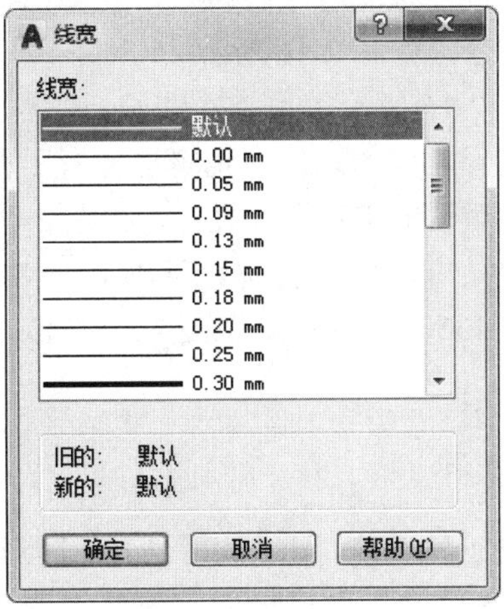

图 2-14 “线宽”对话框

另外，分别单击所在图层的“开”、“冻结”和“锁定”3 个按钮，可对该图层进行“打开/关闭”、“冻结/解冻”和“锁定/解锁”的操作。

2.5 设置绘图辅助工具

合理、有效地使用辅助绘图工具，可以帮助操作者快速定位绘图。在本节的学习中，先学习极轴、对象捕捉、对象捕捉追踪这 3 个辅助绘图工具，因为在基础绘图中经常用到它们。

极轴、对象捕捉和对象捕捉追踪位于状态栏右下角，如图 2-15 所示，发亮时为打开状态，灰白时为关闭状态。

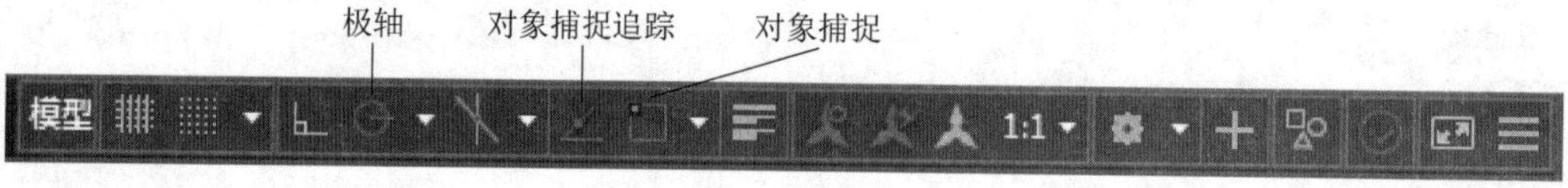

图 2-15　状态栏

1. 极轴

(1) 功能

极轴可用于定位。

(2) 命令的调用

调用命令的方法有以下 3 种：①在命令窗口中输入“DSETTINGS”(缩写 DS)；②选择菜单栏中的“工具”→“草图设置”命令；③单击状态栏中的“极轴”下拉按钮，在弹出的下拉列表中选择“正在追踪设置”命令，如图 2-16 所示。

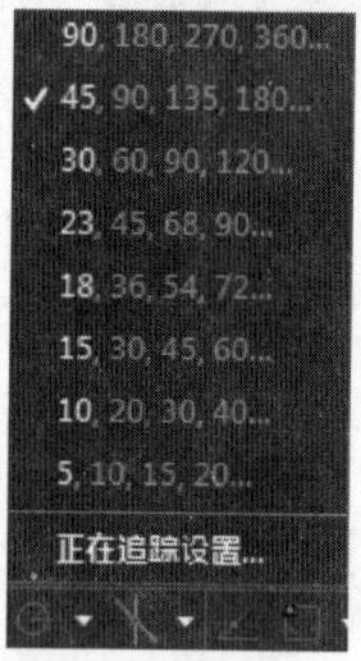

图 2-16　选择“正在追踪设置”命令

如图 2-16 所示，系统提供了一些常用角度的追踪方式，用户可根据需要选择相应的角度，也可选择“正在追踪设置”命令，打开“草图设置”对话框进行个性设置，如图 2-17 所示，选中“附加角”复选框，在增量角为 30° 的追踪基础上，单击“新建”按钮，输入角度命令 45°、135°、−135°（225°）和−45°（315°），增加 4 个附加角的追踪。

2. 对象捕捉、对象捕捉追踪

使用对象捕捉和对象捕捉追踪功能，可以利用已有的图形对象上的特殊点来定位绘图。

在图 2-17 所示的“草图设置”对话框中，选择“对象捕捉”选项卡，如图 2-18 所示。

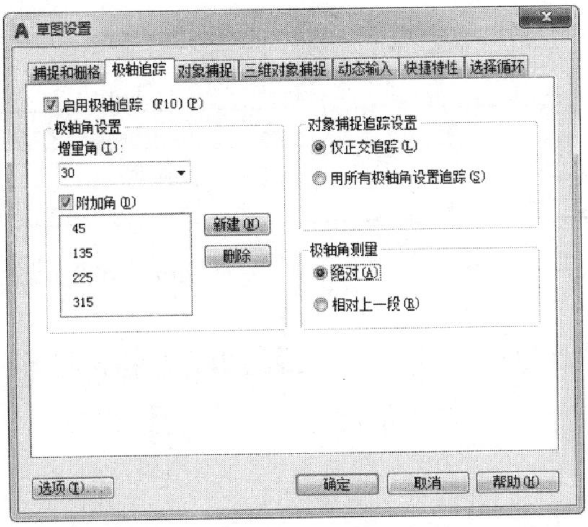

图 2-17　设置“极轴追踪”选项卡

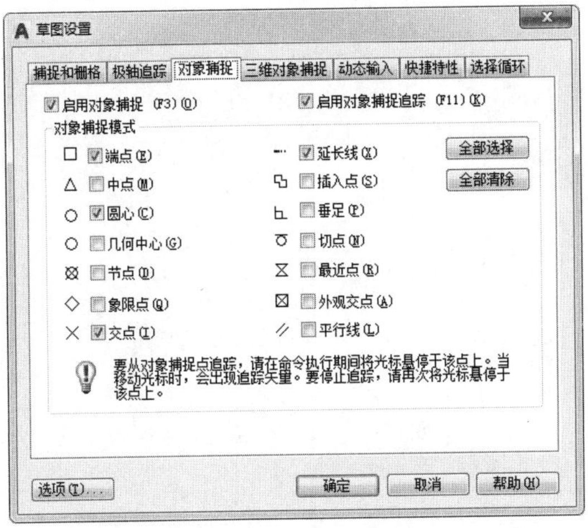

图 2-18　“对象捕捉”选项卡

在“对象捕捉”选项卡中，可以通过选中或取消选中复选框来启用或关闭对象捕捉模式、对象捕捉和对象捕捉追踪功能。

习　题

1．设置绘图范围，用 limits 命令将绘图范围设为（0，0）→（300，300）。

2．在 AutoCAD 中，有哪两种坐标系？

3．创建表 2-1 所示的图层，并关闭粗实线层，锁定细实线层，冻结中心线层。

表 2-1　图层

图层名称	颜色	线型	线宽
粗实线	白	Continuous	0.3mm
细实线	红	Continuous	默认
中心线	青	Center	默认

续表

图层名称	颜色	线型	线宽
虚线	黄	Dashed	默认
尺寸线	紫	Continuous	默认
剖面线	绿	Continuous	默认
文字与其他	蓝	Continuous	默认

4．打开“草图设置”对话框，在“极轴追踪”选项卡中，设置增量角为30°，设置附加角为45°、−45°、135°、−135°。

5．在“对象捕捉”选项卡中，单击“全部选择”按钮，将所有捕捉点都选中。

3 单元 绘制与编辑简单平面图形

◎ **内容导航**

读者在使用 AutoCAD 2018 绘制简单平面图形时，可以首先掌握 AutoCAD 中的基本作图命令，如直线、矩形、多边形、圆和删除、修剪、偏移等，并能够使用它们绘制简单的图形及常见的几何关系，加强作图技能，提高绘图效率。

◎ **学习目标**

- 了解简单图形的绘制过程。
- 掌握绘制直线段、点、矩形、多边形的方法。
- 掌握绘制圆、圆弧、圆环、椭圆和椭圆弧的方法。
- 掌握选择、删除、恢复、修剪、延伸、打断、拉长和偏移等编辑操作的方法。

3.1 绘制简单图形

本节内容以绘制图 3-1 所示的“餐厅”为例，介绍使用 AutoCAD 绘图的基本方法和步骤，使读者对使用 AutoCAD 绘图的全过程有一个概略的直观了解。

在图 3-1 中，大矩形表示餐厅房间，中间小矩形表示餐桌，四周的 6 个小圆表示圆凳。

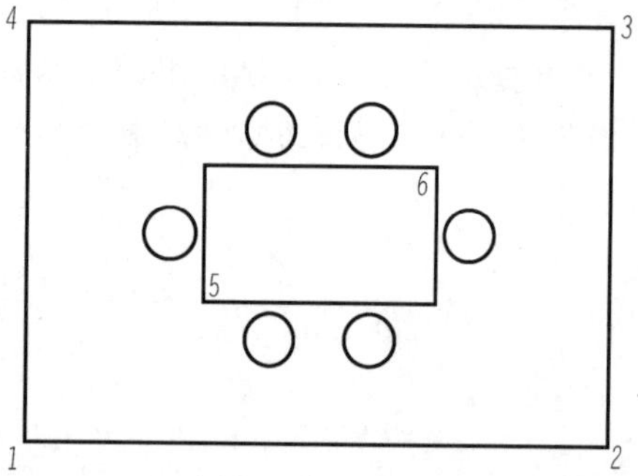

图 3-1 “餐厅”

1. 启动 AutoCAD 2018 中文版

在桌面上双击 AutoCAD 2018 中文版快捷方式图标，或选择“开始”→“程序”→“Autodesk”→“AutoCAD 2018”命令，启动 AutoCAD 2018 中文版软件。

2. 新建文件

单击A图标，在弹出的下拉列表中选择“新建”命令，打开“选择样板”对话框。该对话框中列出了许多用于创建新图形的样板文件，默认的样板文件是“acadiso.dwt”。单击“打开”按钮，进入图 3-2 所示的绘图界面，开始进行具体的绘图。

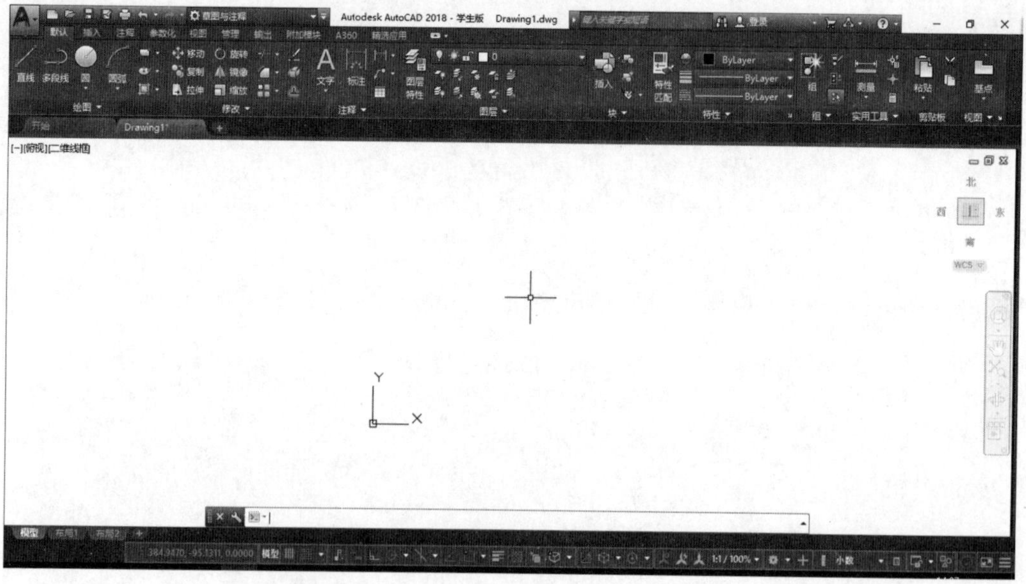

图 3-2 绘图界面

3. 设置绘图环境

在绘图界面中的“图层”面板内，单击“图层特性”按钮，打开“图层特性管理器”对话框，如图 3-3 所示。

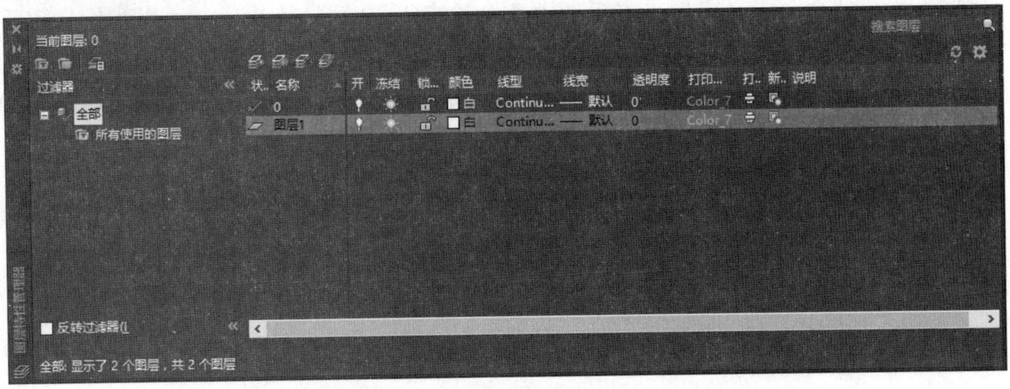

图 3-3 “图层特性管理器”对话框

在“图层特性管理器”对话框中，单击“新建图层”按钮，修改其“名称”和“线宽”两项。在“图层 1”处双击并输入“轮廓线层”，单击图层 1 的“线宽”按钮，打开“线宽”对话框，如图 3-4 所示，选择“0.30mm”命令，结果如图 3-5 所示。

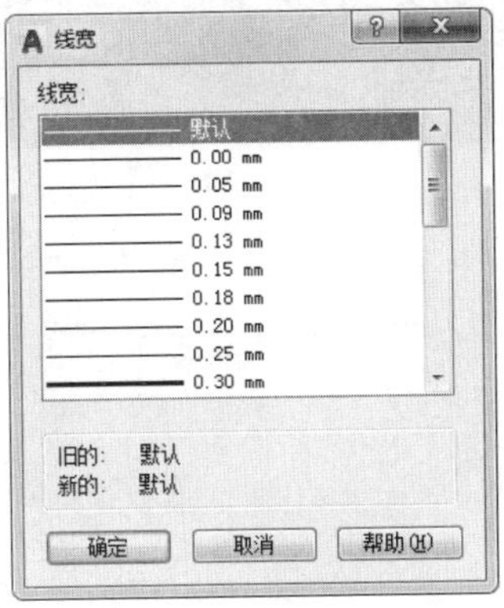

图 3-4 设置线宽

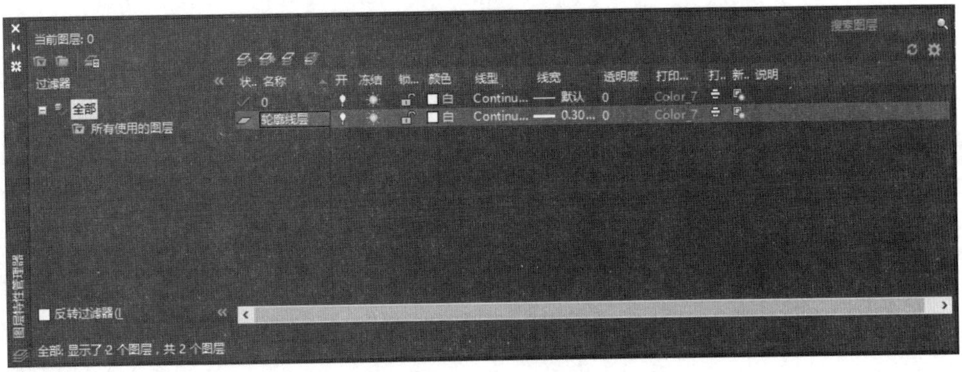

图 3-5 轮廓线层

4. 绘图

绘图时，可直接在绘图界面上拾取绘图快捷图标，也可在下拉列表中选择，还可在屏幕下方的命令窗口中输入 AutoCAD 命令，即可执行相应的命令功能。

01 用直线命令画大矩形，大矩形由 4 个顶点 1、2、3、4 决定，所以我们只需要画出这 4 个点即可。

在“绘图”面板中单击 按钮，而后在命令窗口中依次输入点 1、2、3、4 的坐标：(0，0)、(350，0)、(350，240)、(0，240)，最后输入“C”来完成房间的绘制并退出 LINE 命令。

具体的输入和操作如下：

```
命令:_line                                    //输入直线命令
指定第一点:0,0↙                               //输入点 1 的坐标
指定下一点或 [放弃(U)]:350,0↙                  //输入点 2 的坐标
指定下一点或 [放弃(U)]:350,240↙                //输入点 3 的坐标
指定下一点或 [闭合(C)/放弃(U)]:0,240↙          //输入点 4 的坐标
指定下一点或 [闭合(C)/放弃(U)]: c↙             //使四边形封闭并结束 LINE 命令
```

在屏幕上画出的图形如图 3-6 所示。

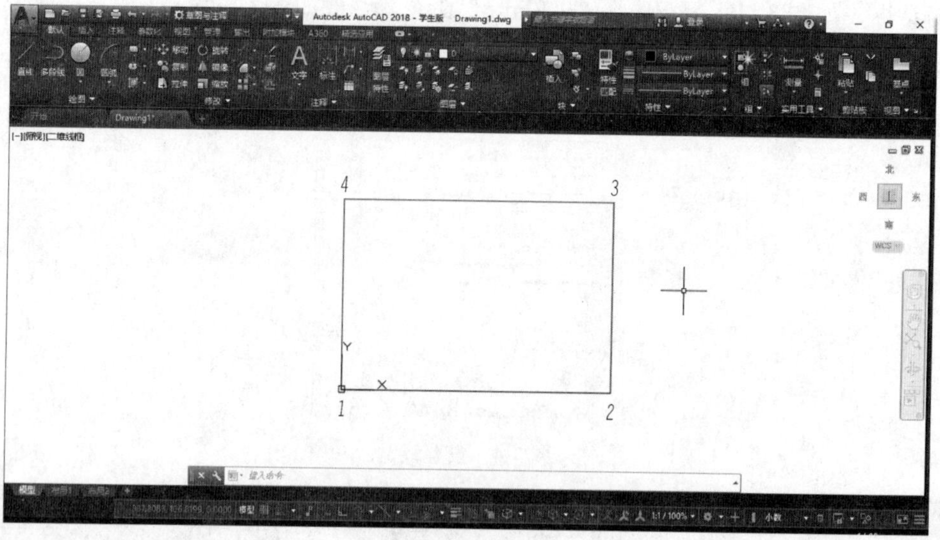

图 3-6　绘制完成的餐厅房间

02 使用矩形命令来绘制里面的小矩形，通过绘制两对角点 5、6 来完成矩形的绘制。在“绘图”面板中单击 按钮，两对角点 5、6 的坐标分别是 (105，80)、(245，160)，具体操作如下：

```
命令:_rectang                                                    //输入矩形命令
指定第一个角点或 [倒角(C)/标高(E)/圆角(F)/厚度(T)/宽度(W)]:105,80↙
                                                                 //输入点 5 的坐标
指定另一个角点或 [面积(A)/尺寸(D)/旋转(R)]:245,160↙               //输入点 6 的坐标
```

结果如图 3-7 所示。

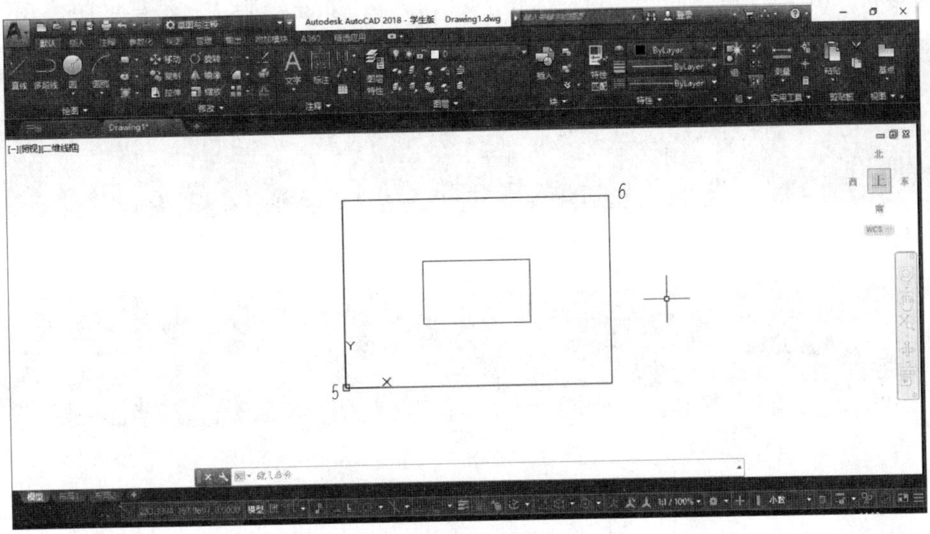

图 3-7　绘制完成的餐桌图形

03 使用圆命令来绘制小圆，通过确定圆的圆心和半径来完成小圆的绘制。先在小矩形的左下角绘制一个半径为 15 的小圆，如图 3-8 所示。

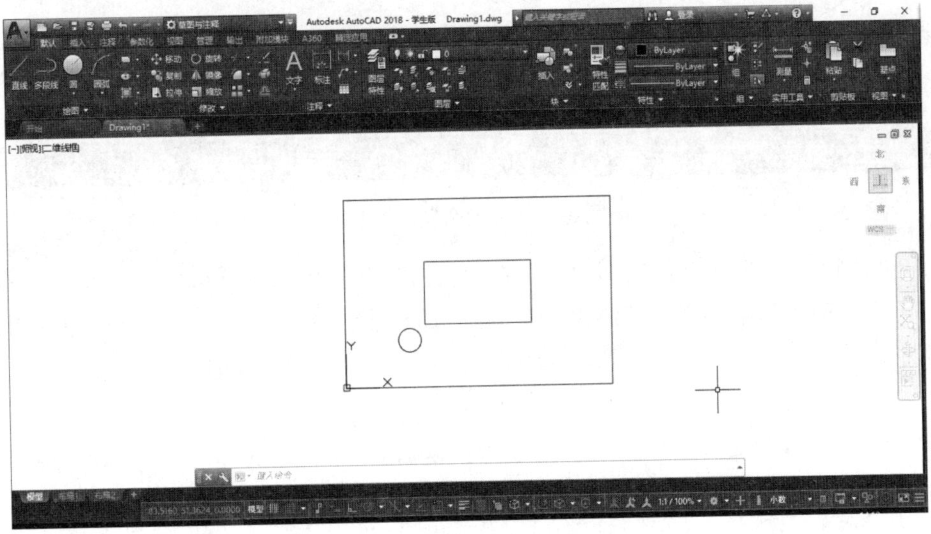

图 3-8　绘制了一个圆凳后的图形

具体操作如下：

```
命令：_circle                                              //输入圆命令
指定圆的圆心或 [三点(3P)/两点(2P)/相切、相切、半径(T)]:85,60↙
                                                          //输入此小圆的圆心坐标
指定圆的半径或 [直径(D)]:15↙                                //输入小圆的半径
```

再通过阵列命令来确定其他圆的位置。在“修改”面板中单击按钮，选中圆作为阵列对象，按 Space 键，在菜单栏中打开“阵列创建”选项卡，如图 3-9 所示。在其中设置好对应参数：3 行 4 列，列介于 60，行介于 60，并按 Enter 键确认，结果如图 3-10 所示。

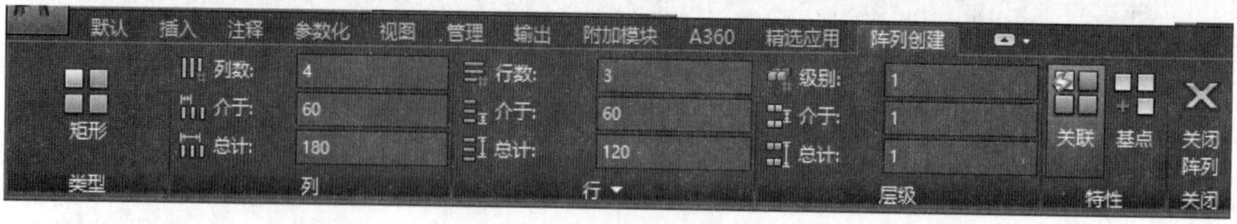

图 3-9　“阵列创建”选项卡

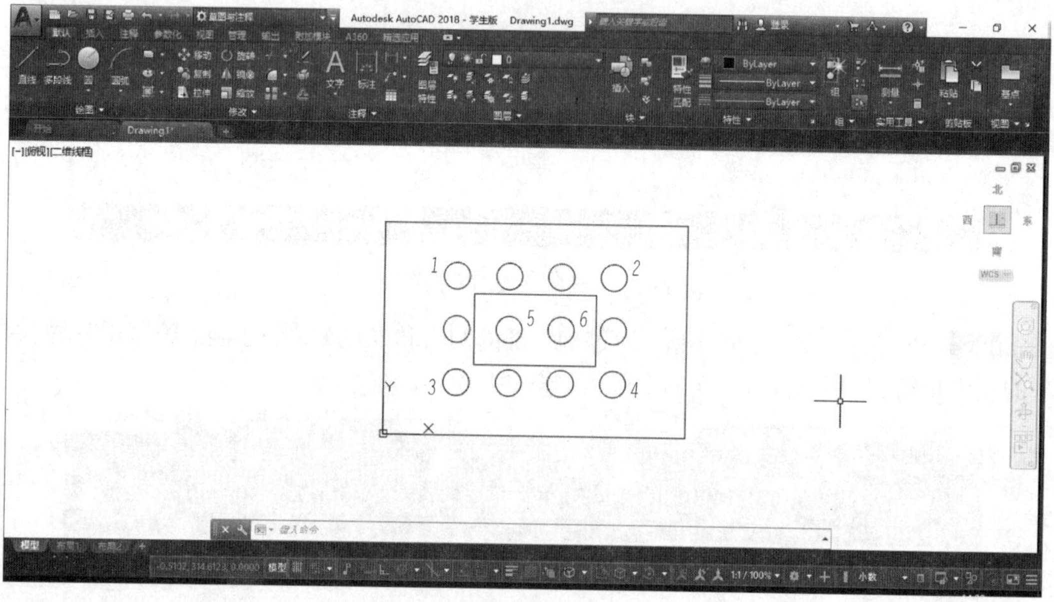

图 3-10　阵列圆凳后的图形

最后与图 3-1“餐厅”示意图对照，在“修改”面板中单击按钮，选中矩形阵列整体后按 Space 键，使矩形阵列的结果分解成各自的小圆。单击“修改”面板上的按钮，再依次单击多余的 6 个小圆，并按 Enter 键确认即可。具体操作如下：

```
命令:_erase                          //输入删除命令
选择对象:找到 1 个                    //选择图 3-10 中圆 1
选择对象:找到 1 个,总计 2 个          //选择图 3-10 中圆 2
选择对象:找到 1 个,总计 3 个          //选择图 3-10 中圆 3
选择对象:找到 1 个,总计 4 个          //选择图 3-10 中圆 4
选择对象:找到 1 个,总计 5 个          //选择图 3-10 中圆 5
选择对象:找到 1 个,总计 6 个          //选择图 3-10 中圆 6
选择对象:↙                           //按 Enter 键确认并结束 ERASE 命令
```

5. 保存图形

单击图标，在弹出的下拉列表中选择“保存”或“另存为”命令，打开“图形另存为”对话框。在“文件名”文本框中输入图形文件的名称“餐厅”，选择所需的保存路径，然后单击“保存”按钮，则系统将所绘制的图形以“餐厅.dwg”为文件名保存在图形文件中。

6. 退出AutoCAD系统

在命令窗口中输入“QUIT”，然后按Enter键或单击“关闭”按钮，将退出AutoCAD系统，返回Windows桌面。

至此，我们就完成了用AutoCAD绘制一幅图形的整个过程（从启动软件到退出）。

3.2 直线命令

通过本节的学习，了解直线段的绘制，并学会用直线命令来绘制直线、折线、矩形及闭合多边形等。

1. 功能

直线命令用于绘制直线段、折线段或闭合多边形，其中每一线段均是一个单独的对象。

2. 命令的调用

调用直线命令有以下3种方式：①在命令窗口中输入“LINE”（缩写L）；②选择菜单栏中的“绘图”→“直线”命令；③单击“绘图”面板中的按钮。

3. 格式

```
命令:_line
LINE 指定第一点:                    //输入起点
指定下一点或［放弃(U)］:            //输入直线端点
指定下一点或［放弃(U)］:
//输入下一直线端点,输入"U"放弃或按 Space 键结束
指定下一点或［闭合(C)/放弃(U)］:
//输入下一直线端点,或输入"C"使图形闭合,输入"U"放弃或按 Space 键结束
```

4. 说明

1）C或Close：从当前点画直线段到起点，形成闭合多边形，结束命令。

2）U或Undo：放弃刚画出的一段直线，回退到上一点，继续画直线。

3）在命令提示“LINE 指定第一点：”时，输入Continue或按Enter键，指从刚画完的线段开始画直线段，如刚画完的是圆弧段，则新直线段与圆弧段相切。

5. 应用

【例 3-1】绘制图 3-11 所示的五角星。

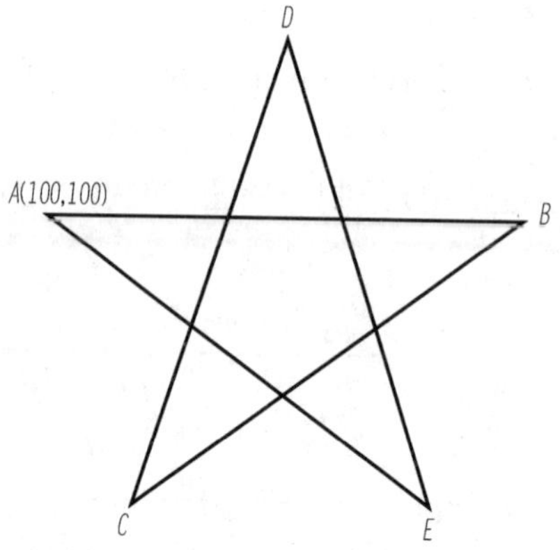

图 3-11　五角星

具体操作如下：

```
命令:_line
指定第一点:100,100↙                                        //用绝对直角坐标指定 A 点
指定下一点或[放弃(U)]:150,100↙                              //用绝对直角坐标指定 B 点
指定下一点或[放弃(U)]:@ 50<-144↙                            //用与 B 点的相对极坐标指定 C 点
指定下一点或[关闭(C)/放弃(U)]:@ 50<72↙                      //用与 C 点的相对极坐标指定 D 点
指定下一点或[关闭(C)/放弃(U)]:@ 50<-36↙                     //输入了一个错误的 E 点坐标
指定下一点或[关闭(C)/放弃(U)]:U↙                            //取消对 E 点的输入
指定下一点或[关闭(C)/放弃(U)]:@ 50<-72↙                     //重新输入 E 点
指定下一点或[关闭(C)/放弃(U)]:(光标拾取点 A)↙               //封闭五角星并结束 LINE 命令
```

3.3 选择对象与删除和恢复命令

通过本节的学习，了解各种选择对象的方法，学会根据需要构造一定的选择集；了解删除和恢复的作用，能根据实际需要来运用删除和恢复命令。

1. 选择对象

AutoCAD 提供了多种构造选择集的方法。默认情况下，用户能够用鼠标逐个地拾取对象，或利用矩形、交叉窗口一次选取多个对象。

（1）用矩形窗口选择对象

当 AutoCAD 提示选择要编辑的对象时，用户在图形元素左上角或左下角单击，然后向右拖动鼠标，AutoCAD 显示一个实线矩形窗口，让此窗口完全包含要编辑的图形实体，再单击，矩形窗口内所有对象（不包括与矩形相交的对象）被选中，被选中的对象将以虚线形式表示出来。

【例 3-2】打开资源包中的文件 3-2.dwg，用矩形窗口选择对象，如图 3-12 所示。下面通过 ERASE（删除）命令来演示这种选择方法。

```
命令:_erase
选择对象:                //在点 1 处单击,如图 3-12(a)所示
指定对角点:找到 3 个      //在点 2 处单击
选择对象:↙               //按 Enter 键或 Space 键结束,结果如图 3-12(b)所示
```

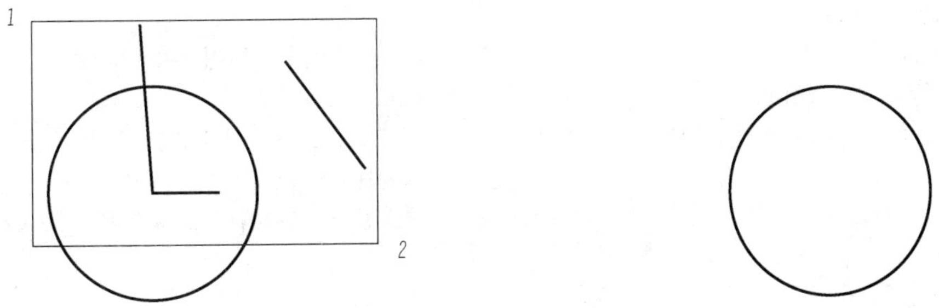

（a）　　（b）

图 3-12　用矩形窗口选择对象

注意： 当 HIGHLIGHT 系统变量处于打开状态时（等于 1），AutoCAD 才以高亮形式显示被选择的对象。

（2）用交叉窗口选择对象

当 AutoCAD 提示“选择对象”时，在要编辑的图形元素右上角或右下角单击，然后向左拖动鼠标，此时出现一个虚线矩形框，使该矩形框包含被编辑对象的一部分，而让其余部分与矩形框相交，再单击，则框内的对象及与框边相交的对象全部被选中。

【例 3-3】打开资源包中的文件 3-3.dwg，用交叉窗口选择对象，如图 3-13（a）所示。用 ERASE 命令将图 3-13（a）修改为图 3-13（b）。

```
命令:_erase
选择对象:                //在点 1 处单击,如图 3-13(a)所示
指定对角点:找到 3 个      //在点 2 处单击
选择对象:↙               //按 Enter 键或 Space 键结束,结果如图 3-13(b)所示
```

（3）给选择集添加或删除对象

编辑过程中，用户构造选择集常常不能一次完成，需向选择集中添加或删除对象。在添加对象时，可直接选择或利用矩形窗口、交叉窗口选择要加入的图形元素；若要删除对象，可先按住 Shift 键，再选择要删除的图形元素。

【例 3-4】打开资源包中的文件 3-4.dwg 修改选择集，如图 3-14（a）所示，用 ERASE 命令将图 3-14（a）修改为图 3-14（b）。

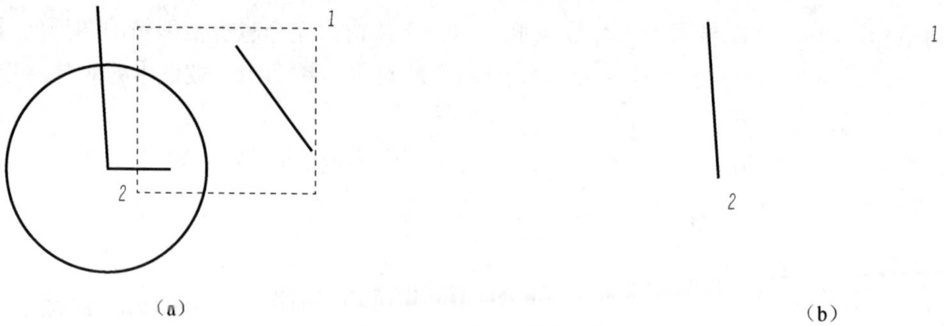

图 3-13　用交叉窗口选择对象

```
命令:_erase
选择对象:                                  //在点 1 处单击,如图 3-14(a)所示
指定对角点:找到 4 个                        //在点 2 处单击
选择对象:找到 1 个,删除 1 个,总计 3 个     //按住 Shift 键,从选择集中删除斜线
选择对象:找到 1 个,总计 4 个               //选择图中小圆
选择对象:↙                    //按 Enter 键或 Space 键结束,结果如图 3-14(b)所示
```

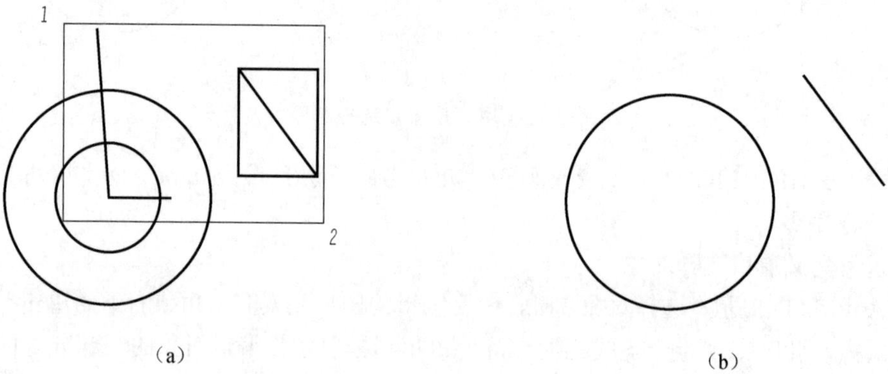

图 3-14　修改选择集

2. 删除命令

（1）功能

删除命令用于删除选中的单个或多个对象。在所有的修改命令中，此命令可能是使用较频繁的命令之一。

（2）命令的调用

调用删除命令的方法有以下 3 种：①在命令窗口中输入“ERASE”（缩写 E)；②选择菜单栏中的“修改”→“删除”命令；③单击“修改”面板中的按钮。

（3）格式

```
命令:erase
选择对象:          //依次选择单个或多个对象
选择对象:          //按 Enter 键或 Space 键确认
```

（4）说明

操作时，可以先输入 ERASE 命令，再选择要删除的对象，或者先在未激活任何命令的状态下选择对象使之高亮显示，然后可按下面的任意一种方法完成删除操作。

1）单击“修改”面板中的“删除”按钮。

2）按键盘上的 Delete 键。

3）右击，在弹出的快捷菜单中选择“删除”命令。

3. 恢复命令

（1）功能

恢复命令用于恢复上一次用 ERASE 命令所删除的对象。

（2）命令的调用

调用恢复命令的方法是在命令窗口中输入“OOPS”。

（3）说明

1）OOPS 命令只对上一次 ERASE 命令有效，如使用 EARSE→LINE→ARC→LAYER 操作顺序后，用 OOPS 命令，则恢复 ERASE 命令删除的对象，而不影响 LINE、ARC、LAYER 命令操作的结果。

2）OOPS 命令也常用于 BLOCK（块）命令之后，用于恢复建块后所消失的图形。

3.4 点命令

通过本节的学习，了解各种绘制点的方法。在绘制点时，可以在屏幕上直接拾取，也可以使用对象捕捉定位一个点。

1. 功能

按要求设置不同的点样式，可以直接绘制，也可以使用定数等分（DIVIDE）和定距等分（MEASURE）命令按距离或等分数沿直线、圆弧和多段线绘制多个点。

2. 命令的调用

调用点命令的方法有以下 3 种：①在命令窗口中输入“POINT”（缩写 PO）；②选择菜单栏中的“绘图”→“点”→“单点”或“多点”命令；③单击“绘图”面板中的按钮。

3. 格式

```
命令:_point
当前点模式:PDMODE=0   PDSIZE=0.0000
指定点:                              //给出点所在位置
```

4. 说明

（1）直接拾取点

1）单点只输入一个点，多点可输入多个点。

2）点在图形中的表示样式共有 20 种。可通过命令 DDPTYPE 或选择菜单栏中的“格式”→“点样式”命令，在打开的“点样式”对话框中来设置，如图 3-15 所示。

（2）定数等分点

定数等分是在指定线（直线、圆弧、多线段和样条曲线）上，按给出的等分段数设置等分点，在每一个等分点上放置一个点对象或图块。等分数范围为 2～32767，如图 3-16 所示为将三角形的斜边平均分为 5 份。定数等分命令的调用方法如下：

选择菜单栏中的“绘图”→“点”→“定数等分”命令，或在命令窗口中输入“DIVIDE”。

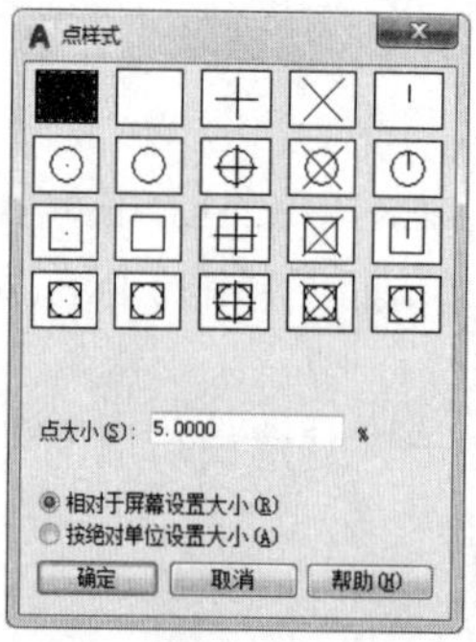

图 3-15 “点样式”对话框

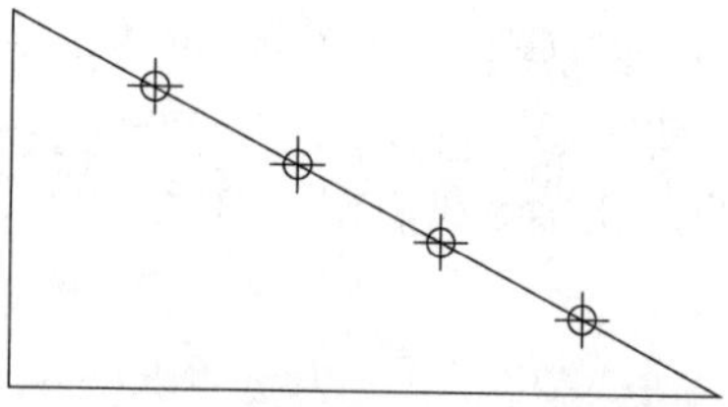

图 3-16 定数等分点

（3）定距等分点

定距等分是按指定的长度将指定直线、圆弧、多线段或样条曲线进行测量，并在每个定距等分点上放置点或图块。与定数等分不同的是，定距等分不一定将对象等分，即最后一段通常不为指定的距离。如图 3-17 所示为将一条长为 100 的线段按距离 15 进行定距等分。定距等分命令的调用方法如下：

选择菜单栏中的“绘图”→“点”→“定距等分”命令，或在命令窗口中输入“MEASURE”（缩写 ME）。

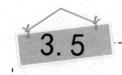

图 3-17 定距等分点

3.5 矩形、多边形、分解命令

通过本节的学习，了解各类矩形和各种多边形的画法，并能熟练绘制矩形和多边形。

掌握编辑命令中分解命令的运用。

1. 矩形命令

（1）功能

矩形命令用于画矩形，底边与 X 轴平行，可带倒角、圆角等。

（2）命令的调用

调用矩形命令的方法有以下 3 种：①在命令窗口中输入“RECTANG”（缩写 REC）；②选择菜单栏中的“绘图”→“矩形”命令；③单击“绘图”面板中的按钮。

（3）格式

```
命令:_rectang
指定第一个角点或[倒角(C)/标高(E)/圆角(F)/厚度(T)/宽度(W)]:
                                               //给出角点 1
指定另一个角点或[尺寸(D)]:@20,30↙              //给出角点 2[图 3-18(a)]
```

（4）说明

1）选项 C 用于指定倒角距离，绘制带倒角 C3 的矩形［图 3-18（b）］。

2）选项 F 用于指定圆角半径，绘制带圆角 R3 的矩形［图 3-18（c）］。

3）选项 W 用于指定线宽，线宽为 0.5［图 3-18（d）］。

4）选项 E 用于指定矩形标高（Z 坐标），即把矩形画在标高为 Z，和 XOY 坐标平行的平面上，并作为后续矩形的标高值。

5）选项 T 用于指定矩形的厚度。

6）选项 D 用于指定矩形的长度和宽度。

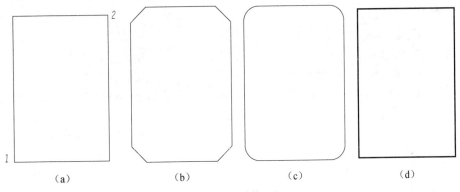

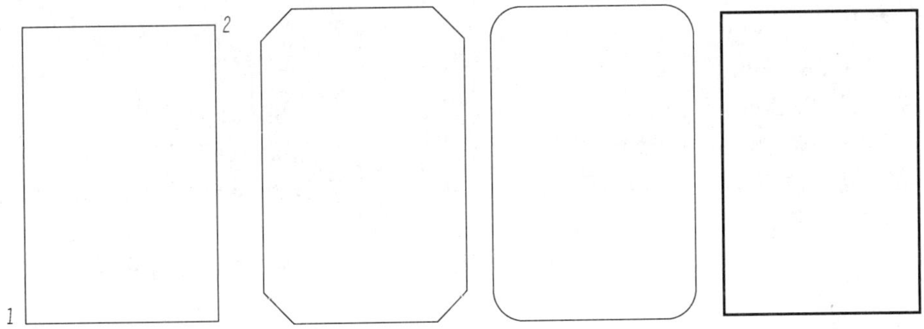

（a） （b） （c） （d）

图 3-18 绘制矩形

2. 多边形命令

（1）功能

多边形命令用于绘制边数为 3～1024 的二维正多边形。

（2）命令的调用

调用多边形命令的方法有以下 3 种：①在命令窗口中输入“POLYGON”（缩写 POL）；②选择菜单栏中的“绘图”→“多边形”命令；③单击“绘图”面板中的按钮。

（3）格式

```
命令:_polygon
输入边的数目 <4>: 5↙                              //给出边数 5
指定多边形的中心点或[边(E)]:                      //给出中心点 A
输入选项[内接于圆(I)/外切于圆(C)]<I>:
//选内接于圆如图 3-20(a)所示,若选外切于圆如图 3-19(b)所示
指定圆的半径:20↙                                  //给出半径 20,并按 Enter 键确认
```

（4）说明

选项 E 用于指定提供一边的起点 1、端点 2，AutoCAD 按逆时针方向创建该正多边形［图 3-19（c）］。

（5）应用

【例 3-5】打开资源包中的文件 3-5.dwg，绘制如图 3-19（d）所示的正多边形。

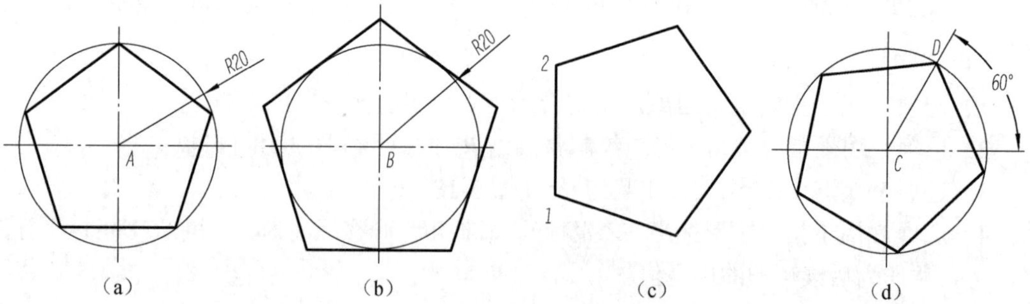

图 3-19　绘制正多边形

具体操作如下：

```
命令:_polygon
输入边的数目<4>:5↙                               //给出边数 5
指定多边形的中心点或[边(E)]:                     //给出中心点 C
输入选项[内接于圆(I)/外切于圆(C)]<I>:↙           //按 Enter 键或 Space 键,选内接于圆
指定圆的半径:@20<60↙
                    //输入 D 点的相对坐标,并按 Enter 键确认,结果如图 3-19(d)所示
```

3. 分解命令

（1）功能

分解命令用于将组合对象（如矩形、多边形、多段线、块，以及图案填充等）拆分为各个单一个体。

（2）命令的调用

调用分解命令的方法有以下 3 种：①在命令窗口中输入“EXPLODE”（缩写 X）；②选择菜单栏中的“修改”→“分解”命令；③单击“修改”面板中的按钮。

（3）格式

```
命令:_explode
```

```
选择对象：        //选择要分解的对象，按 Enter 键确认即可分解原对象
```

（4）说明

对不同的对象，具有不同的分解效果。

1）多边形：分解为组成图形的一条条直线。

2）块：对具有相同 *X*、*Y*、*Z* 比例插入的块，分解为其组成成员，对带属性的块分解后将丢失属性值，显示其相应的属性标记。

3）二维多段线：带有宽度特性的多段线被分解后，将转换为宽度为 0 的直线和圆弧。

4）尺寸：分解为段落文本、直线、点等。

5）图案填充：分解为组成图案的一条条直线。

（5）应用

【例 3-6】打开资源包中的文件 3-6.dwg，练习使用分解命令。

```
命令：_explode
选择对象：找到 1 个 //在图 3-20(a)中单击矩形
选择对象：↙          //按 Enter 键或 Space 键确认并退出分解命令，结果如图 3-20(b)所示
```

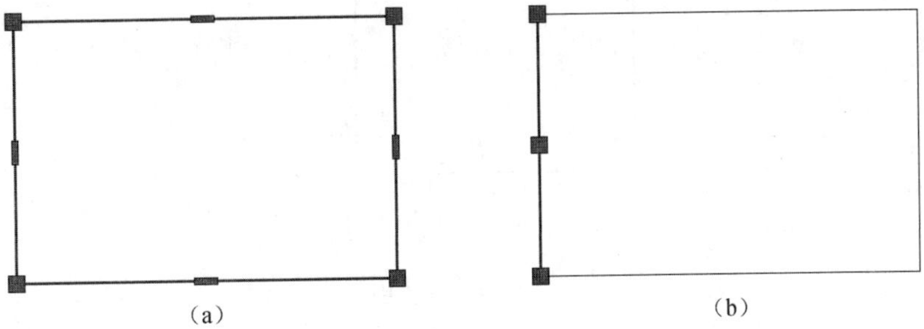

图 3-20　分解

3.6 修剪、延伸、打断、拉长命令

通过本节的操作，学习和掌握编辑命令中应用较多的修剪、延伸、打断和拉长命令，在以后的图形编辑中熟练运用其中的绘图技巧。

1. 修剪命令

（1）功能

修剪命令可以沿指定边界修剪选定的对象。

（2）命令的调用

调用修剪命令的方法有以下 3 种：①在命令窗口中输入“TRIM”（缩写 TR）；②选择菜单栏中的“修改”→“修剪”命令；③单击“修改”面板中的按钮。

（3）格式

```
命令:_trim
当前设置:投影=UCS,边=无
选择剪切边...
选择对象:     //拾取直线 1,选定剪切边,右击或按 Enter 键确认,如图 3-21(a)所示
选择对象:
//拾取直线 2 左部,选定要修剪去的对象部分,并按 Enter 键确认,结果如图 3-21(b)所示
```

（4）说明

1）在进行修剪时，首先选择修剪边界，选择完修剪边界后右击或按 Enter 键，否则程序将不执行下一步，仍然等待输入修剪边界，直到按 Enter 键为止。

2）同一对象既可以是剪切边，又可以是被剪切边。

3）可用窗交方式选择修剪对象。

（5）应用

【例 3-7】打开资源包中的文件 3-7.dwg，如图 3-21 和图 3-22 所示，练习使用修剪命令。

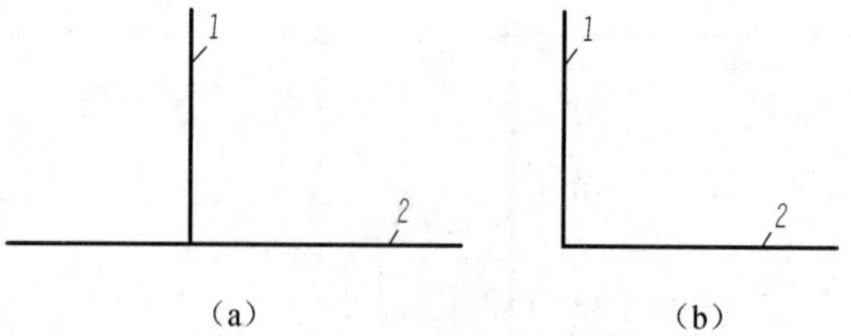

图 3-21　选择剪切边修剪

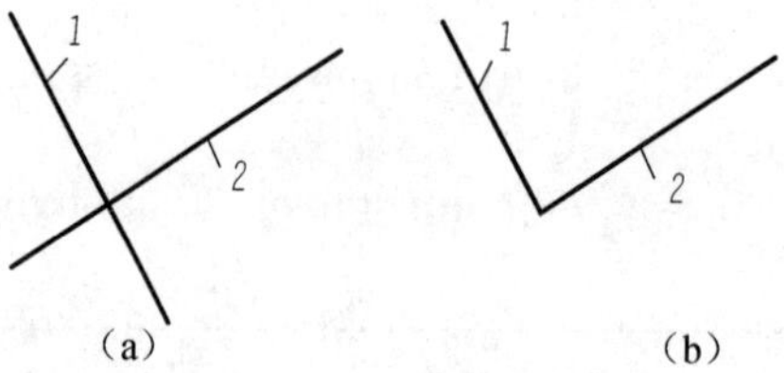

图 3-22　互为剪切边修剪

图 3-22（a）以窗交方式选择直线 1、2，即可修剪成图 3-22（b）所示的形式。

```
命令:_trim
当前设置:投影=UCS,边=无
选择剪切边...
选择对象或 <全部选择>:指定对角点:找到 2 个 //窗交方式选择直线 1、2
选择对象:↙                                  //右击或按 Enter 键确认
选择要修剪的对象,或按住 Shift 键选择要延伸的对象,或[栏选(F)/窗交(C)/投影(P)/边
(E)/删除(R)/放弃(U)]:                       //在直线 1 要修剪处单击
选择要修剪的对象,或按住 Shift 键选择要延伸的对象,或[栏选(F)/窗交(C)/投影(P)/边
(E)/删除(R)/放弃(U)]:                       //在直线 2 要修剪处单击
选择要修剪的对象,或按住 Shift 键选择要延伸的对象,或[栏选(F)/窗交(C)/投影(P)/边
(E)/删除(R)/放弃(U)]:↙                      //按 Enter 键或 Space 键确认并退出命令
```

2. 延伸命令

（1）功能

延伸命令用于将对象的一个端点或两个端点延伸到另一个对象上。

（2）命令的调用

调用延伸命令的方法有以下 3 种：①在命令窗口中输入“EXTEND”（缩写 EX）；②选择菜单栏中的“修改”→“延伸”命令；③单击“修改”面板中的按钮。

（3）格式

```
命令:_extend
当前设置:投影=UCS,边=无
选择边界的边...
选择对象或 <全部选择>:                                //选定边界边,按 Enter 键确认
选择要延伸的对象,或按住 Shift 键选择要修剪的对象,或[栏选(F)/窗交(C)/投影(P)/边
(E)/放弃(U)]:                                         //选择要延伸的对象
```

（4）应用

【例 3-8】打开资源包中的文件 3-8.dwg，如图 3-23 所示，练习使用延伸命令。

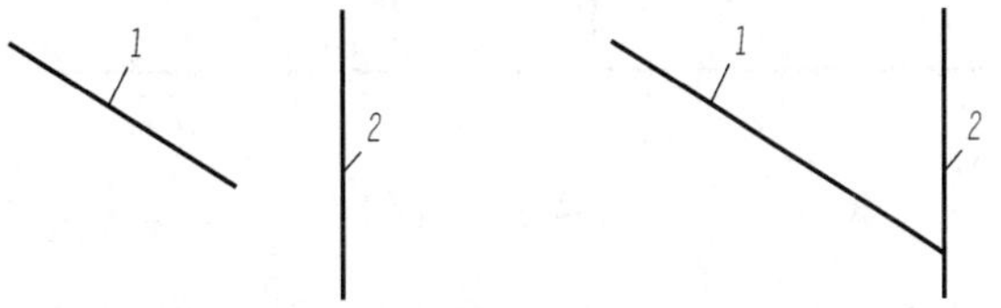

（a）　　（b）

图 3-23　延伸

具体操作如下：

```
命令:_extend
当前设置:投影=UCS,边=无
选择边界的边...
选择对象或 <全部选择>:
//选定边界的边,按 Enter 键确认,如图 3-23(a)所示,拾取直线 2 为边界边
选择要延伸的对象,或按住 Shift 键选择要修剪的对象,或[栏选(F)/窗交(C)/投影(P)/边
(E)/放弃(U)]:
//选择延伸边直线 1,如图 3-23(b)所示为延伸后的结果
```

注意：选取直线 1 时应单击靠近延伸边 2 的线段。

3. 打断命令

（1）功能

打断命令用于删除对象的一部分或将一个对象分成两部分。

（2）命令的调用

调用打断命令的方法有以下 3 种：①在命令窗口中输入“BREAK”（缩写 BR）；②选

择菜单栏中的“修改”→“打断”命令；③单击“修改”面板中的按钮。

（3）格式

```
命令:_break
选择对象:              //在 1 点处拾取对象,并把 1 点看作第一断开点,如图 3-24(a)所示
指定第二个打断点或第一点(F)://指定 2 点为第二断开点,结果如图 3-24(b)所示
```

（4）说明

1）如果需要在一点上将对象打断，并使第一断开点和第二断开点重合，此时仅输入“@”即可。

2）在封闭的对象上进行打断时，打断部分按逆时针方向从第一点到第二点断开。

3）在拾取打断点时，可以将对象捕捉关闭，以免影响非捕捉点的拾取。

（5）应用

【例 3-9】打开资源包中的文件 3-9.dwg，如图 3-24 所示，练习使用打断命令。

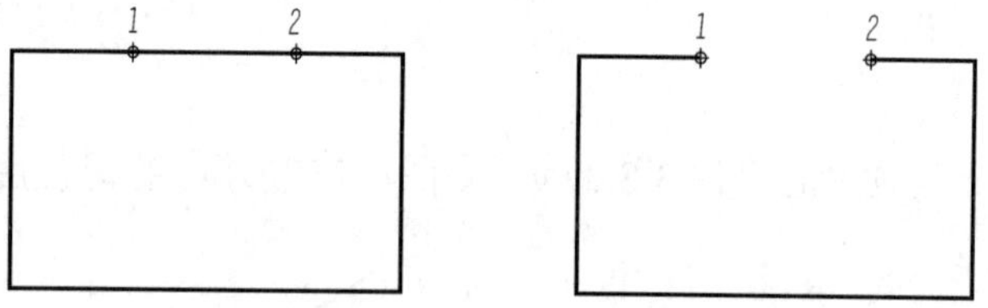

（a）　　　　（b）

图 3-24　打断

打开资源包中的文件 3-9.dwg，使用 BREAK 命令，结果如图 3-24（b）所示，具体操作略。

4. 拉长命令

（1）功能

拉长命令用于增加或减少直线长度或圆弧的包含角。

（2）命令的调用

调用拉长命令的方法有以下 3 种：①在命令窗口中输入“LENGTHEN”（缩写 LEN）；②选择菜单栏中的“修改”→“拉长”命令；③单击“修改”面板中的按钮。

（3）格式

```
命令:_lengthen
选择对象[增量(DE)/百分数(P)/全部(T)/动态(DY)]:        //输入选项
```

（4）说明

1）增量（DE）：用指定的增量值改变线段或圆弧的长度。正值为拉长量，负值为缩短量。对于圆弧，还可以通过设定角度增量改变其长度。

2）百分数（P）：以对象总长度的百分比形式改变对象长度。

3）全部（T）：通过指定线段或圆弧的新长度来改变对象的总长。

4）动态（DY）：拖动鼠标就可以动态地改变对象长度。

3.7 圆、圆弧、圆环命令

通过本节的学习，了解各种绘制圆、圆弧和圆环的方法，能熟练绘制并连接圆弧。

1. 圆命令

（1）功能

圆命令用于绘制圆，既可以通过指定圆心和半径或圆周上的点来创建圆，也可以创建与对象相切的圆。

（2）命令的调用

调用圆命令的方法有以下 3 种：①在命令窗口中输入“CIRCLE”（缩写 C）；②选择菜单栏中的“绘图”→“圆”命令；③单击“绘图”面板中的按钮。

（3）格式

```
命令：_circle
指定圆的圆心或[三点(3P)/两点(2P)/相切、相切、半径(T)]:      //给定圆心或选项
指定圆的半径或[直径(D)]:                                    //给定半径
```

（4）说明

在下拉列表中的画圆的命令中列出了以下 6 种画圆的方法。

1）圆心、半径——按指定圆心和半径画圆。

2）圆心、直径——按指定圆心和直径画圆。

3）两点（2P）——按指定直径的两端点画圆，如图 3-25（a）所示，选择直线的两端点 *A*、*B* 即可。

4）三点（3P）——指定圆上 3 点画圆，如图 3-25（b）所示，选择点 *C*、*D*、*E* 即可。

5）相切、相切、半径（T）——指定两个相切对象和半径画圆。

6）相切、相切、相切——指定 3 个相切对象，如图 3-25（c）所示，选择 3 条直线即可。

（5）应用

【例 3-10】打开资源包中的文件 3-10.dwg，如图 3-25 所示，练习使用圆命令。

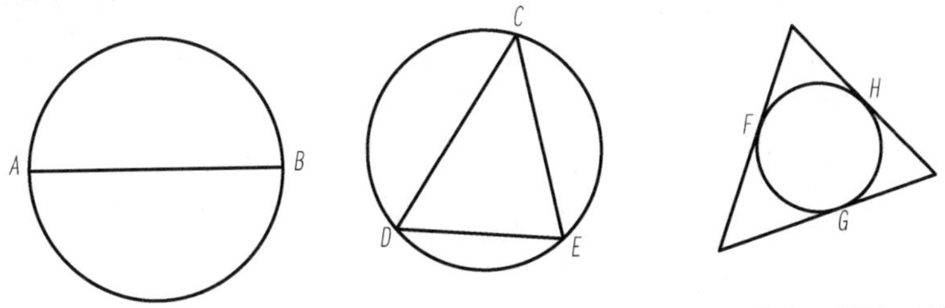

（a）“2P”　（b）“3P”　（c）“相切、相切、相切”

图 3-25　不同方式画圆

具体操作如下：

```
命令:_circle
指定圆的圆心或[三点(3P)/两点(2P)/相切、相切、半径(T)]:2p↙
                                          //输入两点画圆选项 2P
指定圆直径的第一个端点:<对象捕捉 开>          //打开对象捕捉,选择直线 AB 的点 A
指定圆直径的第二个端点:                      //捕捉直线 AB 的点 B,即得到图 3-25(a)
命令:CIRCLE                                //按 Enter 键或 Space 键重复圆命令
指定圆的圆心或 [三点(3P)/两点(2P)/相切、相切、半径(T)]:3p↙
                                          //输入 3 点画圆选项 3P
指定圆上的第一个点:                          //捕捉点 C
指定圆上的第二个点:                          //捕捉点 D
指定圆上的第三个点:                          //捕捉点 E,即得到图 3-25(b)
命令:CIRCLE                                //重复圆命令
指定圆的圆心或 [三点(3P)/两点(2P)/相切、相切、半径(T)]:3p↙
                    //在下拉列表中选择"绘图"→"圆"→"相切、相切、相切"命令
指定圆上的第一个点:_tan 到                   //在切点 F 处大致位置单击
指定圆上的第二个点:_tan 到                   //在切点 G 处大致位置单击
指定圆上的第三个点:_tan 到                   //在切点 H 处大致位置单击,即得到图 3-25(c)
```

2. 圆弧命令

(1) 功能

圆弧命令用于画圆弧。

(2) 命令的调用

调用圆弧命令的方法有以下 3 种：①在命令窗口中输入“ARC”（缩写 A）；②选择菜单栏中的“绘图”→“圆弧”命令；③单击“绘图”面板中的按钮。

(3) 格式

```
命令:_arc
指定圆弧的起点或[圆心(C)]:                    //给出起点
指定圆弧的第二点或[圆心(C)/点(E)]:             //给出第二点
指定圆弧的端点:                               //给出端点
```

(4) 说明

在圆弧的下拉列表中，按给出的圆弧条件与顺序的不同，列出以下 11 种画圆弧的方法。

1）三点：给出起点（S）、圆心（C）、端点（E）。

2）起点（S）、圆心（C）、端点（E）。

3）起点（S）、圆心（C）、角度（A）。

4）起点（S）、圆心（C）、长度（L）。

5）起点（S）、端点（E）、角度（A）。

6）起点（S）、端点（E）、方向（D）。

7）起点（S）、端点（E）、半径（R）。

8）圆心（C）、起点（S）、端点（E）。

9）圆心（C）、起点（S）、角度（A）。

10）圆心角（C）、起点（S）、长度（L）。

11）继续：与上一线段相切，继续画圆弧段，仅提供端点即可。

在绘制圆弧时，一般先画圆，再修剪得到所需的圆弧。

3. 圆环命令

（1）功能

圆环命令用于画圆环。

（2）命令的调用

调用圆环命令的方法有以下两种：①在命令窗口中输入“DONUT”（缩写 DO）；②选择菜单栏中的“绘图”→“圆环”命令。

（3）格式

```
命令:_donut
指定圆环的内径<0.5000>:        //输入圆环内径或按 Enter 键确认
指定圆环的外径<1.0000>:        //输入圆环外径或按 Enter 键确认
指定圆环的中心点或<退出>:      //可连续选取,按 Enter 键结束
```

（4）说明

若内径为零，则画出实心填充圆，如图 3-26（b）所示。

（5）应用

【例 3-11】如图 3-26 所示，练习使用圆环命令。

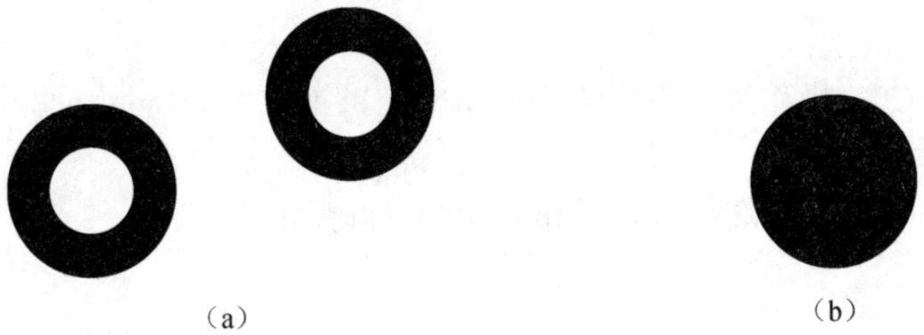

图 3-26 画圆环

具体操作如下：

```
命令:_donut
指定圆环的内径 <0.5000>:5↙ //输入圆环的内径 5
指定圆环的外径 <1.0000>:10↙ //输入圆环的外径 10
指定圆环的中心点或 <退出>:    //在适当位置处单击
指定圆环的中心点或 <退出>:    //在已画圆环右上角处单击
指定圆环的中心点或 <退出>:↙  //按 Enter 键或 Space 键结束该命令,即得到图 3-26(a)
命令:DONUT                    //按 Enter 键或 Space 键重复该命令
指定圆环的内径 <5.0000>:0↙  //输入圆环的内径 0
指定圆环的外径 <10.0000>:↙  //输入圆环的外径 10
```

```
指定圆环的中心点或 <退出>:     //在适当位置处单击
指定圆环的中心点或 <退出>:↙ //按 Enter 键或 Space 键结束该命令,即得到图 3-26(b)
```

3.8 椭圆、椭圆弧命令

通过本节的学习，了解绘制椭圆和椭圆弧的方法和操作。

1. 椭圆命令

（1）功能

椭圆命令用于绘制椭圆和椭圆弧。

（2）命令的调用

调用椭圆命令的方法有以下 3 种：①在命令窗口中输入“ELLIPSE”（缩写 EL）；②选择菜单栏中的“绘图”→“椭圆”命令；③单击“绘图”面板中的按钮。

（3）格式

```
命令:_ellipse
指定椭圆的轴端点或[圆弧(A)/中心点(C)]:          //给出轴端点 A
指定轴的另一个端点:                              //给出轴端点 B
指定另一条半轴长度或[旋转(R)]:                   //给出另一半轴的长度,画出椭圆
```

（4）说明

1）中心点（C）：操作时，先指定中心点 O，再指定轴的端点和另一条半轴长度，如图 3-27（b）所示。

2）圆弧（A）：选择此选项后，操作与绘制椭圆弧相同。

（5）应用

【例 3-12】打开资源包中的文件 3-12.dwg，如图 3-27 所示，练习使用椭圆命令。

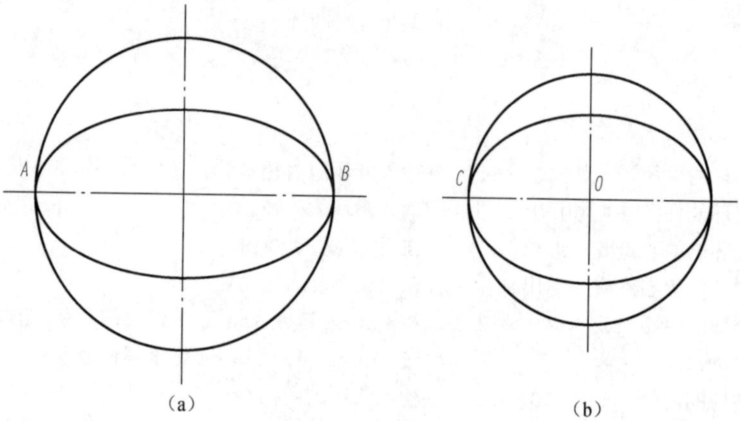

图 3-27 画椭圆

具体操作如下：

```
命令:_ellipse
指定椭圆的轴端点或 [圆弧(A)/中心点(C)]:<对象捕捉 开>
                                        //打开对象捕捉功能,并捕捉长轴的 A 点
指定轴的另一个端点:                     //捕捉长轴的 B 点
指定另一条半轴长度或 [旋转(R)]:8↙      //输入短轴的一半长度 8,结果如图 3-27(a)所示
命令:ELLIPSE                            //按 Enter 键或 Space 键重复该命令
指定椭圆的轴端点或 [圆弧(A)/中心点(C)]:c↙
                                        //输入中心点选项 C
指定椭圆的中心点:                       //捕捉椭圆的中心 O 点
指定轴的端点:                           //捕捉其中一条轴的端点 C 点
指定另一条半轴长度或 [旋转(R)]: 8↙
                                     //输入另一条轴的一半长度 8,结果如图 3-27(b)所示
```

2. 椭圆弧命令

（1）功能

椭圆弧命令用于绘制椭圆弧。

（2）命令的调用

调用椭圆弧命令的方法有以下 3 种：①在命令窗口中输入“ELLIPSE”（缩写 EL）；②选择菜单栏中的“绘图”→“椭圆”→“圆弧”命令；③单击“绘图”面板中的按钮。

（3）格式

```
命令:_ellipse
指定椭圆的轴端点或 [圆弧(A)/中心点(C)]:a↙              //输入椭圆弧方式
指定椭圆弧的轴端点或 [中心点(C)]:  <对象捕捉 开>        //捕捉一轴端点
指定轴的另一个端点:                                     //捕捉另一轴端点
指定另一条半轴长度或 [旋转(R)]:                         //输入另一条半轴长度或捕捉点
指定起始角度或 [参数(P)]:                               //输入椭圆弧的起始角度
指定终止角度或 [参数(P)/包含角度(I)]:                   //输入椭圆弧的终止角度
```

（4）应用

【例 3-13】打开资源包中的文件 3-13.dwg，如图 3-28 所示，练习使用椭圆弧命令。

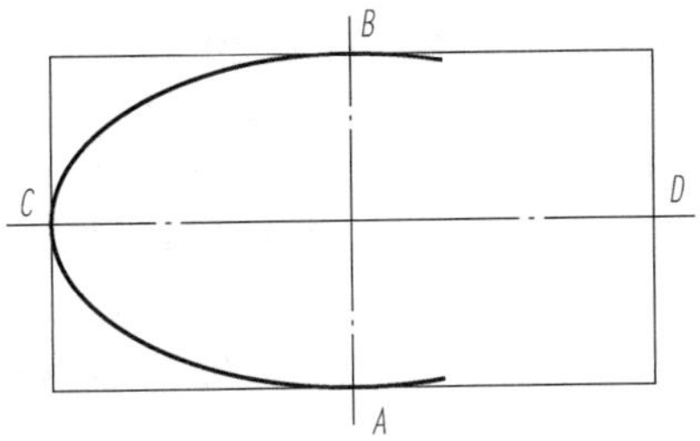

图 3-28　画椭圆弧

具体操作如下：

```
命令:_ellipse
指定椭圆的轴端点或 [圆弧(A)/中心点(C)]:a↙          //输入椭圆弧方式
指定椭圆弧的轴端点或 [中心点(C)]:                  //对象捕捉 A 点
指定轴的另一个端点:                                //对象捕捉 B 点
指定另一条半轴长度或 [旋转(R)]:13↙   //输入另一条轴 CD 的半轴长度 13 或捕捉 C 点
指定起始角度或 [参数(P)]:60↙                       //输入椭圆弧的起始角度 60
指定终止角度或 [参数(P)/包含角度(I)]:300↙
                           //输入椭圆弧的终止角度 300,结果如图 3-28 所示
```

3.9 偏移命令

通过本节的学习，了解编辑命令中偏移命令的使用和操作。在图形编辑操作中，偏移命令的使用率也比较高。

1. 功能

偏移命令用于画出指定对象的偏移，即等距线。直线的等距线为平行等长线段，圆弧的等距线为同心圆，保持圆心角相同。

2. 命令的调用

调用偏移命令的方法有以下 3 种：①在命令窗口中输入“OFFSET”（缩写 O）；②选择菜单栏中的“修改”→“偏移”命令；③单击“修改”面板中的按钮。

3. 格式

```
命令:_offset
当前设置:删除源=否  图层=源  OFFSETGAPTYPE=0
指定偏移距离或 [通过(T)/删除(E)/图层(L)] <10.0000>:
                                        //输入偏移的距离
选择要偏移的对象,或 [退出(E)/放弃(U)] <退出>:
                                        //选取要偏移的对象
指定要偏移的那一侧上的点,或 [退出(E)/多个(M)/放弃(U)] <退出>:
                                        //指定偏移的方向
选择要偏移的对象,或 [退出(E)/放弃(U)] <退出>:
                                        //继续选择要偏移的对象或按 Space 键退出命令
```

4. 说明

通过（T）：通过指定一点，完成过该点的偏移对象。

5. 应用

【例 3-14】打开资源包中的文件 3-14.dwg，如图 3-29 所示，熟练使用偏移命令。

```
命令:_offset
当前设置:删除源=否　图层=源　OFFSETGAPTYPE=0
指定偏移距离或 [通过(T)/删除(E)/图层(L)] <1.0000>:5↙
                                              //输入偏移的距离 5
选择要偏移的对象,或 [退出(E)/放弃(U)] <退出>:     //单击直线 1
指定要偏移的那一侧上的点,或 [退出(E)/多个(M)/放弃(U)] <退出>:
                                              //在直线 1 下侧单击,得直线 2
选择要偏移的对象,或 [退出(E)/放弃(U)] <退出>:     //单击直线 2
指定要偏移的那一侧上的点,或 [退出(E)/多个(M)/放弃(U)] <退出>:
                                              //在直线 1 下侧单击,得直线 3
选择要偏移的对象,或 [退出(E)/放弃(U)] <退出>:     //单击矩形 A
指定要偏移的那一侧上的点,或 [退出(E)/多个(M)/放弃(U)] <退出>:
                                              //在矩形 A 外侧单击,得矩形 B
```

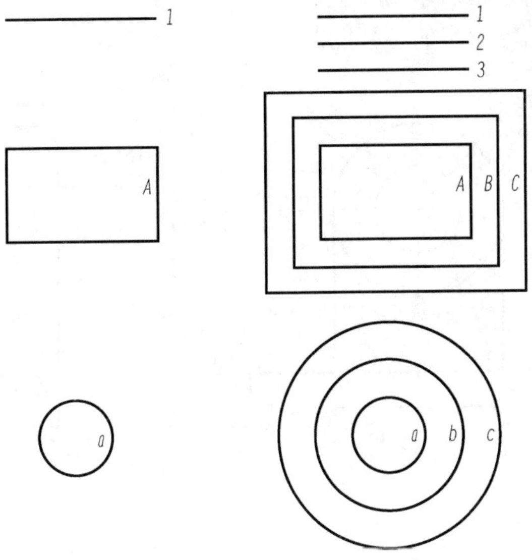

（a）　（b）

图 3-29　偏移直线、矩形和圆

```
选择要偏移的对象,或 [退出(E)/放弃(U)] <退出>:     //单击矩形 B
指定要偏移的那一侧上的点,或 [退出(E)/多个(M)/放弃(U)] <退出>:
                                 //在矩形 B 外侧单击,得矩形 C,按 Space 键退出命令
命令:OFFSET                                    //再次按 Space 键重复该命令
当前设置:删除源=否　图层=源　OFFSETGAPTYPE=0
指定偏移距离或 [通过(T)/删除(E)/图层(L)] <5.0000>:7↙
                                              //输入偏移的距离 7
选择要偏移的对象,或 [退出(E)/放弃(U)] <退出>:     //单击圆 a
```

```
指定要偏移的那一侧上的点,或[退出(E)/多个(M)/放弃(U)] <退出>:
                                    //在圆 a 外侧单击,得圆 b
选择要偏移的对象,或 [退出(E)/放弃(U)] <退出>:                    //单击圆 b
指定要偏移的那一侧上的点,或[退出(E)/多个(M)/放弃(U)] <退出>:
                                    //在圆 b 外侧单击,得圆 c
选择要偏移的对象,或 [退出(E)/放弃(U)] <退出>:↙
                                    //按 Enter 键或 Space 键退出该命令
```

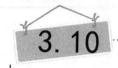

3.10 绘制轴承座

通过本节的实例操作，了解绘制轴承座三视图的一般过程，并能应用直线、圆、矩形，以及偏移、修剪等命令正确绘制图形。

绘制图 3-30 所示的轴承座的三视图。

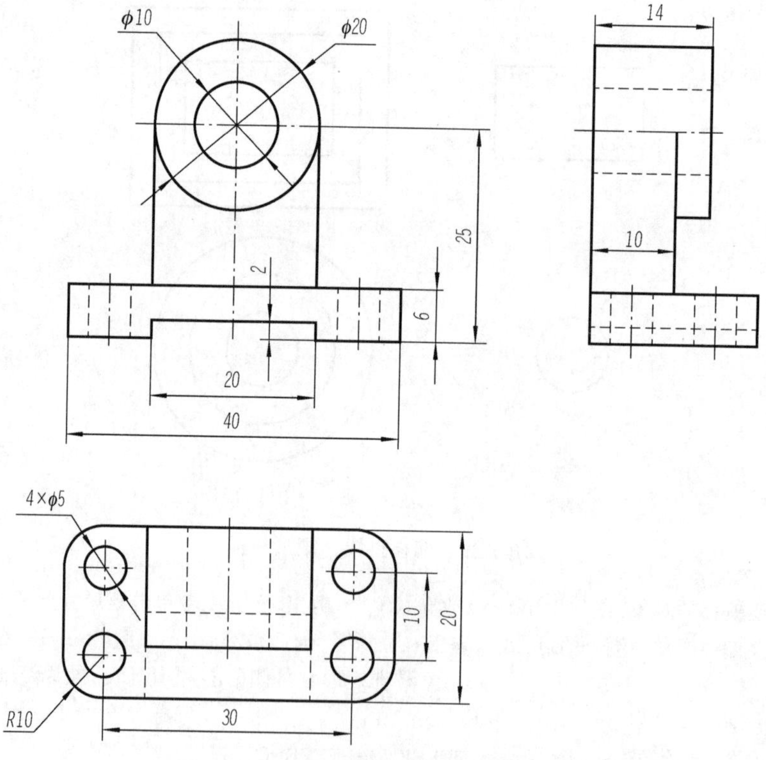

图 3-30　轴承座的三视图

具体操作如下：

01 新建文件，并创建 3 个新图层（表 3-1）。

表 3-1　3 个新图层

图层名称	颜色	线型	线宽
轮廓线层	白色	Continuous	0.3mm
中心线层	青色	Center	默认
虚线层	黄色	Dashed	默认

02 通过“线型控制”下拉列表打开“线型管理器”对话框，在此对话框中设定“线型总体比例因子”为“0.15”。

03 打开正交和对象捕捉功能。

04 切换到中心线层，绘制两条作图基准线 1、2，如图 3-31 所示。线段 1 的长度约为 30，线段 2 的长度约为 40。

05 切换到轮廓线层，利用画圆命令，绘制 $\phi 10$、$\phi 20$ 两圆，如图 3-32 所示。

06 利用直线命令，从 *A* 点开始，绘制点 *A*、*B*、*C*、*D* 等各点，结果如图 3-33 所示。

```
命令:_line
LINE 指定第一点:                                   //对象捕捉拾取 A 点
指定下一点或 [放弃(U)]:19↙                          //输入 A 点到 B 点的距离 19
指定下一点或 [放弃(U)]:10↙                          //输入 B 点到 C 点的距离 10
指定下一点或 [闭合(C)/放弃(U)]:6↙                   //输入 C 点到 D 点的距离 6
指定下一点或 [闭合(C)/放弃(U)]:10↙                  //输入 D 点到 E 点的距离 10
指定下一点或 [闭合(C)/放弃(U)]:2↙                   //输入 E 点到 F 点的距离 2
指定下一点或 [闭合(C)/放弃(U)]:20↙                  //输入 F 点到 G 点的距离 20
指定下一点或 [闭合(C)/放弃(U)]:2↙                   //输入 G 点到 H 点的距离 2
指定下一点或 [闭合(C)/放弃(U)]:10↙                  //输入 H 点到 I 点的距离 10
指定下一点或 [闭合(C)/放弃(U)]: 6↙                  //输入 I 点到 J 点的距离 6
指定下一点或 [闭合(C)/放弃(U)]:10↙                  //输入 J 点到 K 点的距离 10
指定下一点或 [闭合(C)/放弃(U)]:                     //对象捕捉拾取 L 点
指定下一点或 [闭合(C)/放弃(U)]:↙                    //按 Enter 键或 Space 键退出命令
```

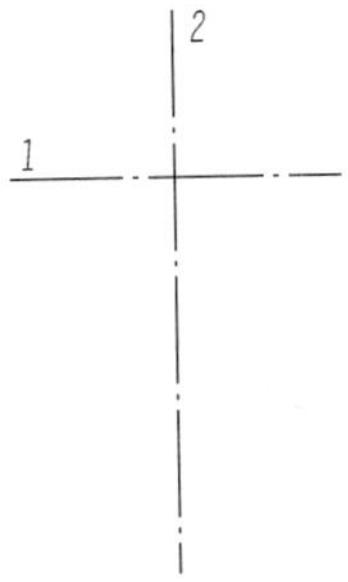

图 3-31　基准线 1、2

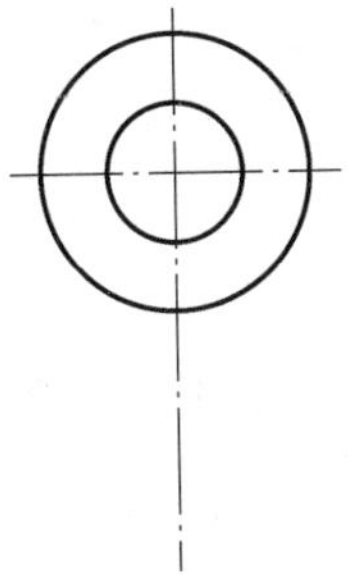

图 3-32　绘制两圆

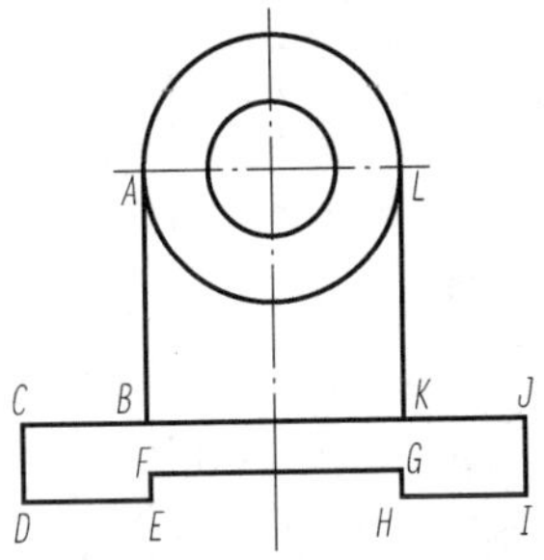

图 3-33　绘制各点与直线

07 利用偏移命令绘制平行线 3、4、5、6、7、8，如图 3-34 所示。

```
命令:_offset
```

```
当前设置:删除源=否  图层=源  OFFSETGAPTYPE=0
指定偏移距离或 [通过(T)/删除(E)/图层(L)] <2.5000>:15↙
                                        //输入直线 2 到直线 3、4 距离
选择要偏移的对象,或 [退出(E)/放弃(U)] <退出>://选择直线 2
指定要偏移的那一侧上的点,或 [退出(E)/多个(M)/放弃(U)] <退出>:
                                        //在直线 2 左侧单击
选择要偏移的对象,或 [退出(E)/放弃(U)] <退出>://选择直线 2
指定要偏移的那一侧上的点,或 [退出(E)/多个(M)/放弃(U)] <退出>:
                                        //在直线 2 右侧单击
选择要偏移的对象,或 [退出(E)/放弃(U)] <退出>:↙
                                        //按 Enter 键或 Space 键退出命令
```

继续绘制以下平行线：
向左平移线段 3 至 5，平移距离为 2.5；
向右平移线段 3 至 6，平移距离为 2.5；
向左平移线段 4 至 7，平移距离为 2.5；
向左平移线段 4 至 8，平移距离为 2.5。
修剪多余线段并修饰，结果如图 3-35 所示。

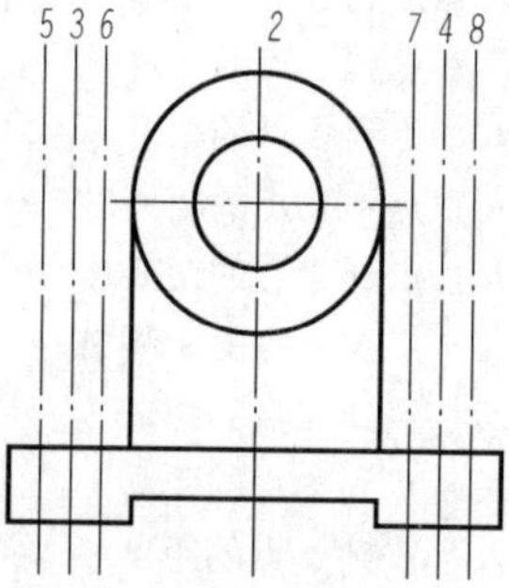

图 3-34 平行线 3、4、5、6、7、8

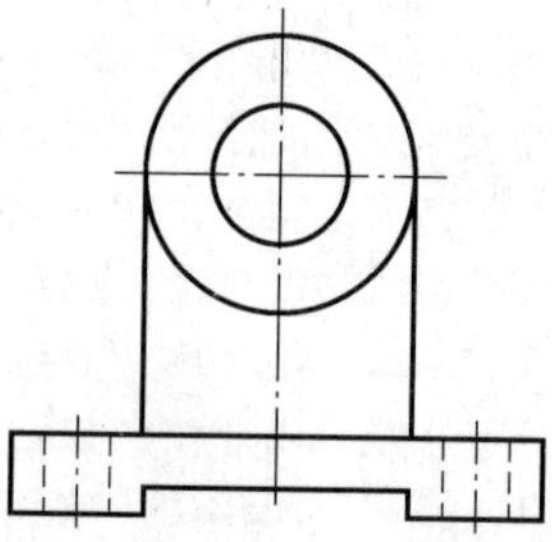

图 3-35 修剪多余线段并修饰

08 画俯视图中的定位线 1、2、3、4，如图 3-36 所示。
平移线段 2 至 3，距离为 20；
平移线段 2 至 4，距离为 20；
平移线段 5 至 7，距离为 5；
平移线段 2 至 8，距离为 15；
平移线段 2 至 9，距离为 15；
修剪多余线条，并将线段 2、6、7、8、9 转换到中心线层，结果如图 3-37 所示。
09 依次画 ϕ10、ϕ5 的两同心圆，并修剪，结果如图 3-38 所示。
10 如图 3-39 所示，分别作以下平行线：
平移线段 1 至 2，距离为 14；
平移线段 1 至 8，距离为 10；
平移线段 3 至 4、5，距离为 10；
平移线段 3 至 6、7，距离为 5；

修剪并修饰，最后转换至合适的图层。

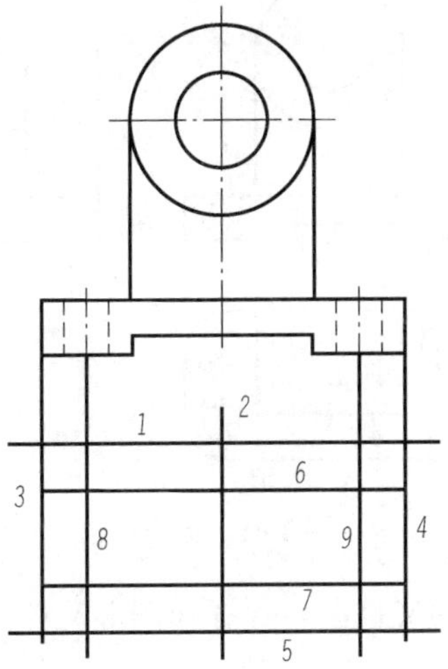

图 3-36 定位线 1、2、3、4

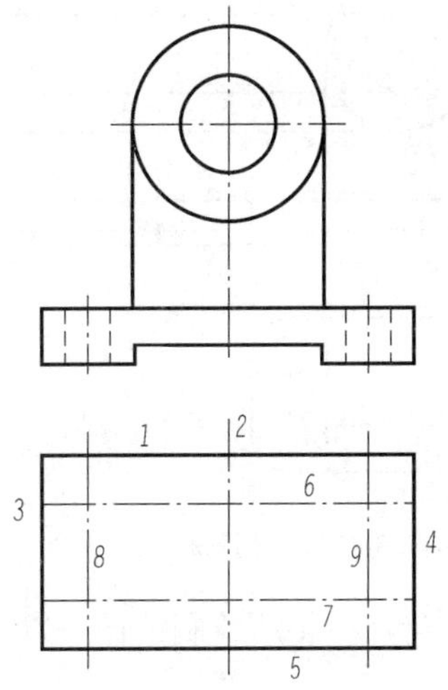

图 3-37 修剪多余线条并转换图层

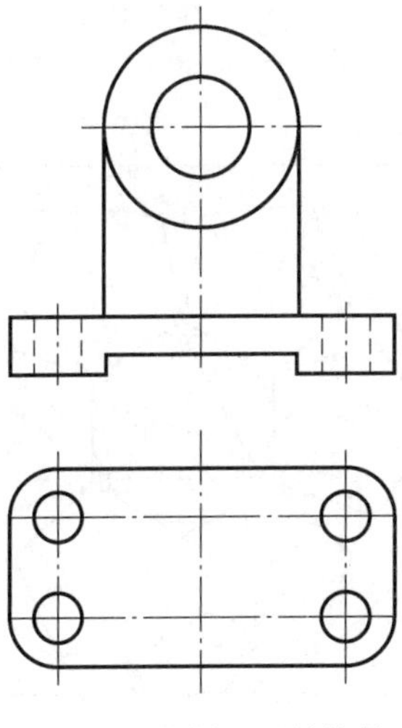

图 3-38 绘制两圆并修剪

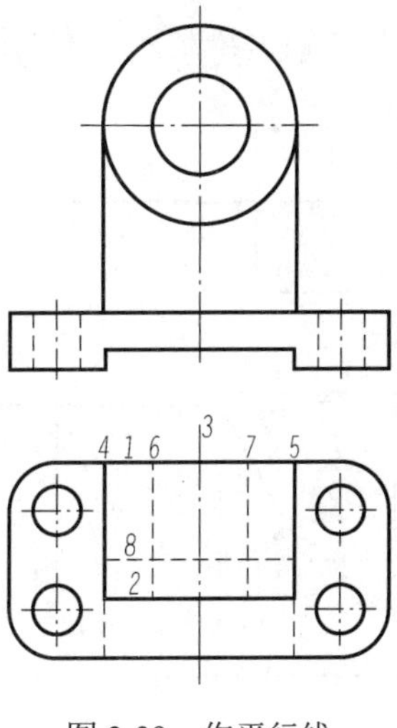

图 3-39 作平行线

11 画左视图的主要定位线，如图 3-40 所示。

12 如图 3-41 所示，分别作以下平行线：

平移线段 1 至 2，距离为 10；

平移线段 1 至 3，距离为 14；

平移线段 1 至 4，距离为 20；

平移线段 1 至 5，距离为 5；

平移线段 1 至 6，距离为 15；

平移线段 5 至 7、8，距离为 2.5；

平移线段 6 至 9、10，距离为 2.5；

修剪多余线条，并将线段 5、6 换至中心线层，将线段 7、8、9、10、11、12、13 换至虚线层，即得到所需视图。

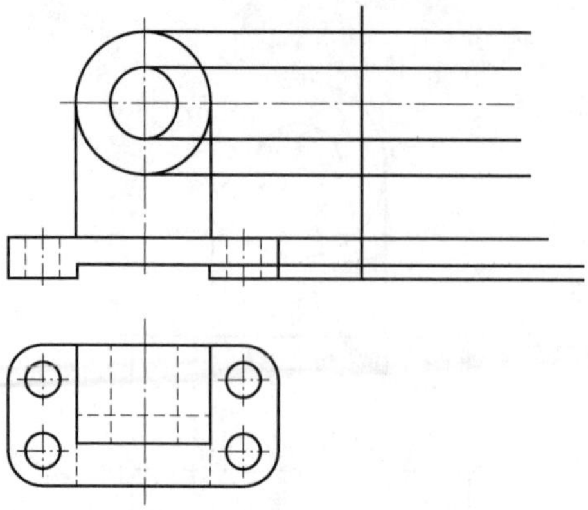

图 3-40　绘制左视图定位线

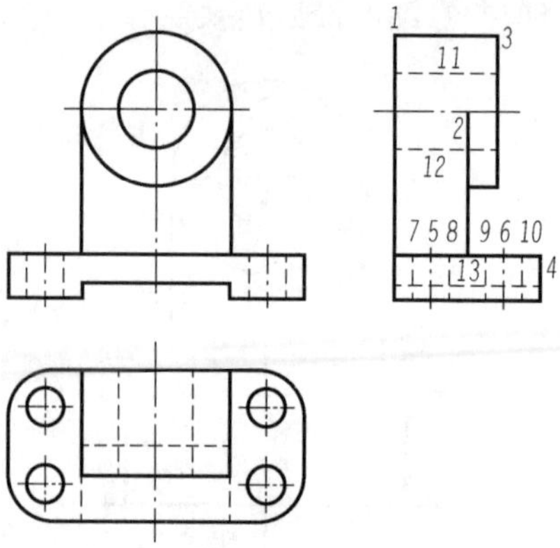

图 3-41　作平行线

13 最后，将所绘制的图形以“轴承座.dwg”为文件名，保存在图形文件中。

习　题

利用所学的知识绘制图 3-42 所示的平面图形。

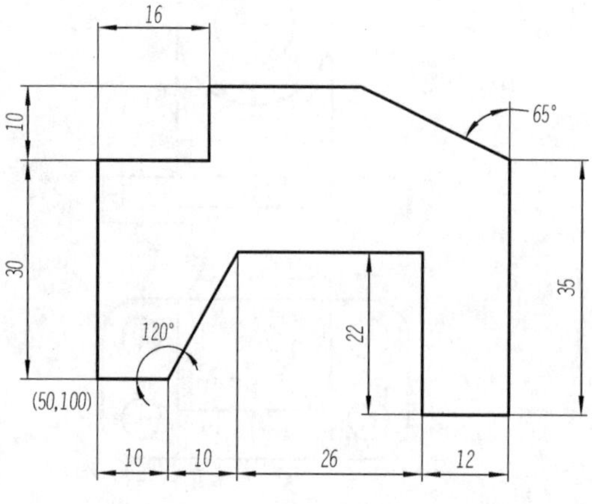

（a）

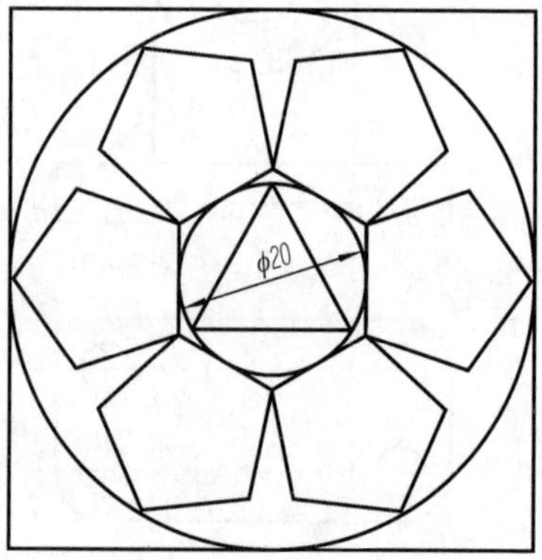

（b）

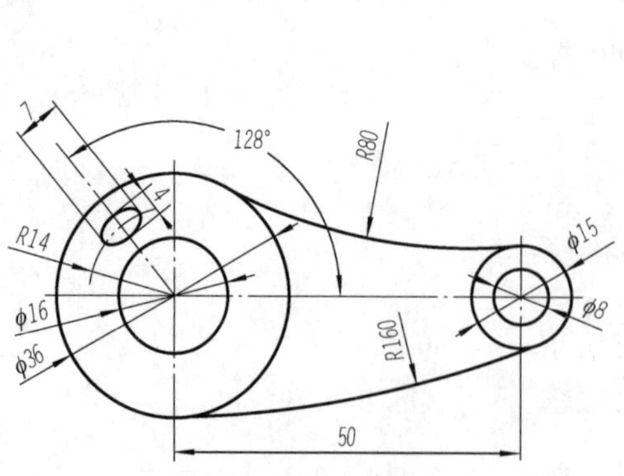

（c）

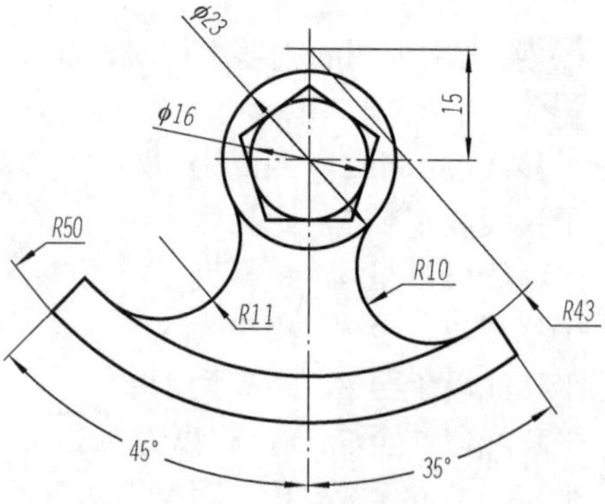

（d）

图 3-42　平面图形

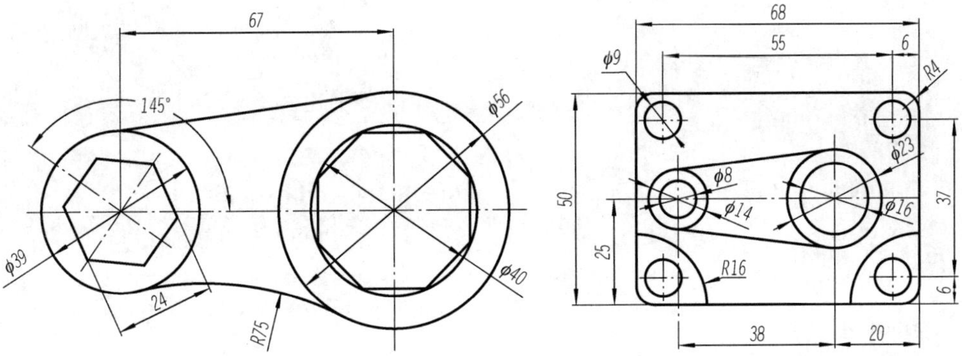
67
145°
ϕ56
ϕ39
ϕ40
24
R75
68
55
6
ϕ9
R4
ϕ23
ϕ8
ϕ14
ϕ16
50
37
25
R16
6
38
20

（e）　（f）

图 3-42（续）

4 单元 绘制与编辑复杂平面图形

◎ **内容导航**

读者在掌握了 AutoCAD 的基本作图命令后，可以绘制出简单的平面图形，然后运用镜像、阵列、移动和缩放等命令编辑复杂的平面图形，同时加上各种画图技巧，熟练、高效地绘制各类图形。

◎ **学习目标**

- 掌握“修改”面板中镜像、阵列、旋转、移动、复制、缩放、倒角、倒圆等编辑操作的方法。
- 掌握绘制样条曲线、剖面线的方法。
- 掌握绘制端盖实例三视图的方法和操作。

4.1 镜像、阵列命令

通过本节的学习，根据图形的对称性和均布性等特点，掌握运用镜像命令和阵列命令编辑图形的方法，提高绘图的效率。

1. 镜像命令

（1）功能

镜像命令用于创建轴对称的图形，并按需要保留或删除原来的图形实体。

（2）命令的调用

调用镜像命令的方法有以下 3 种：①在命令窗口中输入“MIRROR”（缩写 MI）；②选择菜单栏中的“修改”→“镜像”命令；③单击“修改”面板中的按钮。

（3）格式

```
命令:_mirror
选择对象:                                  //构造选择集
选择对象:                                  //按 Enter 键或 Space 键结束选择
指定镜像线的第一点:                        //指定镜像线上的一点,如 A 点
指定镜像线的第二点:                        //指定镜像线上的另一点,如 B 点
是否删除源对象？[是(Y)/否(N)]<N>:          //按 Enter 键或 Space 键,不删除原图形
```

（4）说明

在镜像时，镜像线是一条临时的参照线，镜像后并不保留。在图 4-1（a）中，文本做了完全镜像，镜像后文本变为反写和倒排，使文本不便阅读。但如果在调用镜像命令前，把系统变量 MIRRTEXT 的值设为 0（OFF），则镜像时对文本只做文本框的镜像，而文本仍然可读，如图 4-1（b）所示。

（5）应用

【例 4-1】打开资源包中的文件 4-1.dwg，如图 4-1 所示，练习使用镜像命令。

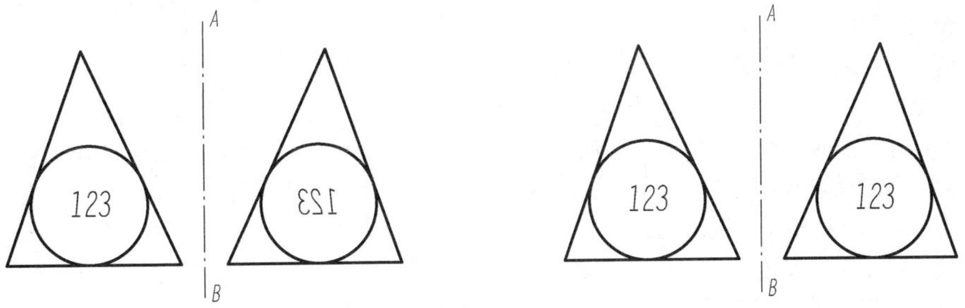

（a）　　（b）

图 4-1　镜像

具体操作如下：

```
命令:_mirror
选择对象: 指定对角点:找到 5 个            //矩形窗口选择直线 AB 左侧的图形及字符 123
选择对象:↙                              //按 Enter 键或 Space 键结束选择
指定镜像线的第一点:                      //选择镜像线上 A 点
指定镜像线的第二点:                      //选择镜像线上 B 点
要删除源对象吗? [是(Y)/否(N)] <N>:↙
//按 Enter 键或 Space 键,不删除原图形,结果如图 4-1(a)所示
命令:_mirrtext                          //输入系统变量 MIRRTEXT 命令
输入 MIRRTEXT 的新值 <1>: 0↙             //将系统变量的值设为 0
命令:_mirror                            //重复选择镜像命令
选择对象: 指定对角点:找到 5 个            //矩形窗口选择直线 AB 左侧的图形及字符 123
选择对象:↙                              //按 Enter 键或 Space 键结束选择
指定镜像线的第一点:                      //选择镜像线上 A 点
指定镜像线的第二点:                      //选择镜像线上 B 点
要删除源对象吗? [是(Y)/否(N)] <N>:↙
//按 Enter 键或 Space 键,不删除原图形,结果如图 4-1(b)所示
```

2. 矩形阵列命令

（1）功能

矩形阵列命令用于对选定图形做矩形阵列复制。

（2）命令的调用

调用矩形阵列命令的方法有以下 4 种：①在命令窗口中输入“ARRAYRECT”；②选择菜单栏中的“修改”→“阵列”→“矩形阵列”命令；③单击“修改”面板中的按钮；④在命令窗口中输入“ARRAYCLASSIC”，在打开的“阵列”对话窗中选择“矩形阵列”单选按钮。

【例 4-2】 打开资源包中的文件 4-2dwg，绘制图 4-2 所示矩形阵列的 8 个圆。

方法 1 执行前 3 种矩形阵列命令后，命令窗口提示如下：

```
命令:_arrayrect
选择对象:找到 1 个                                          //选择资源包中绘制好的圆
选择对象:
类型=矩形  关联=是
选择夹点以编辑阵列或 [关联(AS)/基点(B)/计数(COU)/间距(S)/列数(COL)/行数(R)/层
数(L)/退出(X)] <退出>: r↙                                  //选择行数
输入行数或 [表达式(E)] <3>: 2↙                              //输入行数 2
指定行数之间的距离或 [总计(T)/表达式(E)] <9>: 20            //输入行距 20
指定行数之间的标高增量或 [表达式(E)] <0>: ↙                 //标高增量 0
选择夹点以编辑阵列或 [关联(AS)/基点(B)/计数(COU)/间距(S)/列数(COL)/行数(R)/层
数(L)/退出(X)] <退出>: col↙                                //选择列数
输入列数或 [表达式(E)] <4>:↙                                //按 Space 键默认列数为 4
指定列数之间的距离或 [总计(T)/表达式(E)] <9>: 15↙           //输入列距 15
选择夹点以编辑阵列或 [关联(AS)/基点(B)/计数(COU)/间距(S)/列数(COL)/行数(R)/层
数(L)/退出(X)] <退出>:↙                                    //按 Space 键结束命令
```

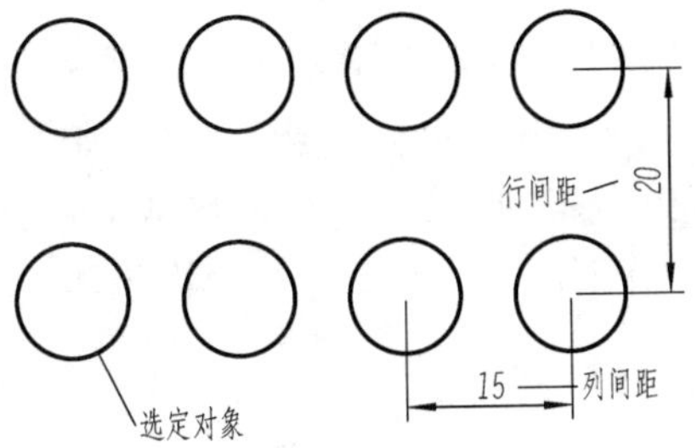

图 4-2　矩形阵列

ARRAYRECT 命令中的选项可以选择阵列默认为关联还是非关联。关联阵列的优点是，以后可轻松地进行修改。阵列项目包含在单个阵列对象中，类似于块。可以在关联阵列中更改这些项目的数量及其间距，可以使用阵列中的夹点或特性选项来编辑阵列特性，如间距或项目数。在用户退出 ARRAYRECT 命令后，非关联阵列将成为独立的对象。

方法 2　执行第 4 种矩形阵列命令，在打开的图 4-3（a）所示的“阵列”对话框中，可对阵列的方式（矩形阵列）及具体参数进行设置。

```
命令:_arrayclassic          //选择阵列命令,打开图 4-3(a)所示的对话框
                            //按照图 4-3(b)设置好各参数后,单击“选择对象”按钮
选择对象: 找到 1 个          //选定对象后,返回绘图窗口,单击资源包中绘制好的圆
选择对象:↙                  //按 Enter 键或 Space 键结束选择
                            //打开图 4-3(b)所示的对话框,按照图示设置好各项
                            //击“确定”按钮
```

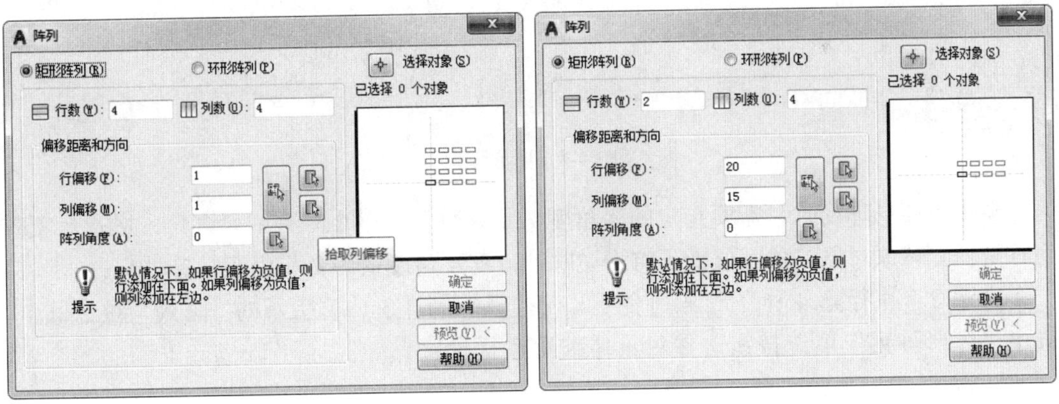

图 4-3　“阵列”对话框

3. 环形阵列命令

（1）功能

环形阵列命令用于对选定图形做环形阵列复制。

（2）命令的调用

调用环形阵列命令的方法有以下 4 种：①在命令窗口中输入“ARRAYPOLAR”；②选

择菜单栏中的“修改”→“阵列”→“环形阵列”命令；③单击“修改”面板中的按钮；④在命令窗口中输入“ARRAYCLASSIC”，在打开的“阵列”对话框中选择“环形阵列”单选按钮。

【例 4-3】 打开资源包中的文件 4-3.dwg，绘制图 4-4 所示的 6 个圆。

方法 1 执行前 3 种环形阵列命令后，命令窗口提示如下：

```
命令:_arraypolar
指定阵列的中心点或 [基点(B)/旋转轴(A)]:              //选择圆心为阵列的中心
选择夹点以编辑阵列或[关联(AS)/基点(B)/项目(I)/项目间角度(A)/填充角度(F)/行
(ROW)/层(L)/旋转项目(ROT)/退出(X)] <退出>: I       //选择项目
输入阵列中的项目数或[表达式(E)] <6>:↙               //按 Space 键默认项目数为 6
选择夹点以编辑阵列或[关联(AS)/基点(B)/项目(I)/项目间角度(A)/填充角度(F)/行
(ROW)/层(L)/旋转项目(ROT)/退出(X)] <退出>: f↙      //选择填充角度
指定填充角度(+=逆时针、-=顺时针)或 [表达式(EX)] <360>: 360↙
                                                      //输入填充角度 360°
选择夹点以编辑阵列或 [关联(AS)/基点(B)/项目(I)/项目间角度(A)/填充角度(F)/行
(ROW)/层(L)/旋转项目(ROT)/退出(X)] <退出>:↙        //按 Space 键结束指令
```

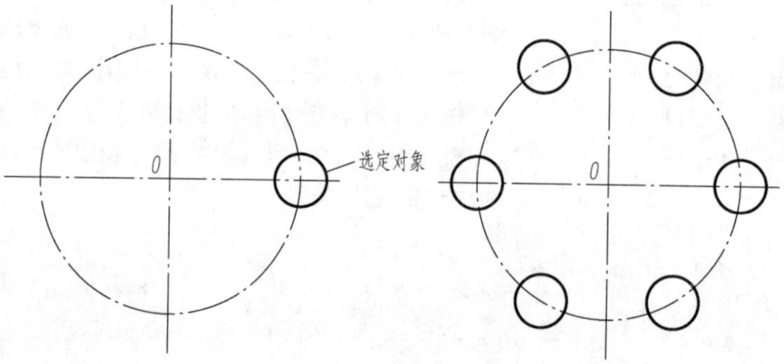

图 4-4 环形阵列

当使用环形阵列时，需要指定间隔角度、复制数目、整个阵列的包含角，以及对象阵列时是否旋转原对象。角度值为正将沿逆时针排列，角度值为负将沿顺时针排列。

方法 2 执行第 4 种环形阵列命令，在打开的图 4-3（a）所示的“阵列”对话框中，选中“环形阵列”单选按钮，并对具体参数进行设置。

```
命令:_arrayclassic
//执行环形阵列命令,在打开的"阵列"对话框中选中"环形阵列"单选按钮,如图 4-5(a)所示,
//按照图 4-5(b)设置好各参数后,单击"中心点"右侧的光标
指定阵列中心点:              //捕捉 O 点,自动打开图 4-5(b)所示的对话框
                             //单击"选择对象"按钮
选择对象: 找到 1 个          //单击图中的圆
选择对象:↙                   //按 Enter 键或 Space 键结束选择
设置参数:
//打开图 4-5(a)所示的对话框,设置项目总数为 6、填充角度为 360°,然后单击"确定"按钮
```

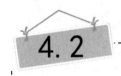

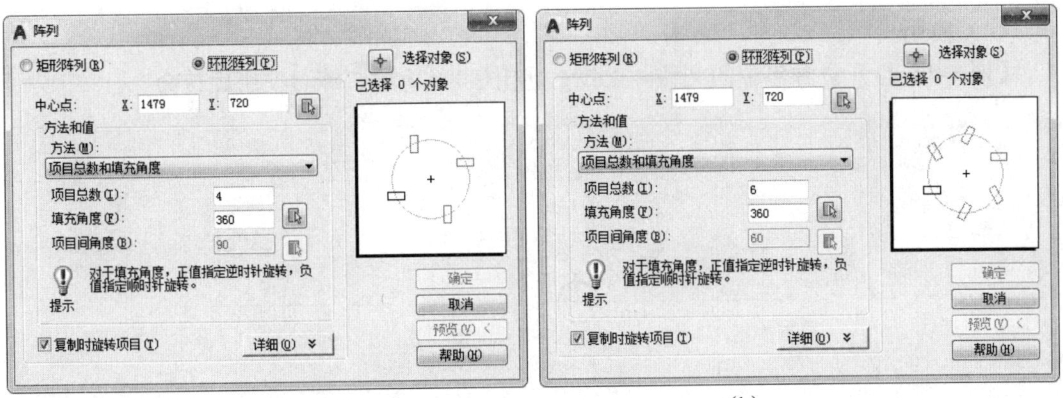

（a）　　　　　　　　　　（b）

图 4-5　设置阵列参数

无论是矩形阵列还是环形阵列，各参数均可按图形需要设置为正值或负值，项目的总数量包含原始的项目。

4.2　旋转、移动命令

通过本节的学习，根据具体图形运用旋转和移动命令，并运用画图技巧提高绘图效率。

1. 旋转命令

（1）功能

旋转命令用于将对象绕指定点旋转，从而改变对象的方向。在默认状态下，旋转角度为正时，所选对象沿逆时针方向旋转；旋转角度为负时，所选对象将沿顺时针方向旋转。

（2）命令的调用

调用旋转命令的方法有以下 3 种：①在命令窗口中输入“ROTATE”（缩写 RO）；②选择菜单栏中的“修改”→“旋转”命令；③单击“修改”面板中的按钮。

（3）格式

```
命令:_rotate
UCS 当前的正角方向: ANGDIR=逆时针  ANGBASE=0
选择对象:                              //选择需要旋转的对象
选择对象:                              //按 Enter 键或 Space 键结束选择
指定基点:                              //选择基点,即旋转中心
指定旋转角度,或 [复制(C)/参照(R)] <0>:
                        //输入旋转的角度,逆时针旋转角度为正,顺时针旋转角度为负
```

（4）应用

【例 4-4】打开资源包中的文件 4-4.dwg，如图 4-6 所示，练习使用旋转命令。

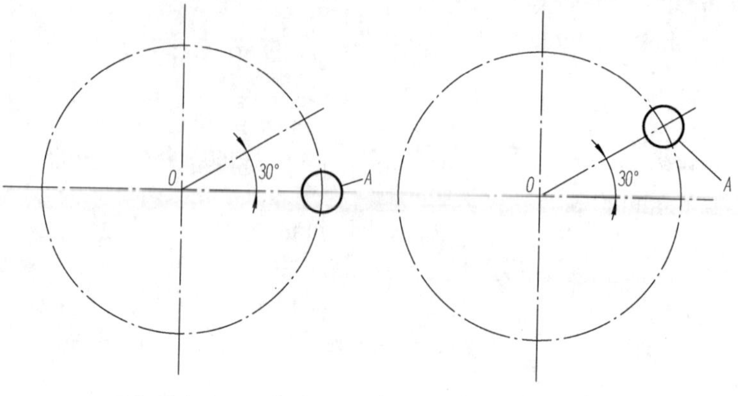

（a）　　（b）

图 4-6　旋转

具体操作如下：

```
命令:_rotate
UCS 当前的正角方向: ANGDIR=逆时针  ANGBASE=0
选择对象:找到 1 个                              //选择图 4-6(a)中的圆 A
选择对象:↙                                      //按 Enter 键或 Space 键结束选择
指定基点:                                       //选择中心点 O
指定旋转角度,或 [复制(C)/参照(R)] <0>:30↙
        //输入旋转角度 30,则圆 A 绕中心点 O 逆时针旋转 30° ,结果如图 4-6(b)所示
```

2. 移动命令

（1）功能

移动命令用于将一个或多个对象从原来位置移动到新的位置，其大小和方向保持不变。在绘图时，可以先绘制图形，然后使用此命令调整图形在图纸中的位置。

（2）命令的调用

调用移动命令的方法有以下 3 种：①在命令窗口中输入“MOVE”（缩写 M）；②选择菜单中的“修改”→“移动”命令；③单击“修改”面板中的按钮。

（3）格式

```
命令:_move
选择对象:                                   //选择需要移动的对象
选择对象:                                   //按 Enter 键或 Space 键结束选择
指定基点或[位移(D)]<位移>:                  //指定移动的基点
指定第二个点或<使用第一个点作为位移>:       //指定移动对象的新位置
```

（4）说明

使用 MOVE 命令时，用户可以通过以下方式确定选择对象的移动距离和方向。

1）在屏幕上指定两点，这两点的距离和方向代表了实体移动的距离和方向。

2）输入“*X*，*Y*”、“@*X*，*Y*”“距离<角度”或“@距离<角度”，指定对象的移动位置。

（5）应用

【例 4-5】打开资源包中的文件 4-5.dwg，如图 4-7 所示，练习使用移动命令。

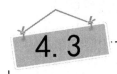

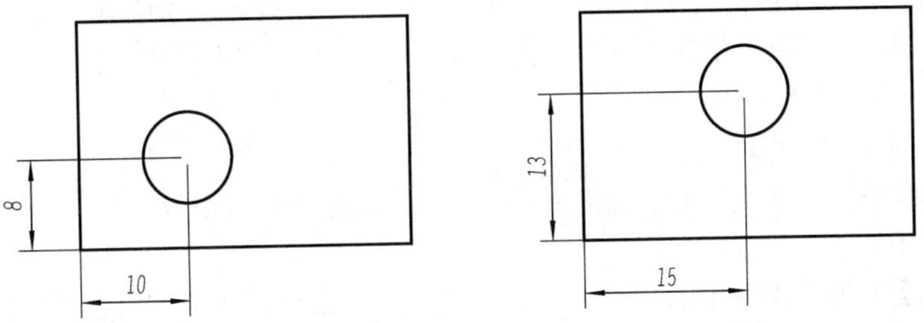

（a）　　　　　　　　　　（b）

图 4-7　移动

具体操作如下：

```
命令:_move
选择对象:找到 1 个                                  //选择对象,选择图 4-7(a)中的小圆
选择对象:↙                                          //按 Enter 键或 Space 键结束选择
指定基点或[位移(D)] <位移>:<对象捕捉 开>            //打开对象捕捉,拾取圆心
指定第二个点或 <使用第一个点作为位移>: @5,5↙ //输入相对坐标,结果如图 4-7(b)所示
```

4.3 复制、缩放命令

通过本节的学习，根据图形的相似性特点，运用复制和缩放命令，并运用画图技巧提高绘图效率。

1. 复制命令

（1）功能

复制命令用于复制选定的对象，可做多重复制。

（2）命令的调用

调用复制命令的方法有以下 3 种：①在命令窗口中输入“COPY”（缩写 CO、CP）；②选择菜单栏中的“修改”→“复制”命令；③单击“修改”面板中的按钮。

（3）格式

```
命令:_copy
选择对象:                                         //选择对象
选择对象:                                         //按 Enter 键或 Space 键结束选择
当前设置:复制模式=多个
指定基点或[位移(D)/模式(O)]<位移>:                 //指定复制的基点
指定第二个点或<使用第一个点作为位移>:               //指定新位置
指定第二个点或[退出(E)/放弃(U)]<退出>:             //按 Enter 键或 Space 键结束命令
```

（4）说明

基点与位移点可用光标对象捕捉来准确定位，或用坐标值定位。

（5）应用

【例 4-6】打开资源包中的文件 4-6.dwg，如图 4-8 所示，练习使用复制命令。

具体操作如下：

```
命令:_copy
选择对象: 指定对角点:找到 2 个
                        //用窗选方式选择小圆和正五边形,如图 4-8(a)所示
选择对象:↙              //按 Enter 键或 Space 键结束选择
当前设置:复制模式=多个
指定基点或 [位移(D)/模式(O)] <位移>:<对象捕捉 开>//打开对象捕捉,捕捉圆心 O
指定第二个点或 <使用第一个点作为位移>:              //捕捉 A 点
指定第二个点或 [退出(E)/放弃(U)]<退出>:↙
                        //按 Enter 键或 Space 键退出命令,结果如图 4-8(b)所示
命令:COPY               //按 Enter 键或 Space 键重复命令
选择对象:指定对角点:找到 2 个                       //用窗选方式选择小圆和正五边形
选择对象:↙                                         //按Enter 键或 Space 键结束选择
当前设置: 复制模式 =多个
指定基点或 [位移(D)/模式(O)] <位移>:                //打开对象捕捉,捕捉圆心 O
指定第二个点或 <使用第一个点作为位移>:@15,10↙       //输入相对坐标
指定第二个点或 [退出(E)/放弃(U)] <退出>:↙
                        //按 Enter 键或 Space 键退出命令,结果如图 4-8(c)所示
```

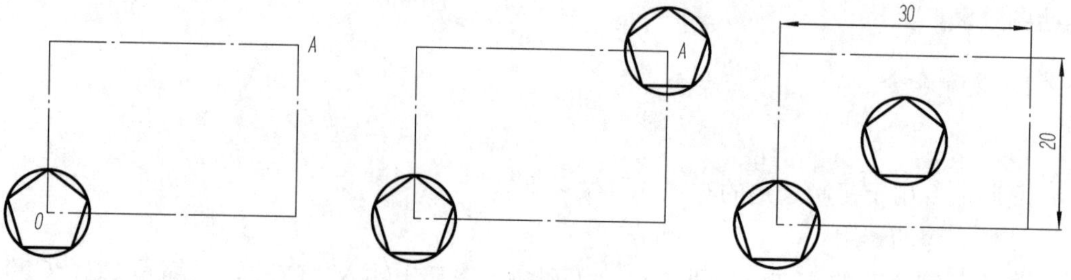

(a)　　(b)　　(c)

图 4-8　复制

2. 缩放命令

（1）功能

缩放命令用于修改选顶的对象或整个图形的大小。对象在放大或缩小时，其 X、Y、Z 3 个方向保持相同的放大或缩小倍数。若要放大一个对象，比例缩放倍数应大于 1；若要缩小一个对象，比例缩放倍数应为 0～1。

（2）命令的调用

调用缩放命令的方法有以下 3 种：①在命令窗口中输入“SCALE”（缩写 SC）；②选择菜单栏中的“修改”→“缩放”命令；③单击“修改”面板中的按钮。

（3）格式

```
命令:_scale
选择对象:                          //选择需要缩放的对象
指定基点:                          //选择缩放的基点
指定比例因子或 [复制(C)/参照(R)] <1.0000>:
                                   //输入比例因子,按Enter键或Space键结束命令
```

（4）说明

基点可以是图形中的任意点。如果基点位于对象上，则该点成为对象比例缩放的固定点。

（5）应用

【例 4-7】打开资源包中的文件 4-7.dwg，如图 4-9 所示，练习使用缩放命令。

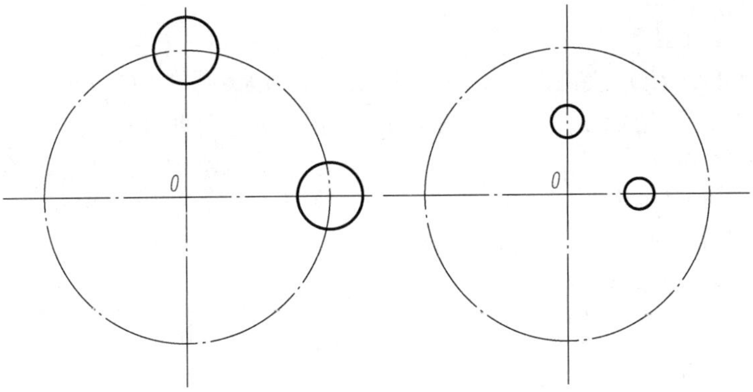

图 4-9　缩放

具体操作如下：

```
命令:_scale
选择对象:找到 1 个                       //选择图 4-9(a)右边小圆
选择对象:找到 1 个,总计 2 个             //选择图 4-9(a)上方小圆
选择对象:↙                               //按 Enter 键或 Space 键结束选择
```

```
指定基点：<对象捕捉 开>                           //打开对象捕捉，捕捉圆心 O
指定比例因子或 [复制(C)/参照(R)] <1.0000>:0.5↙
                                                  //输入比例因子 0.5，即得到图 4-9(b)
```

4.4 倒角、圆角命令

通过本节的学习，了解倒角和倒圆的绘制，并能根据具体情况正确应用倒角命令和圆角命令。

1. 倒角命令

（1）功能

倒角命令用于在两条直线间绘制一个倒角，倒角的大小由第一个倒角和第二个倒角之间的距离确定。

（2）命令的调用

调用倒角命令的方法有以下 3 种：①在命令窗口中输入“CHAMFER”（缩写 CHA）；②选择菜单栏中的“修改”→“倒角”命令；③单击“修改”面板中的按钮。

（3）格式

```
命令：_chamfer
("修剪"模式)当前倒角距离 1=0.0000，距离 2=0.0000
选择第一条直线或[放弃(U)/多段线(P)/距离(D)/角度(A)/修剪(T)/方式(E)/多个(M)]:d↙
                                                  //输入所需选项，如输入距离选项
指定第一个倒角距离<0.0000>:                       //输入第一个倒角距离
指定第二个倒角距离<0.0000>:                       //输入第二个倒角距离
选择第一条直线或[多段线(P)/距离(D)/角度(A)/修剪(T)/方式(M)/多个(U)]:
                                                  //选择对象
选择第二条直线:                                   //选择对象
```

（4）说明

1）可以为两条直线创建距离为 0 的倒角。

2）若要使用一个倒角距离和相对于第一条线的倒角角度，则使用“角度”选项。

3）可以通过选项“修剪”来设置是否需要修剪原对象。

（5）应用

【例 4-8】打开资源包中的文件 4-8.dwg，如图 4-10 所示，练习使用倒角命令。

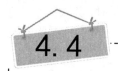

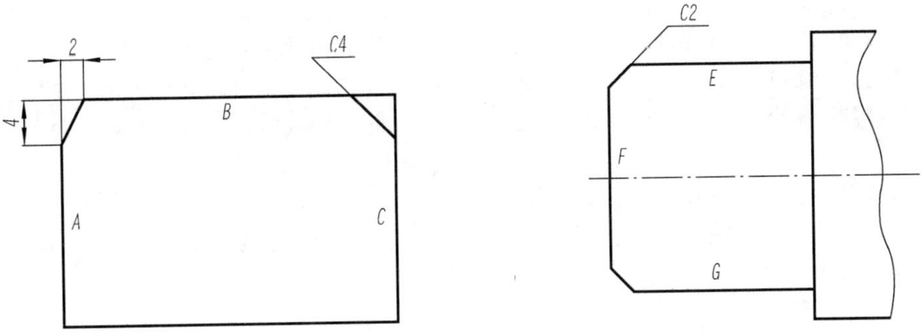

(a)　　　　(b)

图 4-10　倒角

具体操作如下：

```
命令:_chamfer
("修剪"模式) 当前倒角距离 1=0.0000,距离 2=0.0000
选择第一条直线或 [放弃(U)/多段线(P)/距离(D)/角度(A)/修剪(T)/方式(E)/多个(M)]:
d↙                                  //输入距离选项
指定第一个倒角距离 <0.0000>:4↙       //输入第一个倒角距离 4
指定第二个倒角距离 <4.0000>:2↙       //输入第二个倒角距离 2
选择第一条直线或 [放弃(U)/多段线(P)/距离(D)/角度(A)/修剪(T)/方式(E)/多个(M)]:
                                    //选择直线 A
选择第二条直线,或按住 Shift 键选择要应用角点的直线:
                                    //选择直线 B,即得到图 4-10(a)左上角的倒角
命令:CHAMFER                        //按 Enter 键或 Space 键重复该命令
("修剪"模式) 当前倒角距离 1=4.0000,距离 2=2.0000
选择第一条直线或 [放弃(U)/多段线(P)/距离(D)/角度(A)/修剪(T)/方式(E)/多个(M)]:
d↙                                  //输入距离选项
指定第一个倒角距离 <4.0000>:↙        //按 Enter 键或 Space 键确定第一个倒角距离为 4
指定第二个倒角距离 <2.0000>:4↙       //输入第二个倒角距离 4
选择第一条直线或 [放弃(U)/多段线(P)/距离(D)/角度(A)/修剪(T)/方式(E)/多个(M)]:
t↙                                  //输入修剪选项
输入修剪模式选项 [修剪(T)/不修剪(N)] <修剪>:n↙    //输入 N,不修剪
选择第一条直线或 [放弃(U)/多段线(P)/距离(D)/角度(A)/修剪(T)/方式(E)/多个(M)]:
                                    //选择直线 B
选择第二条直线,或按住 Shift 键选择要应用角点的直线:
                                    //选择直线 C,即得到图 4-10(a)右上角的倒角
命令:CHAMFER                        //按 Enter 键或 Space 键重复该命令
("不修剪"模式) 当前倒角距离 1=4.0000,距离 2=4.0000
选择第一条直线或 [放弃(U)/多段线(P)/距离(D)/角度(A)/修剪(T)/方式(E)/多个
(M)]:t↙                             //输入修剪选项
输入修剪模式选项 [修剪(T)/不修剪(N)] <不修剪>:t↙     //输入 T 要修剪
选择第一条直线或 [放弃(U)/多段线(P)/距离(D)/角度(A)/修剪(T)/方式(E)/多个
```

```
(M)]:a↙                                  //输入角度选项
指定第一条直线的倒角长度 <5.0000>: 2↙//输入第一条直线的倒角长度2
指定第一条直线的倒角角度 <45>:↙//按Enter键或Space键确认第一条直线的倒角角度45
选择第一条直线或 [放弃(U)/多段线(P)/距离(D)/角度(A)/修剪(T)/方式(E)/多个(M)]:
                                         //选择直线E
选择第二条直线,或按住 Shift 键选择要应用角点的直线:
                                         //选择直线F,即得到图4-10(b)上方的倒角
命令:CHAMFER                             //按Enter键或Space键重复该命令
("修剪"模式) 当前倒角长度=2.0000,角度=45
选择第一条直线或 [放弃(U)/多段线(P)/距离(D)/角度(A)/修剪(T)/方式(E)/多个(M)]:
                                         //选择直线F
选择第二条直线,或按住 Shift 键选择要应用角点的直线:
                                         //选择直线G,得到图4-10(b)下方的倒角
```

2. 圆角命令

（1）功能

圆角命令用于在直线、圆弧或圆之间按指定半径作圆角。

（2）命令的调用

调用圆角命令的方法有以下3种：①在命令窗口中输入“FILLET”（缩写F）；②选择菜单栏中的“修改”→“圆角”命令；③单击“修改”面板中的按钮。

（3）格式

```
命令:_fillet
当前设置:模式=修剪,半径=0.0000
选择第一个对象或 [放弃(U)/多段线(P)/半径(R)/修剪(T)/多个(M)]:r
                                                   //输入选项,如半径
指定圆角半径 <10.0000>:                            //输入半径
选择第一个对象或 [放弃(U)/多段线(P)/半径(R)/修剪(T)/多个(M)]:
                                                   //选择对象
选择第二个对象,或按住 Shift 键选择要应用角点的对象:  //选择对象并退出命令
```

（4）说明

1）半径（R）：设置圆角半径，在圆角半径为零时，FILLET 命令将使两边相交。

2）修剪（T）：控制修剪模式，后续提示如下：

```
输入修剪模式选项[修剪(T)/不修剪(N)]<修剪>:n
选择第一个对象或 [放弃(U)/多段线(P)/半径(R)/修剪(T)/多个(M)]:
                                                   //选择对象
选择第二个对象,或按住 Shift 键选择要应用角点的对象:  //选择对象
```

如果改为不修剪，则倒圆角时将保留原线段，既不修剪、也不延伸。

（5）应用

【例4-9】打开资源包中的文件4-9.dwg，如图4-11所示，练习使用圆角命令。

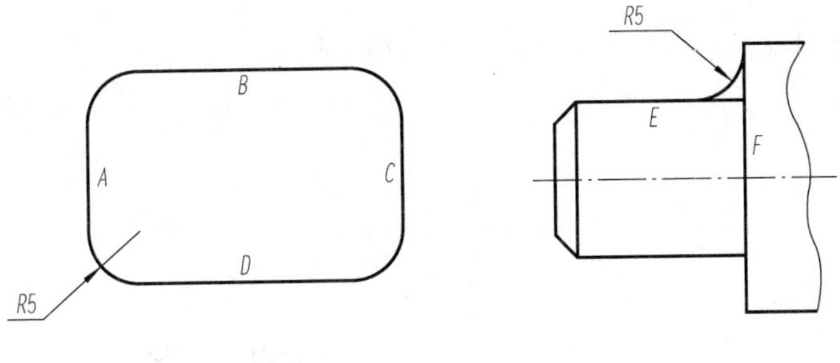

图 4-11　倒圆

具体操作如下：

```
命令:_fillet
当前设置: 模式=修剪,半径=0.0000
选择第一个对象或 [放弃(U)/多段线(P)/半径(R)/修剪(T)/多个(M)]:r↙
                                                    //输入半径选项
指定圆角半径 <0.0000>:5↙                            //输入半径 5
选择第一个对象或 [放弃(U)/多段线(P)/半径(R)/修剪(T)/多个(M)]:
                                                    //选择直线 A
选择第二个对象,或按住 Shift 键选择要应用角点的对象:    //选择直线 B
命令:FILLET                          //按 Enter 键或 Space 键重复该命令
当前设置:模式=修剪,半径=5.0000
选择第一个对象或 [放弃(U)/多段线(P)/半径(R)/修剪(T)/多个(M)]:
                                                    //选择直线 B
选择第二个对象,或按住 Shift 键选择要应用角点的对象:    //选择直线 C
命令:FILLET                          //按 Enter 键或 Space 键重复该命令
当前设置: 模式=修剪,半径=5.0000
选择第一个对象或 [放弃(U)/多段线(P)/半径(R)/修剪(T)/多个(M)]:
                                                    //选择直线 C
选择第二个对象,或按住 Shift 键选择要应用角点的对象:    //选择直线 D
命令:FILLET                          //按 Enter 键或 Space 键重复该命令
当前设置:模式=修剪,半径=5.0000
选择第一个对象或 [放弃(U)/多段线(P)/半径(R)/修剪(T)/多个(M)]:
                                                    //选择直线 D
选择第二个对象,或按住 Shift 键选择要应用角点的对象:
                     //选择直线 A,如图 4-11(a)所示,倒好 4 个圆角
命令:FILLET                          //按 Enter 键或 Space 键重复该命令
当前设置:模式=修剪,半径=5.0000
选择第一个对象或 [放弃(U)/多段线(P)/半径(R)/修剪(T)/多个(M)]:t ↙
                                                    //输入修剪选项
输入修剪模式选项 [修剪(T)/不修剪(N)] <修剪>:n↙     //输入 n 表示不修剪
选择第一个对象或 [放弃(U)/多段线(P)/半径(R)/修剪(T)/多个(M)]:
```

```
                                            //选择直线 E
选择第二个对象,或按住 Shift 键选择要应用角点的对象:
                                            //选择直线 F,结果如图 4-11(b)所示
```

4.5 绘制样条曲线、剖面线

通过本节的学习，了解样条曲线和剖面线的绘制方法，能利用它们来绘制剖面图。

1. 样条曲线命令

样条曲线广泛应用于曲线、曲面造型领域，AutoCAD 使用 NURBS（非均匀有理 B 样条）来创建样条曲线。

（1）功能

样条曲线命令用于创建样条曲线，也可用于对由 SPLINE 命令生成的样条曲线的编辑操作，包括修改样条起点及终点的切线方向等，以修改样条曲线的形状。

（2）命令的调用

调用样条曲线命令的方法有以下 3 种：①在命令窗口中输入“SPLINE”（缩写 SPL）；②选择菜单栏中的“绘图”→“样条曲线”命令；③单击“绘图”面板中的按钮。

（3）格式

```
命令:_spline
指定第一点或[对象(O)]:                              //拾取第 1 点,如图 4-12 所示
指定下一点:                                         //拾取第 2 点
指定下一点或[闭合(C)/拟合公差(F)]<起点切向>:        //拾取第 3 点
指定下一点或[闭合(C)/拟合公差(F)]<起点切向>:        //拾取第 4 点
指定下一点或[闭合(C)/拟合公差(F)]<起点切向>:        //拾取第 5 点,结束点输入
指定下一点或[闭合(C)/拟合公差(F)]<起点切向>:
                                                    //按 Enter 键指定起点及终点切线方向
指定起点切向:                                       //按 Enter 键确定起点及终点切线方向
指定端点切向:       //按 Enter 键或 Space 键确定起点及终点切线方向,结果如图 4-12 所示
```

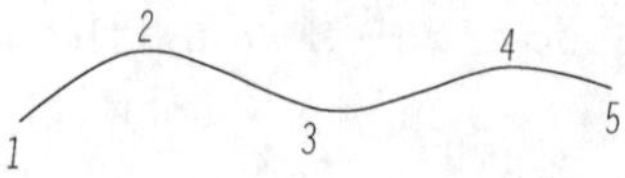

图 4-12　绘制样条曲线

（4）说明

1）对象（O）：该选项把用 PEDIT 命令创建的近似样条线转换为真正的样条曲线。

2）拟合公差（F）：控制样条曲线和数据点的接近程度。

3）闭合（C）：使样条线闭合。

2. 图案填充命令

（1）功能

图案填充命令用于对已有图案填充对象，可以修改图案类型和图案特性参数等。

（2）命令的调用

调用图案填充命令的方法有以下 3 种：①在命令窗口中输入“HATCHEDIT”（缩写 HE）；②选择菜单栏中的“修改”→“对象”→“图案填充”命令；③单击“绘图”面板中的按钮。

（3）选项卡及其操作

01 单击“绘图”面板中的按钮，打开“图案填充创建”选项卡，如图 4-13 所示。

图 4-13　“图案填充创建”选项卡

02 在“图案”面板中单击“ANSI31”按钮，如图 4-13 所示。

03 在“边界”面板中单击“拾取点”按钮。

04 在要进行填充的区域中选定点（A），此时可以看到系统自动寻找的一个闭合的边界，如图 4-14（a）所示。

05 按 Enter 键或 Space 键完成填充，结果如图 4-14（b）所示。

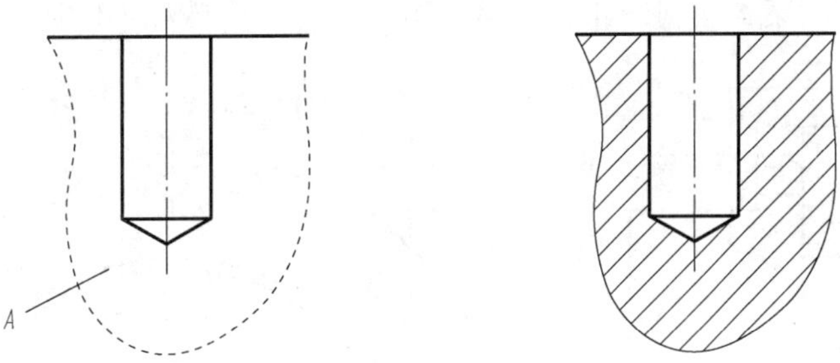

（a）　　（b）

图 4-14　填充图案

（4）说明

利用“特性”面板，对已有图案填充可进行下列修改。

1）改变图案类型及角度和比例，如图 4-15 所示为剖面线比例为 1.0、2.0、0.5 时的情况；而当角度值为 15°、45° 和 90°，剖面线将逆时针转动到新的位置，它们与 X 轴的夹角为 60°、90° 和 135°，如图 4-16 所示。

2）设置图案填充类型、填充颜色与背景色。

3）修改图案填充的组成：关联与不关联。

图 4-15　不同比例的图案填充

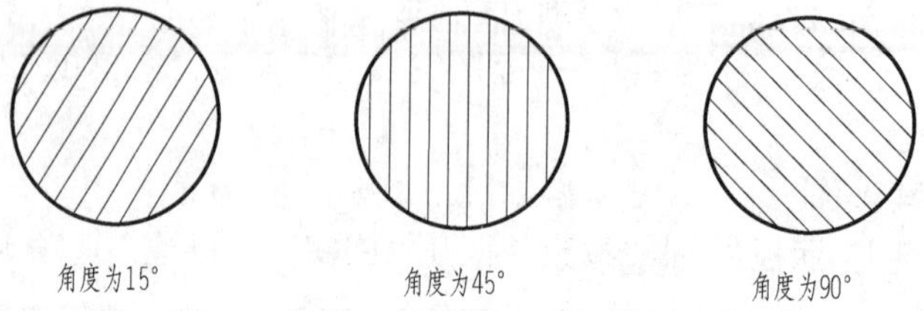

图 4-16　不同角度的图案填充

4.6 绘制端盖实例

通过本节的实例操作，根据图形的对称性和均布几何特征，学会运用镜像和阵列等绘制方法，填充剖面图案。绘制图 4-17 所示的端盖，具体步骤如下所述。

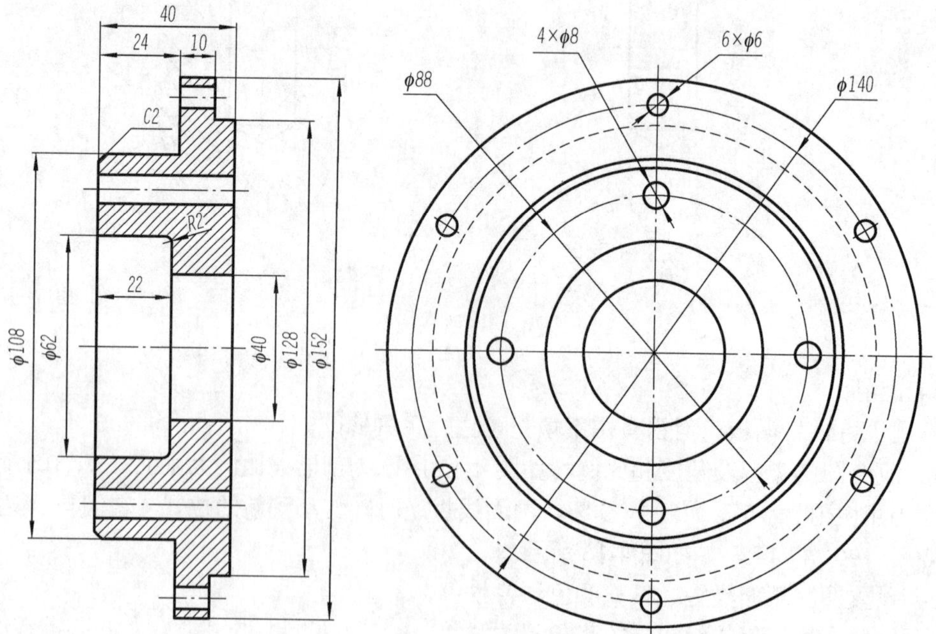

图 4-17　端盖

01 以“端盖.dwg”为文件名新建文件。

02 创建 4 个新图层（表 4-1）。

表 4-1　4 个新图层

图层名称	颜色	线型	线宽
粗实线层	白色	Continuous	0.35mm
中心线层	青色	Center	默认
虚线层	黄色	Dashed	默认
剖面线层	绿色	Continuous	默认

03 利用 ltscale 命令，设置“线型总体比例因子”为“0.5”。

04 打开正交和对象捕捉功能。

05 切换到“中心线层”，绘制一条基准线 1，线段的长度约为 45。切换到“粗实线层”，利用直线命令，从 *A* 点开始，绘制点 *A*、*B*、*C*、*D*、*E* 等各点，结果如图 4-18 所示。

```
命令:_line
LINE 指定第一点:                          //对象捕捉拾取 A 点
指定下一点或 [放弃(U)]:54↙                 //输入 A 点到 B 点的距离 54
指定下一点或 [放弃(U)]:24↙                 //输入 B 点到 C 点的距离 24
指定下一点或 [闭合(C)/放弃(U)]:22↙         //输入 C 点到 D 点的距离 22
指定下一点或 [闭合(C)/放弃(U)]:10↙         //输入 D 点到 E 点的距离 10
指定下一点或 [闭合(C)/放弃(U)]:12↙         //输入 E 点到 F 点的距离 12
指定下一点或 [闭合(C)/放弃(U)]:6↙          //输入 F 点到 G 点的距离 6
指定下一点或 [闭合(C)/放弃(U)]:64↙         //输入 G 点到 H 点的距离 64
指定下一点或 [闭合(C)/放弃(U)]:↙           //按 Enter 键或 Space 键退出命令
```

06 先利用偏移命令绘制平行线 3、4、5、6、7，如图 4-19 所示。

```
命令:_offset
当前设置:删除源=否  图层=源  OFFSETGAPTYPE=0
指定偏移距离或 [通过(T)/删除(E)/图层(L)] <2.5000>:20↙
                                          //输入直线 1 到直线 3 的距离
选择要偏移的对象,或 [退出(E)/放弃(U)] <退出>://选择直线 1
指定要偏移的那一侧上的点,或 [退出(E)/多个(M)/放弃(U)] <退出>:
                                          //在直线 1 上方单击
选择要偏移的对象,或 [退出(E)/放弃(U)] <退出>:↙
                                          //按 Enter 键或 Space 键退出命令
```

然后继续绘制以下平行线：

向上平移线段 1 至 4，平移距离为 31；

向上平移线段 1 至 5，平移距离为 44；

向上平移线段 1 至 6，平移距离为 70；

向右平移线段 2 至 7，平移距离为 22。

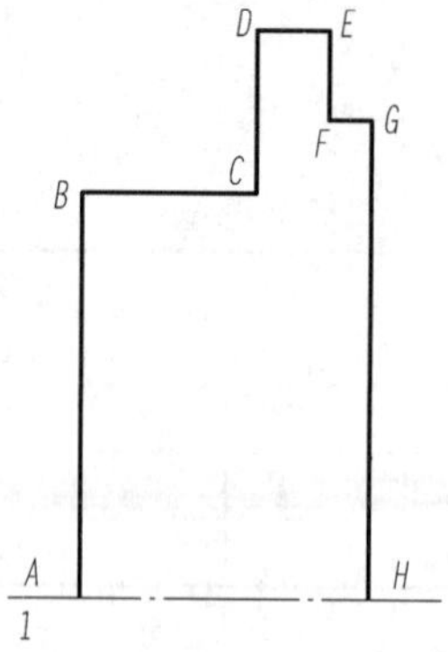

图 4-18　步骤 5）绘制的点和直线

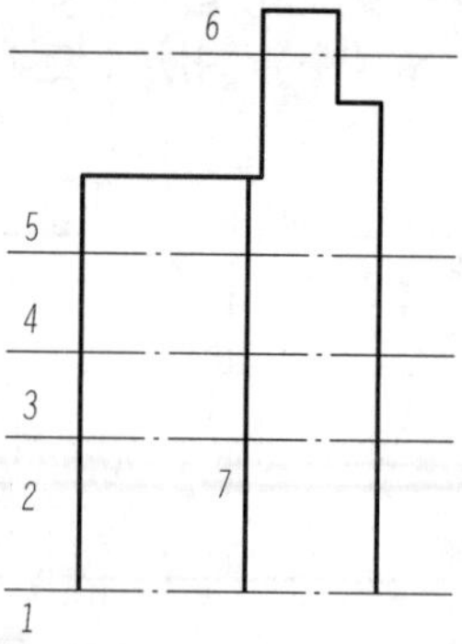

图 4-19　绘制平行线

07 修剪多余线段，再将图线转换至正确图层，并倒角 $C2$，倒圆 $R2$。

```
命令:_chamfer
("修剪"模式) 当前倒角距离 1=5.0000,距离 2=5.0000
选择第一条直线或 [放弃(U)/多段线(P)/距离(D)/角度(A)/修剪(T)/方式(E)/多个(M)]:d↙
                                                        //输入距离选项
指定第一个倒角距离 <5.0000>: 2↙                         //输入第一个倒角距离
指定第二个倒角距离 <2.0000>:↙                           //按Enter键或Space键确认
选择第一条直线或 [放弃(U)/多段线(P)/距离(D)/角度(A)/修剪(T)/方式(E)/多个(M)]:
                                                        //选择直线 1
选择第二条直线,或按住 Shift 键选择要应用角点的直线:      //选择直线 2
命令:_fillet
当前设置:模式=修剪,半径=5.0000
选择第一个对象或 [放弃(U)/多段线(P)/半径(R)/修剪(T)/多个(M)]:r↙
                                                        //输入距离选项
指定圆角半径 <5.0000>:2↙                                //输入圆角半径 2
选择第一个对象或 [放弃(U)/多段线(P)/半径(R)/修剪(T)/多个(M)]:
                                                        //选择直线 3
选择第二个对象,或按住 Shift 键选择要应用角点的对象:      //选择直线 4
```

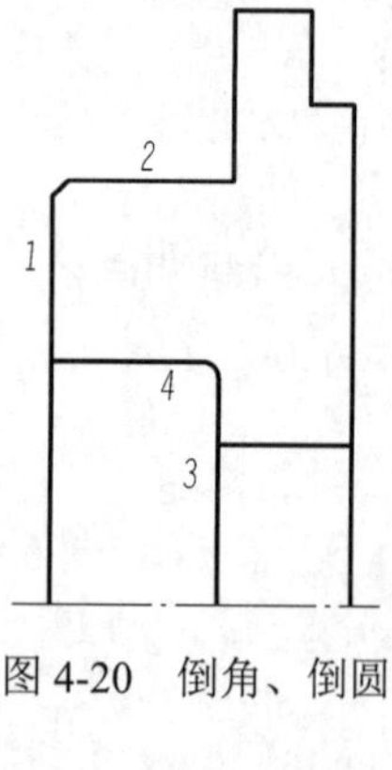

图 4-20　倒角、倒圆

结果如图 4-20 所示。

08 利用偏移命令，由直线 1 绘制平行线 3、4，偏移距离为 4，由直线 2 绘制平行线 5、6，偏移距离为 3，并修剪、修饰，结果如图 4-21 所示。

09 镜像图形的上半部分，然后画左视图的定位线 1、2，如图 4-22 所示。

10 绘制左视图中的各圆，如图 4-23 所示，注意图层的切换。

11 创建两个小圆的环形阵列，调整阵列后几个小圆中心线的长度，并切换到剖面线层进行图案填充，图案比例为 1，角度为 0，结果如图 4-24 所示。

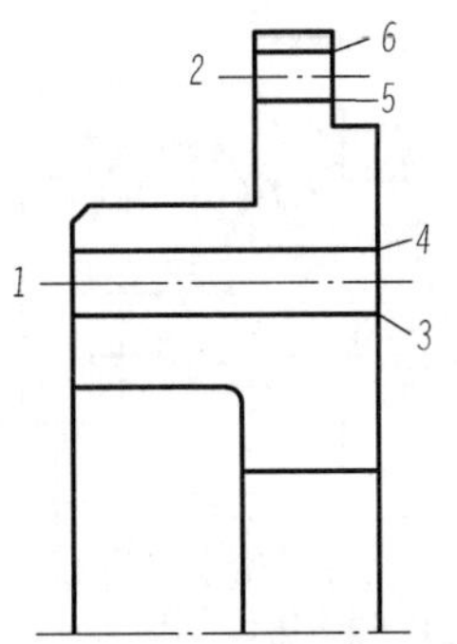

图 4-21　偏移并修剪

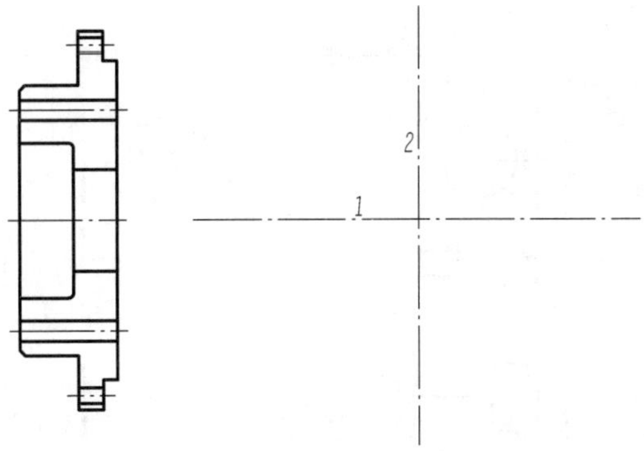

图 4-22　镜像并绘制左视图定位线

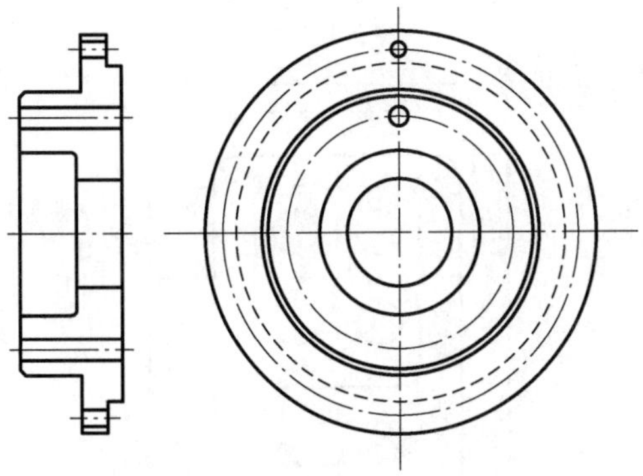

图 4-23　绘制左视图中的各圆

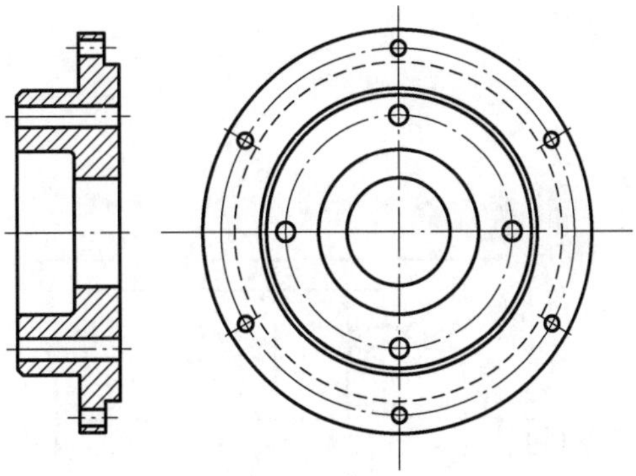

图 4-24　端盖

习　题

利用所学的知识，绘制图 4-25 所示的平面图形。

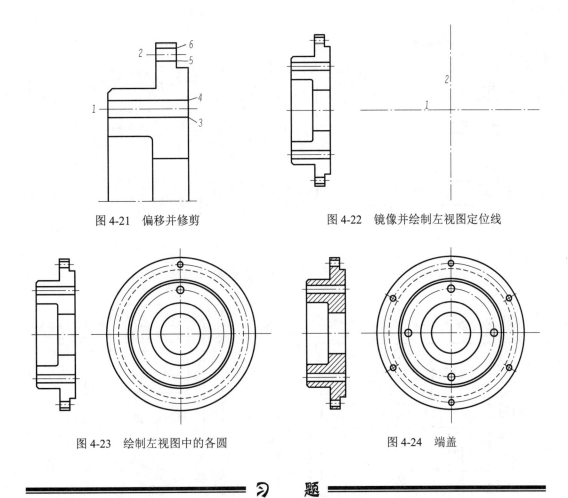

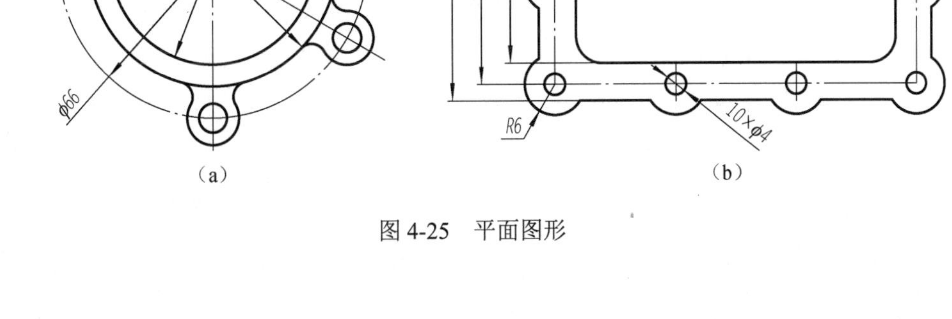

（a）　（b）

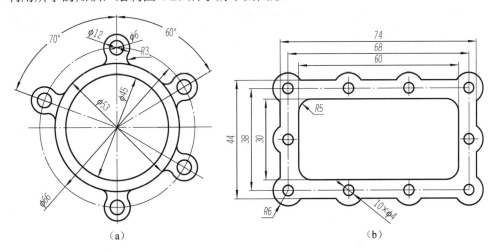

图 4-25　平面图形

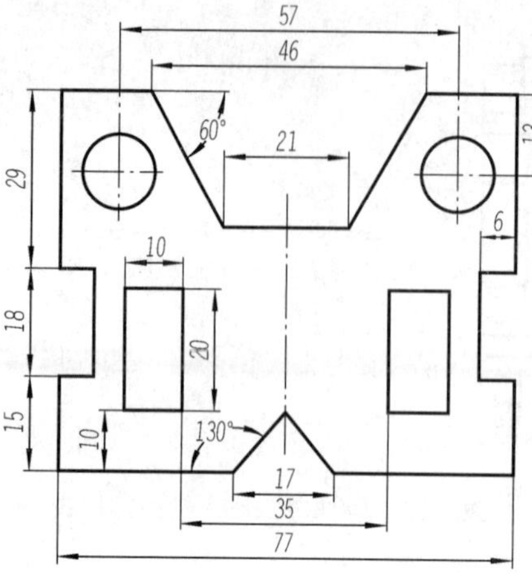
57
46
60°
21
13
29
6
10
18
20
15
10
130°
17
35
77

（c）

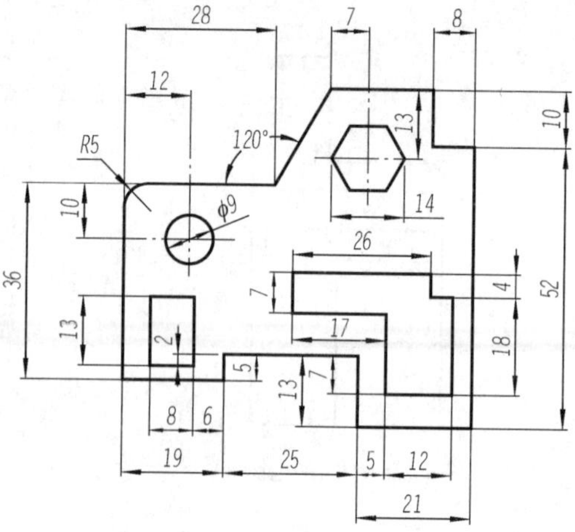
28
7
8
12
R5
120°
13
10
10
φ9
14
36
26
52
7
4
13
2
17
18
5
13
7
8
6
19
25
5
12
21

（d）

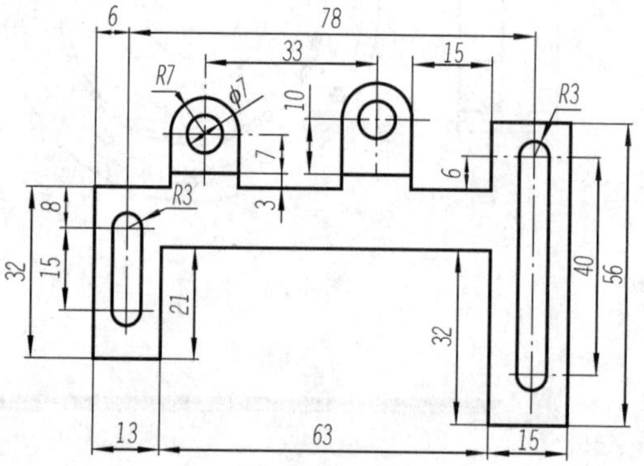
6
78
33
15
R7
φ7
10
R3
7
6
3
8
R3
32
15
21
40
56
32
13
63
15

（e）

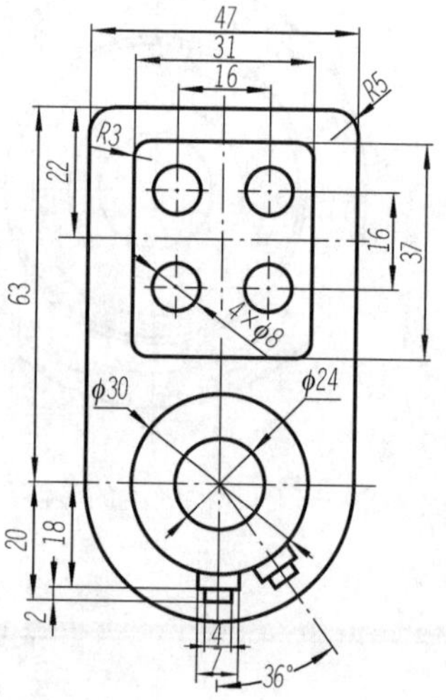
47
31
16
R5
R3
22
16
37
63
4×φ8
φ30
φ24
20
18
2
4
7
36°

（f）

图 4-25（续）

5 单元 尺寸标注

>>>>

◎ **内容导航**

尺寸是零件加工、制造的重要依据。通过尺寸标注，可以测量和显示图形对象的形状和大小。AutoCAD 2018 为图形标注提供了一套完善的命令，使尺寸标注和编辑更为方便和灵活。

◎ **学习目标**

- 了解尺寸的三要素。
- 掌握尺寸样式的设置方法。
- 掌握常用尺寸的标注与编辑方法。

5.1 尺寸标注的基本知识

国家标准对机械图样中的尺寸做了一些规定。通过本节的学习，主要了解标注尺寸的基本规则和一个完整的尺寸应包含的内容及其在图样上的标注要求等。

1. 尺寸标注的基本规则

1）机件的真实大小以尺寸为准，与图形的大小、绘图准确度无关。

2）以 mm 为单位的尺寸，可省略标记单位。

3）同一尺寸只标注一次。

2. 尺寸的三要素

一个完整的尺寸包括尺寸数字、尺寸线和尺寸界线 3 个要素，如图 5-1 所示。

（1）尺寸数字

尺寸数字表示尺寸的大小。

标注要求如下：

1）线性尺寸的数字写在尺寸线上方或中断处，如图 5-2 所示。

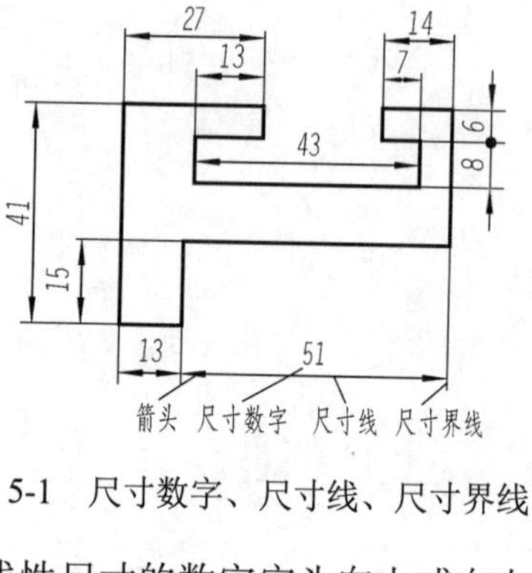

图 5-1　尺寸数字、尺寸线、尺寸界线

图 5-2　线性尺寸数字的标注

2）线性尺寸的数字字头向上或向左，避免在 30° 的范围内书写数字，如图 5-3（a）所示。无法避免时，可按图 5-3（b）所示的形式标注。

3）角度尺寸的数字必须水平向上，如图 5-4 所示。

4）尺寸数字不得与其他图线相交，若无法避免时，在相交处删除其他图线。

5）字体高度的公称尺寸（字号）系列为 1.8mm、2.5mm、3.5mm、5mm、7mm、10mm、14mm、20mm……按 $\sqrt{2}$ 的比率递增。

（2）尺寸线

尺寸线表示尺寸的方向，其线型为细实线。

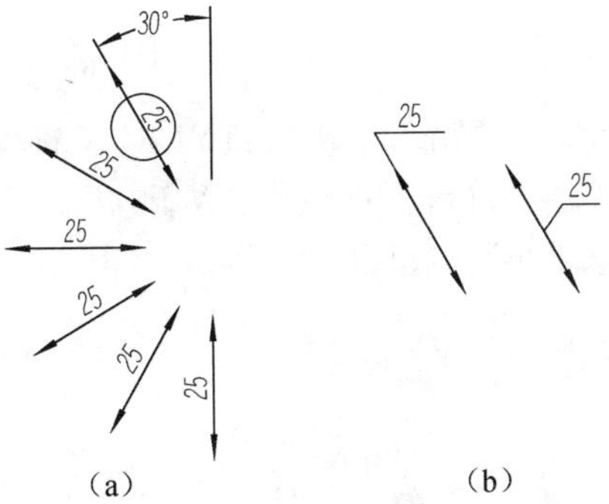

图 5-3 线性尺寸数字的书写方向

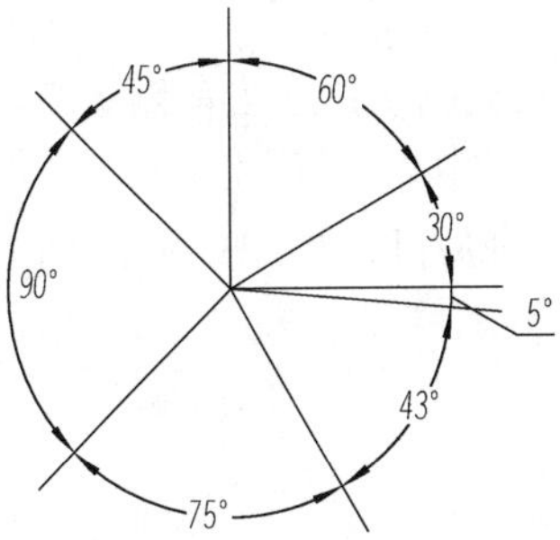

图 5-4 角度数字水平向上

尺寸线的终端形式有两种：箭头（——►）和斜线（——/，适用于建筑图样）。同一图样采用同一种终端形式。

标注要求如下：

1）尺寸线必须单独画出。

2）线性尺寸的尺寸线应与所标线段平行。

3）尺寸线不能与其他图线重合，不能用其他图线代替尺寸线。

4）尺寸线不能画在其他图线的延长线上。

（3）尺寸界线

尺寸界线表示尺寸的范围，其线型为细实线。

标注要求如下：

1）尺寸界线由图形的相应要素引出。

2）一般情况下，尺寸界线与尺寸线垂直，并超出尺寸线 3～4mm。特殊情况允许不垂直，但两个尺寸界线必须相互平行，如图 5-5 所示。

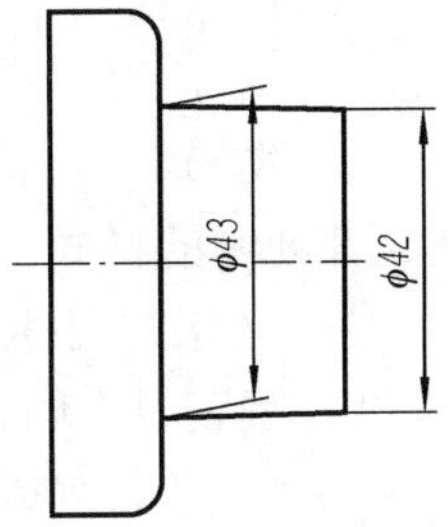

图 5-5 尺寸界线

3）尺寸界线可由轮廓线、轴线或对称中心线代替。

5.2 创建与设置尺寸标注样式

零件图上的每一个尺寸有共性之处，也有不同之处。为了方便尺寸标注及编辑尺寸，在标注尺寸前，要先进行尺寸样式的设置。

通过本节的学习，读者将了解 AutoCAD 2018 的尺寸标注样式管理器中的各项内容，掌握创建尺寸标注样式的方法。

尺寸的外观是由当前的尺寸样式控制的，AutoCAD 2018 提供了一个默认的尺寸样式 ISO-25。当需要标注的尺寸与默认提供的样式有区别时，可以对 ISO-25 进行修改或新建一个新样式。

1. 样式命令的调用

调用样式命令的方法有以下 3 种：①在命令窗口中输入“DIMSTYLE”（缩写 D）；②选择菜单栏中的“标注”→“样式”命令；③单击“注释”面板中的按钮。

执行命令后打开如图 5-6 所示的“标注样式管理器”对话框。

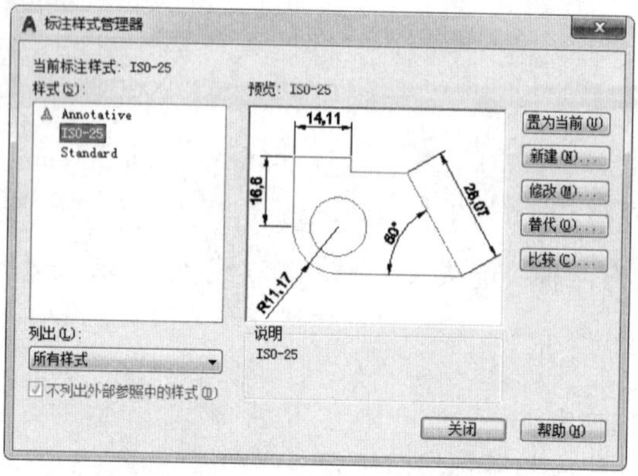

图 5-6 “标注样式管理器”对话框

2. 说明

1）“样式”列表框：显示当前文件中已经定义的所有尺寸标注样式，高亮显示的为当前正在使用的样式。在 AutoCAD 2018 中，默认的尺寸标注样式为 ISO-25。

2）“列出”下拉列表：内有“所有样式”和“正在使用的样式”两个选项，它可控制“样式”列表框中的显示情况。

3）“预览”列表框：显示当前尺寸样式所标注的效果图。

3. 应用

创建新的标注样式的操作如下：

01 单击图 5-6 所示“标注样式管理器”对话框中的“新建”按钮，打开如图 5-7 所示的“创建新标注样式”对话框。

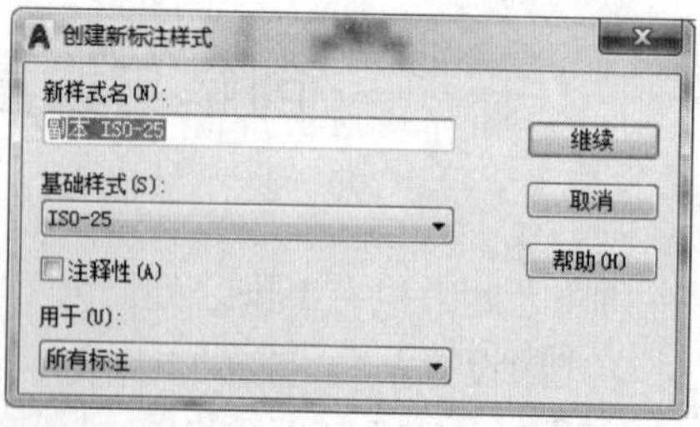

图 5-7 “创建新标注样式”对话框

① “新样式名”文本框：可以在该文本框中输入样式的名称，如“一般标注”。

② “基础样式”下拉列表：可以在“基础样式”下拉列表中选择某个尺寸样式作为新样式的基础样式，则新样式将包含基础样式的所有设置。

③ “用于”下拉列表：在下拉列表中设置新样式控制的尺寸类型，共有“所有标注”“线性标注”“角度标注”“半径标注”“直径标注”“坐标标注”“引线和公差”7 个类型。默认的是“所有标注”，指新样式将控制所有类型的尺寸。

02 单击“继续”按钮，打开如图 5-8 所示的“新建标注样式：一般标注”对话框。

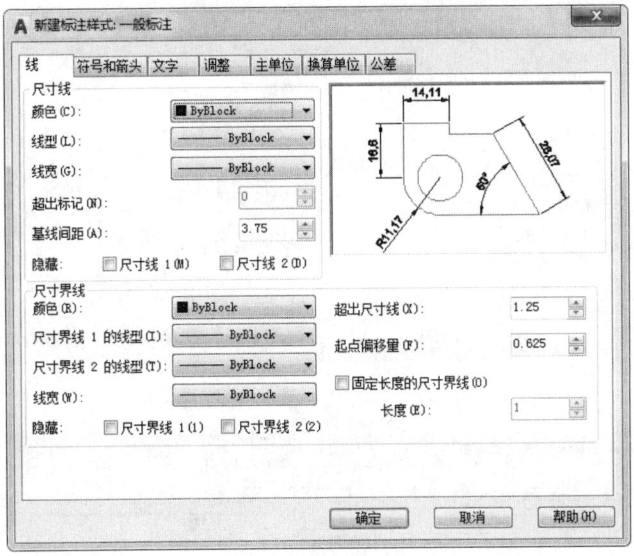

图 5-8　“新建标注样式：一般标注”对话框

在新建和修改标注样式时，都会打开“新建标注样式：×××”对话框，该对话框有 7 个选项卡，可进行尺寸线、箭头、文字、单位、公差等标注设置。

① “线”选项卡。

- 可设置尺寸线的颜色、线型、线宽：为便于尺寸管理，建议设为随层或随块（默认状态即可）。
- 可设置基线间距：控制平行尺寸线间的距离。
- 可设置尺寸界线超出尺寸线的长度：一般采用默认值即可。如重设置，以 2～3mm 为宜。
- 可设置尺寸界线的起点偏移量：一般采用默认值即可。如重设置，以 0～0.8mm 为宜。

② “符号和箭头”选项卡：在图 5-8 所示的对话框中选择“符号和箭头”选项卡，结果如图 5-9 所示。

- 可进行尺寸线终端形式的设置：机械制图里一般默认采用“箭头”。
- 箭头大小：箭头尺寸≥0.6*d*（*d* 为粗实线宽度）。

③ “文字”选项卡：在图 5-8 所示的对话框中选择“文字”选项卡，结果如图 5-10 所示。

- 文字样式：单击“文字样式”下拉按钮，在弹出的下拉列表中选择已有的文字样式，或单击“文字样式”后的[...]按钮，新建文字样式。
- 文字高度：若所选择的“文字样式”设置了文字的高度，则此处的文字高度无效。
- 文字对齐：提供了 3 种对齐方式，如图 5-11 所示。
- 文字位置：一般采用默认设置。

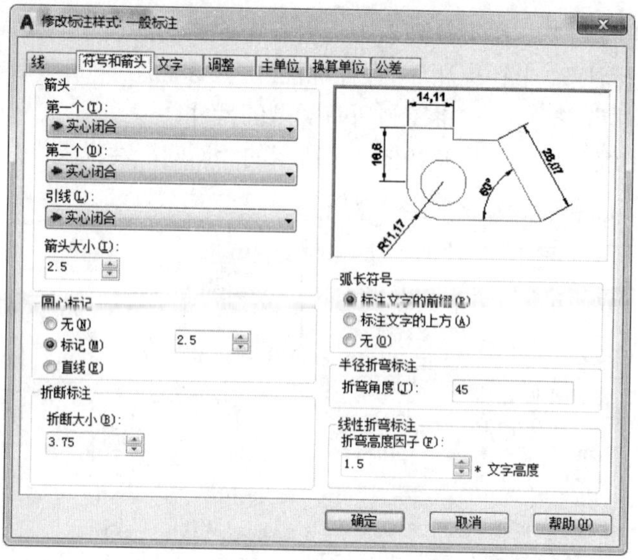

图 5-9 “符号和箭头”选项卡

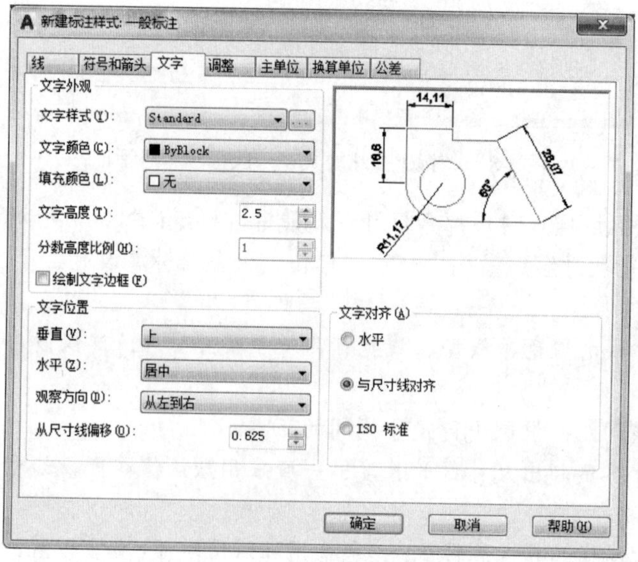

图 5-10 “文字”选项卡

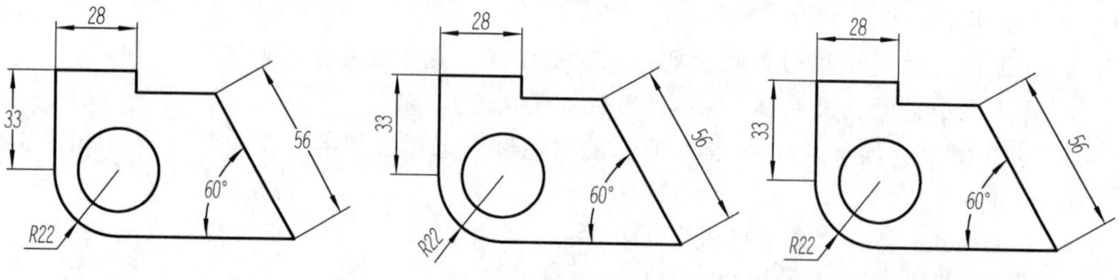

“水平”方式　　“与尺寸线对齐”方式　　“ISO标准”方式

图 5-11 文字对齐方式

④ “调整”选项卡：在图 5-8 所示的对话框中选择“调整”选项卡，结果如图 5-12 所示。

● 调整选项：当尺寸线之间没有足够的空间来放置文字和箭头时，选择一个方式，系统在标注时按所选的方式进行处理。

● 优化：根据标注的需要，选择“手动放置文字”来方便标注。

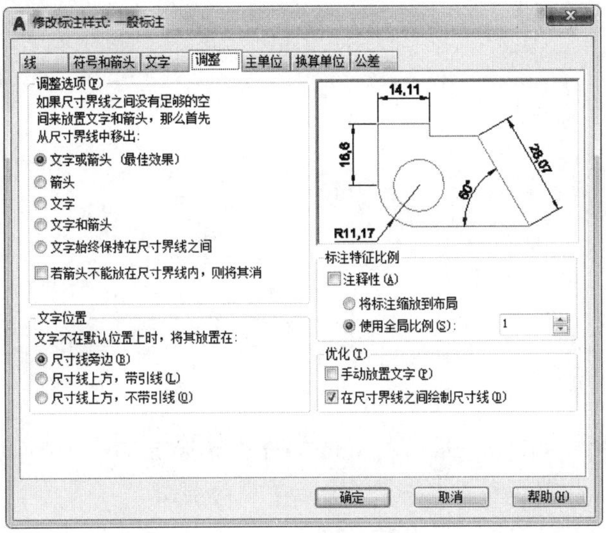

图 5-12 “调整”选项卡

⑤ “主单位”选项卡：在图 5-8 所示的对话框中选择“主单位”选项卡，结果如图 5-13 所示。

● 精度：设置尺寸的显示精度，即小数点后的位数。

● 比例因子：根据绘图的比例，设置尺寸的比例因子。例如，绘图比例为 1∶1，则比例因子为 1；绘图比例为 1∶2，则比例因子为 2；绘图比例为 2∶1，则比例因子为 0.5。

⑥“换算单位”选项卡：在图 5-8 所示的对话框中选择“换算单位”选项卡，结果如图 5-14 所示。该选项卡中的选项用于单位换算。

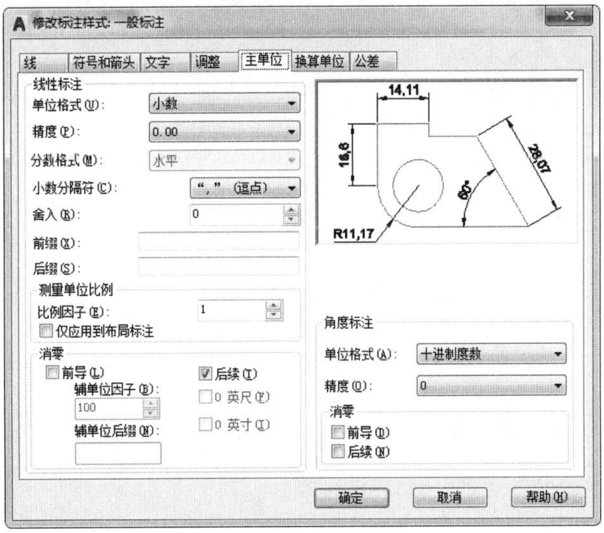

图 5-13 “主单位”选项卡

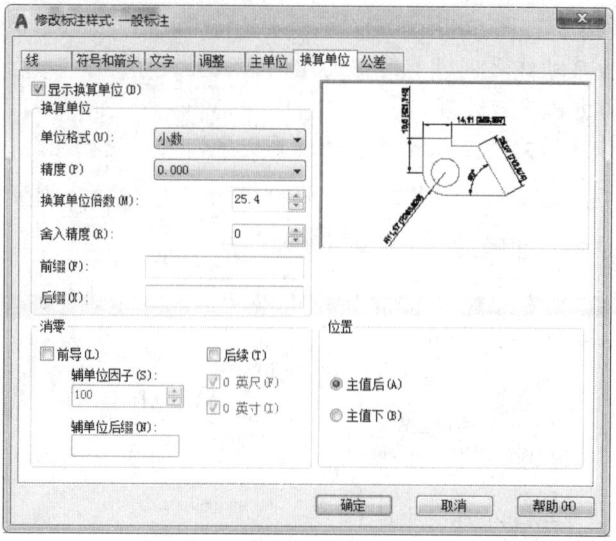

图 5-14 “换算单位”选项卡

选中“显示换算单位”复选框后，AutoCAD 将激活所有与单位换算有关的选项。

- 单位格式：在此下拉列表中设置换算后单位的类型。
- 精度：设置换算后的单位显示精度。
- 换算单位倍数：指定主单位与换算后单位的关系系数。例如，主单位是英制，要换算为十进制，则乘数为“25.4”。
- 舍入精度：用于设置换算后数值的标注规则。例如，若输入“0.005”，则 AutoCAD 将标注数字的小数部分近似到最接近 0.005 的整数倍。
- 主值后/主值下：设置换算单位的放置位置。

⑦ “公差”选项卡：选择图 5-8 所示的“公差”选项卡，结果如图 5-15 所示。在该选项卡中设置公差格式及上、下极限偏差值。

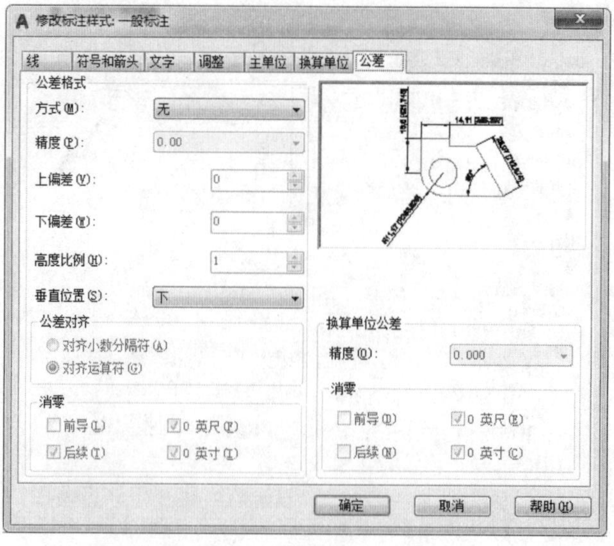

图 5-15 “公差”选项卡

- 方式：设置公差的方式，包括“无”“对称”“极限偏差”“极限尺寸”“基本尺寸”5个选项。
- 上、下偏差：设置上、下极限偏差值。
- 高度比例：设置公差数值与基本尺寸的比例。绘制机械图时，对称公差标注设为1，极限偏差标注设为0.7。
- 垂直位置：设置偏差文字相对于基本尺寸的位置关系。根据机械制图，上极限偏差书写在基本尺寸右上方，下极限偏差与基本尺寸标注在同一底线上的要求，建议选择“下”命令。

在实际绘图时，每一个尺寸的公差并不一定都是一样的，所以，在实际绘图时，建议公差的标注不在此处进行设置，而是在编辑尺寸时加上公差。具体方法参照5.4节。

5.3 尺寸标注的类型

零件图上的尺寸有线性尺寸、角度尺寸、半径尺寸和直径尺寸等之分，通过本节的学习，读者将掌握常用尺寸标注命令的标注方法。

1. 线性标注命令

（1）功能

线性标注命令用于标注水平或垂直两点、线之间的距离。

（2）命令的调用

调用线性标注命令的方法有以下 3 种：①在命令窗口中输入“DIMLINEAR”（缩写DLI）；②选择菜单栏中的“标注”→“线性”命令；③单击“注释”面板中的按钮。

（3）格式

```
命令:_dimlinear                                  //执行线性标注命令
指定第一条尺寸界线原点或 <选择对象>:               //单击A点
指定第二条尺寸界线原点:                           //单击B点
指定尺寸线位置或 [多行文字(M)/文字(T)/角度(A)/水平(H)/垂直(V)/旋转(R)]:
                                                 //确定文本位置,如图5-16所示
标注文字=14        //选择"1"处为文本位置时,系统显示的标注尺寸为14,如图5-16(b)
```

2. 对齐标注命令

（1）功能

对齐标注命令用于标注倾斜的两点、线之间的距离。

（2）命令的调用

调用对齐标注命令的方法有以下3种：①在命令窗口中输入“DIMALIGNED”（缩写

DAL)；②选择菜单栏中的“标注”→“对齐”命令；③单击“注释”面板中的按钮。

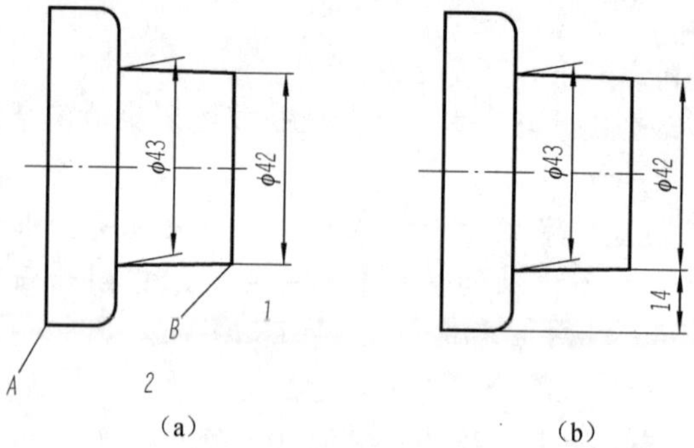

图 5-16 线性标注

（3）格式

```
命令:_dimaligned                                     //执行对齐标注命令
指定第一条尺寸界线原点或 <选择对象>:                    //捕捉第一点,单击点 1
指定第二条尺寸界线原点:                               //捕捉第二点,单击点 2
指定尺寸线位置或[多行文字(M)/文字(T)/角度(A)]:          //确定文本位置
标注文字=30                                //系统显示的标注尺寸,结果如图 5-17 所示
```

3. 半径标注命令

（1）功能

半径标注命令用于标注圆或圆弧的半径值。

（2）命令的调用

调用半径标注命令的方法有以下 3 种：①在命令窗口中输入“DIMRADIUS”（缩写 DRA）；②选择菜单栏中的“标注”→“半径”命令；③单击“注释”面板中的按钮。

（3）格式

```
命令:_dimradius          //执行半径标注命令
选择圆弧或圆:             //选择要标注的圆弧或圆,单击圆"1"
标注文字=10              //系统显示所标注的半径值
指定尺寸线位置或 [多行文字(M)/文字(T)/角度(A)]:
                         //确定文本位置及选项,单击 2 所在位置,结果如图 5-18 所示
```

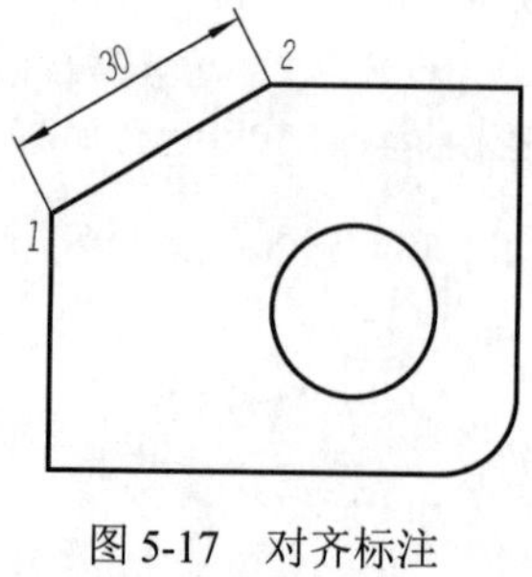

图 5-17 对齐标注

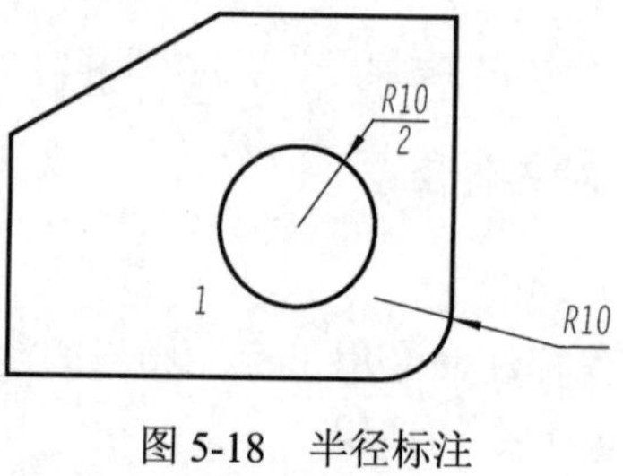

图 5-18 半径标注

4. 折弯标注命令

(1) 功能

折弯标注命令用于标注大半径圆弧。

(2) 命令的调用

调用折弯标注命令的方法有以下 3 种：①在命令窗口中输入“DIMJOGGED”(缩写 DJO)；②在菜单栏中选择“标注”→“折弯”命令；③单击“注释”面板中的按钮。

(3) 格式

```
命令:_dimjogged                                //执行折弯标注命令
选择圆弧或圆:                                   //选择要标注的圆弧或圆
指定图示中心位置:                               //指定圆心位置 A
标注文字=80                                     //系统显示所标注的半径值
指定尺寸线位置或 [多行文字(M)/文字(T)/角度(A)]:
                                                //确定尺寸线位置 B
指定折弯位置                                    //确定折弯位置 C,结果如图 5-19 所示
```

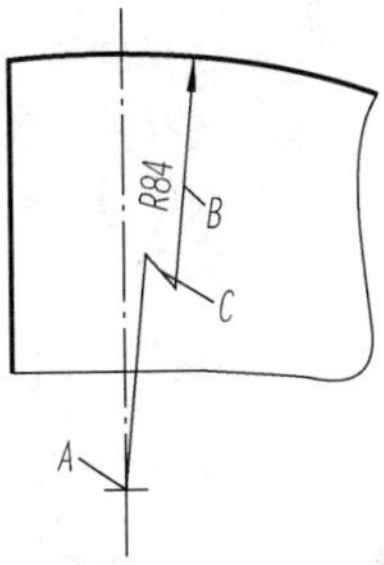

图 5-19　折弯标注

5. 弧长标注命令

(1) 功能

弧长标注命令用于标注圆弧的长度。

(2) 命令的调用

调用弧长标注命令的方法有以下 3 种：①在命令窗口中输入“DIMARC”(缩写 DAR)；②选择菜单栏中的“标注”→“弧长”命令；③单击“注释”面板中的按钮。

(3) 格式

```
命令:_dar                                      //执行弧长标注命令
选择弧线段或多段线弧线段:                       //选择要标注的圆弧或圆
指定弧长标注位置或 [多行文字(M)/文字(T)/角度(A)/部分(P)/引线(L)]:
                                                //确定文本位置及选项
标注文字=55                                     //系统显示所标注的半径值,结果如图 5-20 所示
```

引线：沿径向引出尺寸，如图 5-20 中的弧长 40。

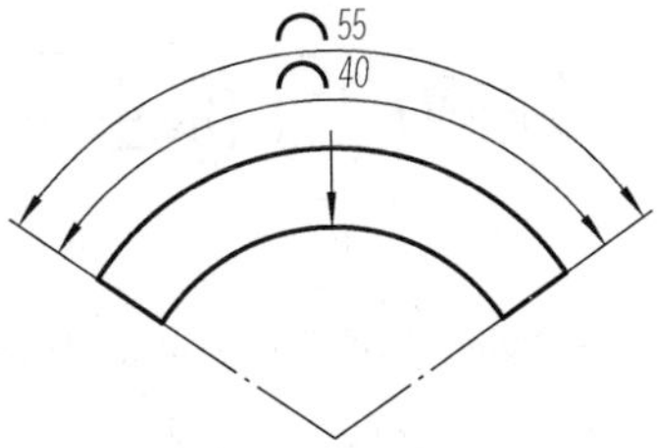

图 5-20　弧长标注

6. 直径标注命令

(1) 功能

直径标注命令用于标注圆或圆弧的直径值。

(2) 命令的调用

调用直径标注命令的方法有以下 3 种：①在命令窗口中输入“DIMDIAMETER”(缩写 DDI)；②选择菜单栏中

的“标注”→“直径”命令；③单击“注释”面板中的按钮。

（3）格式

```
命令:_dimdiameter                                //执行直径标注命令
选择圆弧或圆:                                    //选择要标注的圆弧或圆
标注文字=20                                      //系统显示所标注的直径值
指定尺寸线位置或 [多行文字(M)/文字(T)/角度(A)]:
                                                 //确定文本位置及选项,如图 5-21 所示
```

7. 角度标注命令

（1）功能

角度标注命令用于标注直线间的夹角或圆和圆弧的角度。

（2）命令的调用

调用角度标注命令的方法有以下 3 种：①在命令窗口中输入“DIMANGULAR”（缩写 DAN）；②选择菜单栏中的“标注”→“角度”命令；③单击“注释”面板中的按钮。

（3）格式

```
命令:_dimangular                        //执行角度标注命令
选择圆弧、圆、直线或 <指定顶点>:         //选择第一条直线,单击直线 1
选择第二条直线:                         //选择第二条直线,单击直线 2
指定标注弧线位置或 [多行文字(M)/文字(T)/角度(A)]:
                                        //确定文本位置及选项,单击 3
标注文字=120                            //系统显示所标注的角度值,结果如图 5-22 所示
```

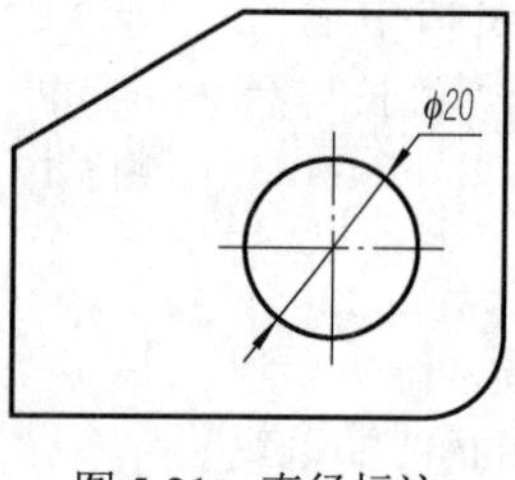

图 5-21　直径标注

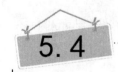

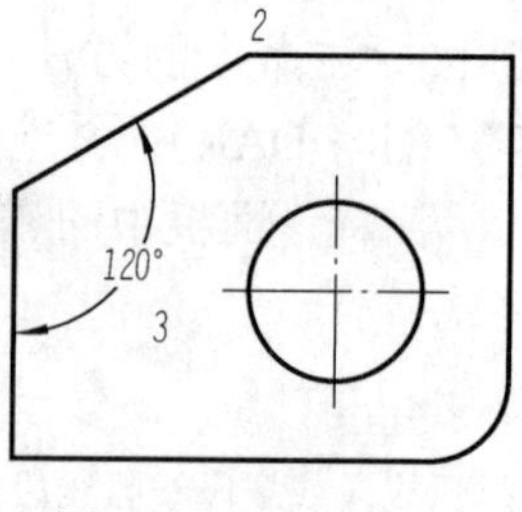

图 5-22　角度标注

5.4 编辑尺寸标注

零件图上的每一个尺寸不尽相同，在实际标注尺寸时，快速而合理的做法是设置 AutoCAD 的尺寸标注样式，让它照顾大部分尺寸的标注，而个别尺寸的标注则应用尺寸标注的编辑命令进行个别处理。

1. 更改尺寸数字命令

（1）功能

更改尺寸数字命令用于更改系统所标注的尺寸数字，或在尺寸数字前加上前缀或扩展名。

（2）命令的调用

1）在标注尺寸生成的过程中采用的方法（以线性标注为例）如下：

```
命令:_dimlinear
指定第一条尺寸界线原点或 <选择对象>:                    //单击第一个端点
指定第二条尺寸界线原点:                                //单击第二个端点
指定尺寸线位置或[多行文字(M)/文字(T)/角度(A)/水平(H)/垂直(V)/旋转(R)]:m
                    //输入M,打开多行文字编辑器,在此更改尺寸数字或添加前缀和扩展名
指定尺寸线位置或[多行文字(M)/文字(T)/角度(A)/水平(H)/垂直(V)/旋转(R)]:
                    //完成后确定文字位置即可
```

2）在标注完成后采用的方法如下：

```
命令:_ddedit                                    //执行修改命令
选择注释对象或 [放弃(U)]:                            //选择要修改的尺寸
```

常见符号的代码如表 5-1 所示。

表 5-1 常见符号的代码

名称	符号	代码
直径符号	ϕ	%%C
正、负号	±	%%P
度数符号	°	%%D

（3）应用

【例 5-1】打开资源包中的文件 5-1.dwg，应用方法 1）标注尺寸，结果如图 5-23 所示。

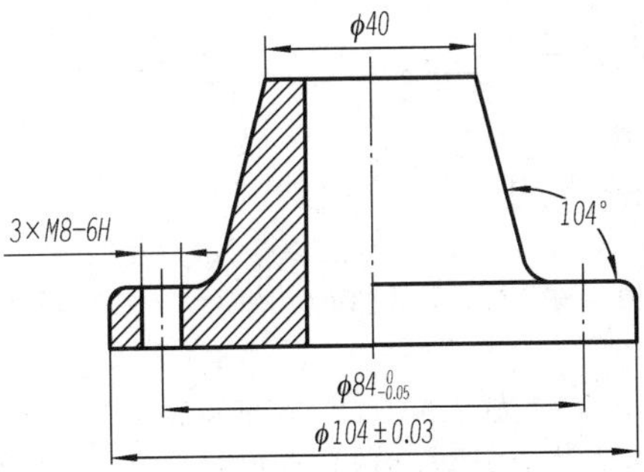

图 5-23 应用方法 1）标注尺寸

1）标注 ϕ40 的方法如下：

```
命令:_dimlinear
```

指定第一条尺寸界线原点或 <选择对象>: //捕捉第一点
指定第二条尺寸界线原点: //捕捉第二点
指定尺寸线位置或[多行文字(M)/文字(T)/角度(A)/水平(H)/垂直(V)/旋转(R)]:m↙ //执行多行文字命令,在 40 前加入 ϕ (在打开的对话框中,在 40 前输入"%%C"即可)
指定尺寸线位置或[多行文字(M)/文字(T)/角度(A)/水平(H)/垂直(V)/旋转(R)]: //确定尺寸放置位置
标注文字=40 //完成尺寸标注

2）标注 $\phi 84_{-0.05}^{\ 0}$ 的方法如下：

命令:_dimlinear
指定第一条尺寸界线原点或 <选择对象>: //捕捉第一点
指定第二条尺寸界线原点: //捕捉第二点
指定尺寸线位置或[多行文字(M)/文字(T)/角度(A)/水平(H)/垂直(V)/旋转®]:m↙ //执行多行文字命令
//(在打开的对话框中,在 84 前输入"%%C",在 84 后输入"0^-0.05"。再选中"0^-0.05",
//单击"堆叠"按钮,即可生成尺寸)
指定尺寸线位置或[多行文字(M)/文字(T)/角度(A)/水平(H)/垂直(V)/旋转(R)]: //确定尺寸放置位置
标注文字=84 //完成尺寸标注

3）标注 $\phi 104 \pm 0.03$ 的方法如下：

命令:_dimlinear
指定第一条尺寸界线原点或 <选择对象>: //捕捉第一点
指定第二条尺寸界线原点: //捕捉第二点
指定尺寸线位置或[多行文字(M)/文字(T)/角度(A)/水平(H)/垂直(V)/旋转(R)]:m↙ //执行多行文字命令
//(在打开的对话框中,在 104 前输入"%%C",在 104 后输入"%%P0.03"即可)
指定尺寸线位置或[多行文字(M)/文字(T)/角度(A)/水平(H)/垂直(V)/旋转(R)]: //确定尺寸放置位置
标注文字=104 //完成尺寸标注

4）标注 3×M8-6H 的方法如下：

命令:_dimlinear
指定第一条尺寸界线原点或 <选择对象>: //捕捉第一点
指定第二条尺寸界线原点: //捕捉第二点
指定尺寸线位置或[多行文字(M)/文字(T)/角度(A)/水平(H)/垂直(V)/旋转(R)]:m↙ //执行多行文字命令
//(在打开的对话框中,在 8 前输入"3×M",在 8 后输入"-6H"即可)
指定尺寸线位置或[多行文字(M)/文字(T)/角度(A)/水平(H)/垂直(V)/旋转(R)]: //确定尺寸放置位置
标注文字=8 //完成尺寸标注

5）请读者自行标注 104°。

【例 5-2】打开资源包中的文件 5-1.dwg，应用方法 2）标注尺寸，如图 5-23 所示。

具体操作如下：

```
命令:_ddedit
选择注释对象或 [放弃(U)]:
//选择尺寸 40,打开对话框,在 40 前输入"%%C",单击"确定"按钮
选择注释对象或 [放弃(U)]:
//选择尺寸 8,打开对话框,在 8 前输入"3×M",在 8 后输入"-6H",单击"确定"按钮
选择注释对象或 [放弃(U)]:
//选择尺寸 84,打开对话框,在 84 前输入"%%C",在 84 后输入"0^-0.05",单击"确定"按钮
选择注释对象或 [放弃(U)]:
//选择尺寸 104,打开对话框,在 104 前输入"%%C",在 104 后输入"±0.03",单击"确定"按钮
选择注释对象或 [放弃(U)]:          //按 Enter 键结束命令
```

2. 倾斜尺寸界线命令

（1）功能

倾斜尺寸界线命令用于更改系统所标注的尺寸界线倾斜角度。

（2）命令的调用

调用倾斜尺寸界线命令的方法有以下 3 种：①在命令窗口中输入“DIMEDIT”（缩写 DED）；②选择菜单栏中的“标注”→“倾斜”命令；③单击“标注”面板中的 按钮。

（3）格式

```
命令:_dimedit                            //执行编辑标注命令
输入标注编辑类型 [默认(H)/新建(N)/旋转(R)/倾斜(O)] <默认>:o↙
                                         //选择倾斜尺寸界线命令
选择对象: 找到 1 个                      //选择需要编辑的尺寸 43
选择对象:                                //按 Enter 键结束选择
输入倾斜角度(按 Enter 键表示无):60↙     //输入尺寸界线的倾斜角度,结果如图 5-24 所示
```

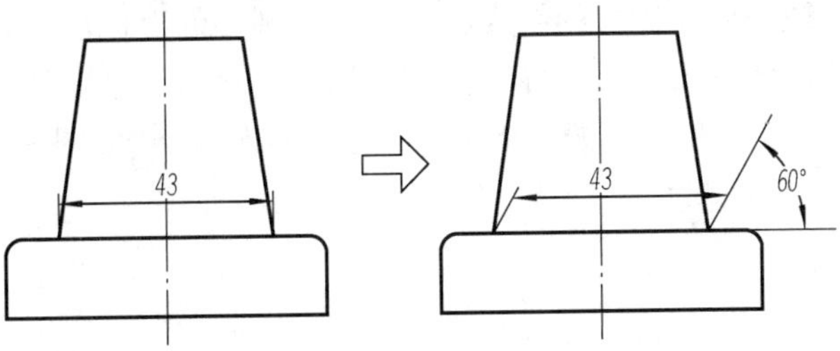

图 5-24　更改尺寸界线倾斜角度

尺寸界线倾斜角度：与直线在 AutoCAD 中的角度定义一致，指的是尺寸界线与 X 轴正方向的夹角。

（4）应用

此命令在标注轴测图的尺寸中应用较多。

【例 5-3】打开资源包中的文件 5-3.dwg，修改标注尺寸，结果如图 5-25 所示。

分析：图中两个尺寸的尺寸界线与 X 轴正方向的夹角均为 30°，如图 5-26 所示。故修改尺寸界线倾斜角度时，输入 30° 即可。

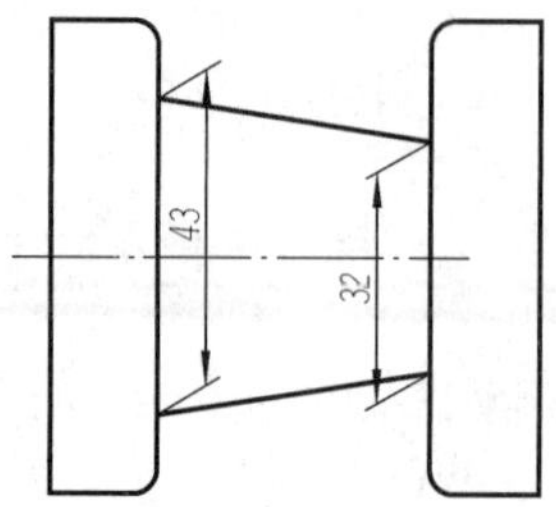

图 5-25　修改尺寸界线

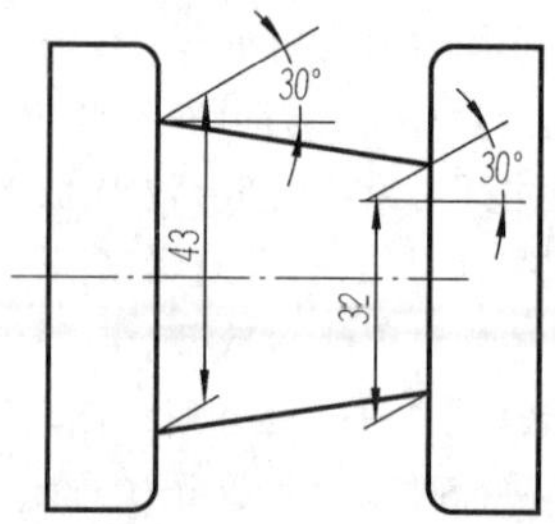

图 5-26　尺寸界线角度

具体操作如下：

```
命令:_dimedit
输入标注编辑类型 [默认(H)/新建(N)/旋转(R)/倾斜(O)] <默认>:o↙
                                                  //选择倾斜命令
选择对象: 找到 1 个
选择对象: 找到 1 个,总计 2 个                      //选择尺寸 43 和 32 一起编辑
选择对象:                                          //按 Enter 键结束选择
输入倾斜角度(按 Enter 键表示无):30↙//输入倾斜角度 30,按 Enter 键确认,完成尺寸编辑
```

5.5 标注端盖尺寸

在前面内容中已经对尺寸标注的组成、类型、规则、创建标注样式、标注、编辑图形的尺寸等进行了讲解，现以一个综合性实例介绍标注尺寸的具体操作步骤，使读者对尺寸标注有一个更具体的认识。打开资源包中的文件 5-4.dwg，标注如图 5-27 所示的端盖尺寸，具体操作如下：

1. 创建尺寸文字样式

01 在命令窗口中输入“ST”，执行命令后打开“文字样式”对话框，如图 5-28 所示。

02 单击“新建”按钮，在打开的“新建文字样式”对话框中的“样式名”文本框中输入“尺寸文字”，如图 5-29 所示，然后单击“确定”按钮。

03 在“文字样式”对话框中的“字体名”下拉列表中选择字体“gbeitc.shx”；在“高度”文本框中输入“5.0000”，如图 5-30 所示。然后单击“应用”按钮和“关闭”按钮。

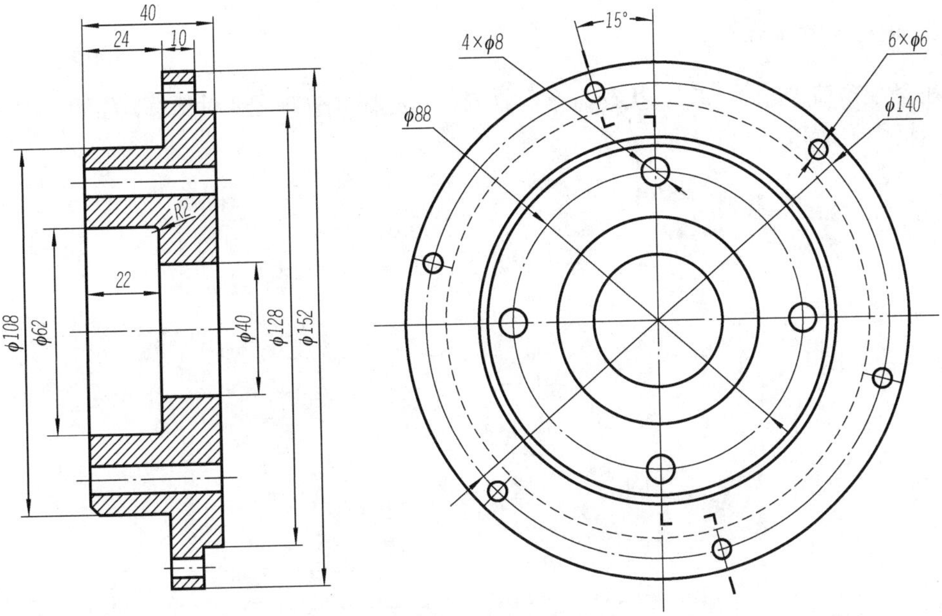

图 5-27　标注端盖尺寸

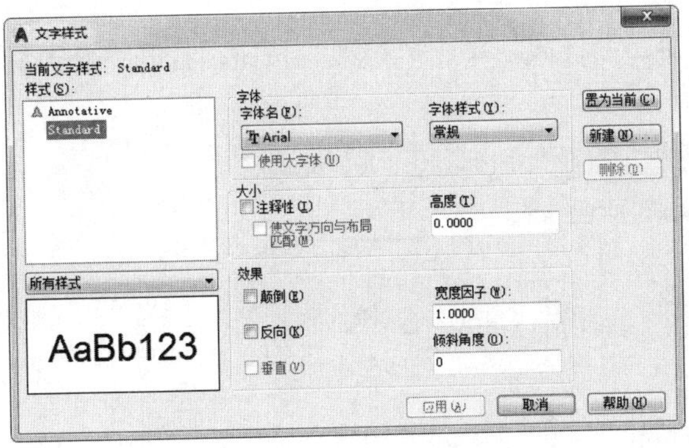

图 5-28　“文字样式”对话框

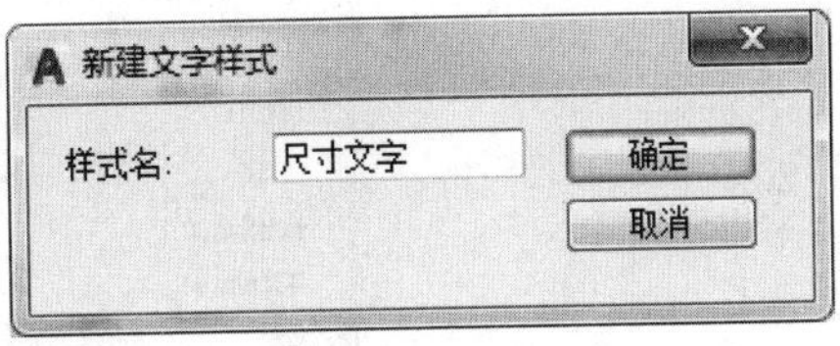

图 5-29　输入样式名

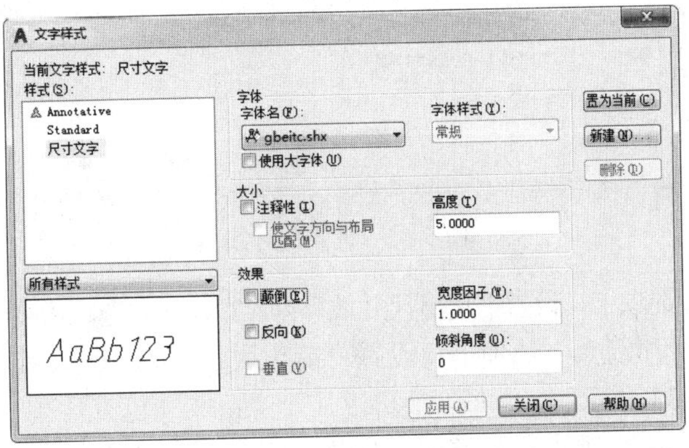

图 5-30　选择字体、输入字高

2. 创建尺寸标注样式

在命令窗口中输入“D”，执行命令后打开“标注样式管理器”对话框，如图 5-31 所示，在对话框中设置以下尺寸样式。

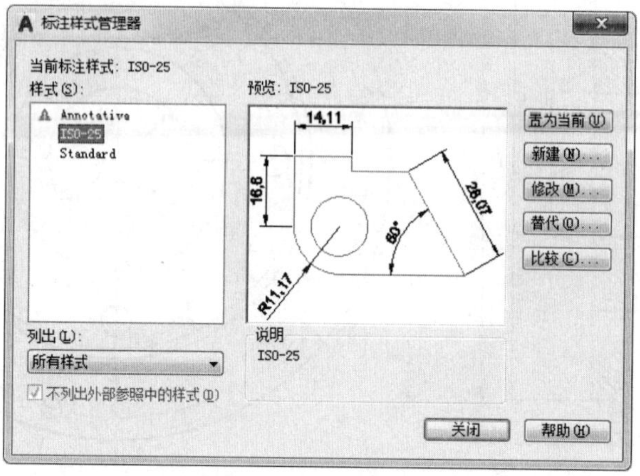

图 5-31　修改样式 ISO-25

（1）ISO-25

01 在“样式”列表框中选择“ISO-25”样式，单击“修改”按钮，打开“修改标注样式：ISO-25”对话框，如图 5-32 所示。

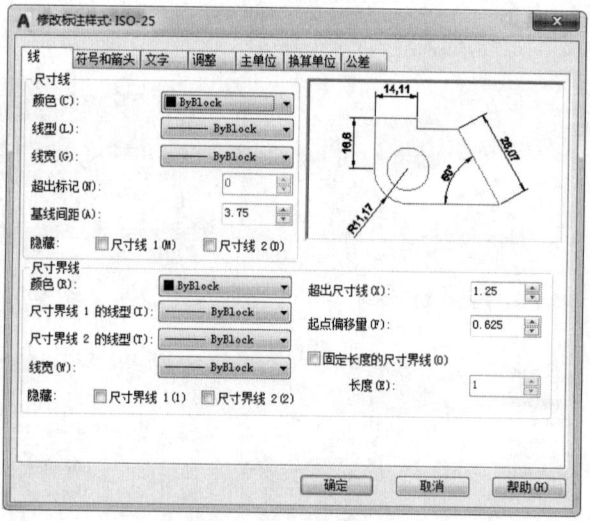

图 5-32　设置尺寸线

02 选择“线”选项卡：设置“超出尺寸线”为“2”，其他选项不变，采用系统默认设置。

03 选择“符号和箭头”选项卡：设置“箭头大小”为“3”，其他选项不变，采用系统默认设置，如图 5-33 所示。

04 选择“文字”选项卡：设置“文字样式”为“尺寸文字”，设置“文字对齐”方式为“与尺寸线对齐”，其他选项不变，采用系统默认设置，如图 5-34 所示。

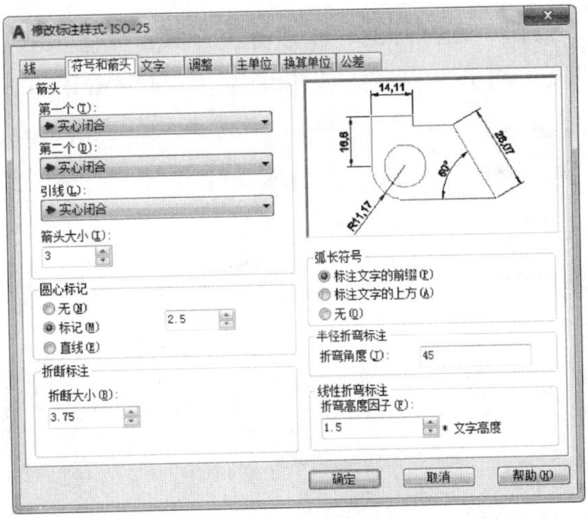

图 5-33 设置箭头

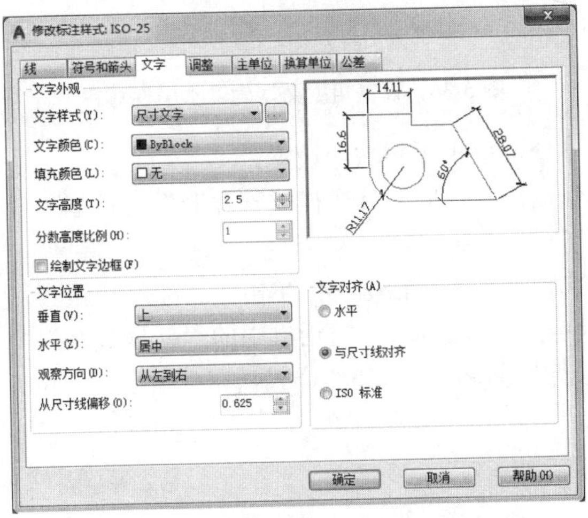

图 5-34 设置尺寸文字

05 其他选项卡设置不变，采用系统默认设置。

06 单击“确定”按钮，返回“标注样式管理器”对话框。

（2）角度

01 在“标注样式管理器”对话框中，单击“新建”按钮。

02 在打开的“创建新标注样式”对话框中的“基础样式”下拉列表中选择“ISO-25”样式，在“用于”下拉列表中选择“角度标注”命令，如图 5-35 所示。

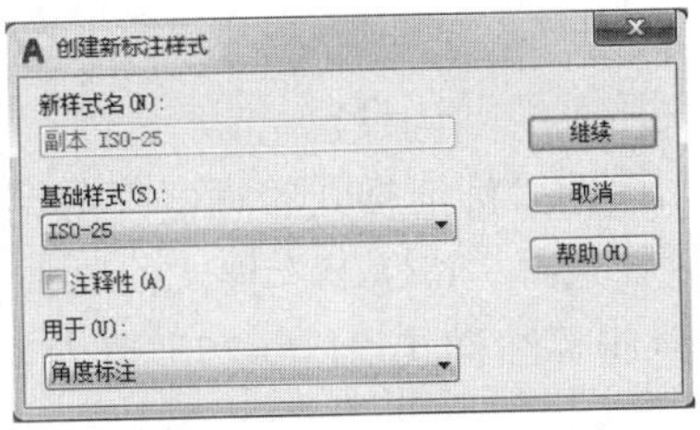

图 5-35 创建角度标注

03 单击“继续”按钮，在打开的“新建标注样式：副本 ISO-25”对话框中选择“文字”选项卡，并设置“文字对齐”方式为“水平”，如图 5-36 所示。

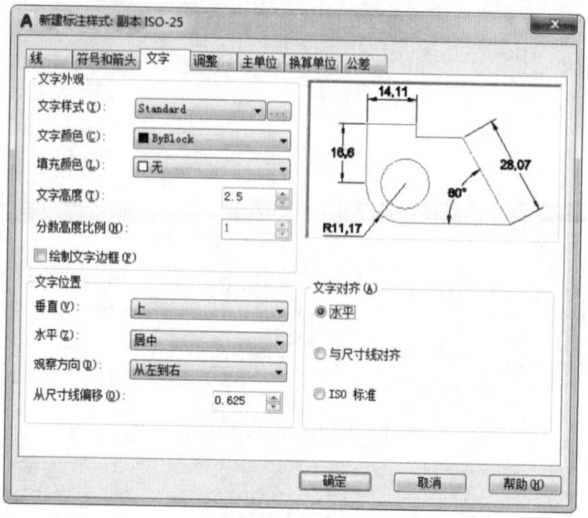

图 5-36 设置角度文字为“水平”对齐

04 其他选项卡不变，采用系统默认设置。

05 单击“确定”按钮，返回“标注样式管理器”对话框。

（3）水平

01 在“标注样式管理器”对话框中，单击“新建”按钮。

02 在打开的“创建新标注样式”对话框中的“新样式名”文本框中输入“水平”，在“基础样式”下拉列表中选择“ISO-25”样式，在“用于”下拉列表中选择“所有标注”命令，如图 5-37 所示。

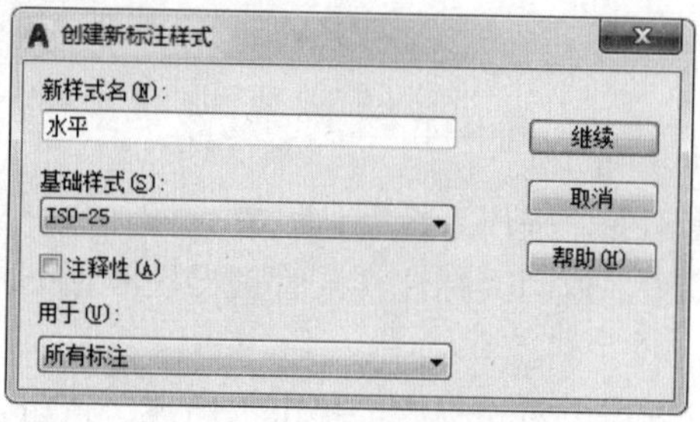

图 5-37 创建水平标注样式

03 单击“继续”按钮，在打开的“新建标注样式：水平”对话框中选择“文字”选项卡，并设置“文字对齐”方式为“水平”。

04 其他选项卡不变，采用系统默认设置。

05 单击“确定”按钮，返回“标注样式管理器”对话框。

06 完成标注样式的设置。选择“ISO-25”样式，单击“置为当前”按钮，然后单击“关闭”按钮，如图 5-38 所示，将标注样式“ISO-25”置为当前的样式。

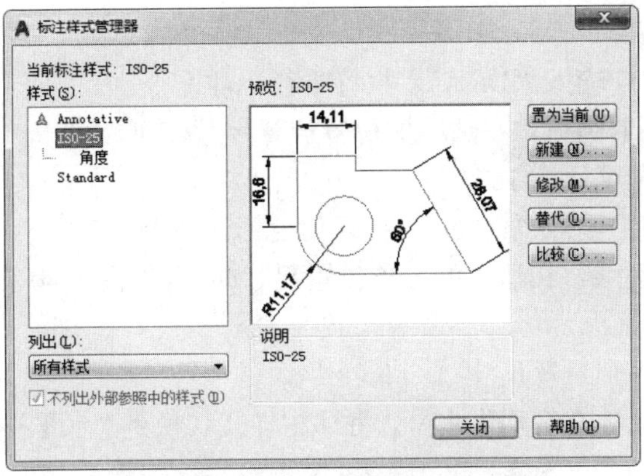

图 5-38 将“ISO-25”置为当前

3. 标注尺寸

（1）标注主视图线性尺寸

01 在命令窗口中输入“DLI”，执行线性标注命令。

02 标注尺寸 24、10、40、22：捕捉尺寸的两个端点，在适当的位置放置尺寸即可。

03 标注ϕ108、ϕ62 等 5 个直径尺寸：捕捉尺寸的两个端点，输入“m”，在打开的文本框中的尺寸数字前加上前缀ϕ，单击“确定”按钮，然后关闭文本框，在适当的位置放置尺寸即可。结果如图 5-39 所示。

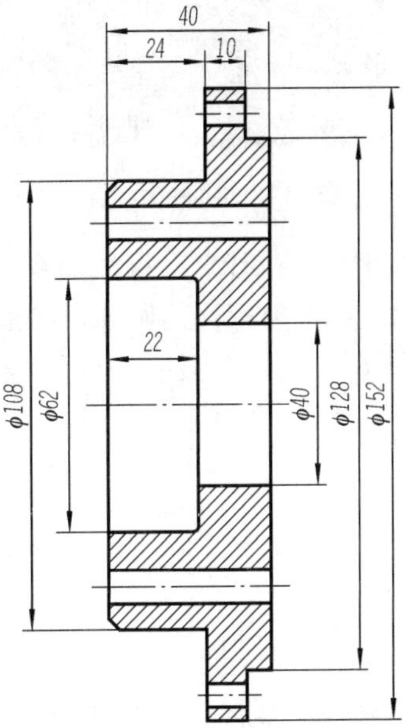

图 5-39 标注线性尺寸

注意：标注尺寸时，按从上到下、从左到右、从里到外的原则进行标注；放置尺寸文本位置时，注意控制各平行尺寸间的间距，要求尽量均匀一致；尺寸标注应注意整齐、美观。如图 5-39 所示，尺寸 24 和 10，应水平对齐。

（2）标注主视图 *R*2

01 在命令窗口中输入“DRA”，执行半径标注命令。

02 选择要标注的圆弧，在适当的位置放置尺寸即可。

（3）标注左视图角度尺寸 15°

01 在命令窗口中输入“DAN”，执行角度标注命令。

02 选择两条尺寸线，在适当的位置放置尺寸即可，如图 5-40 所示。

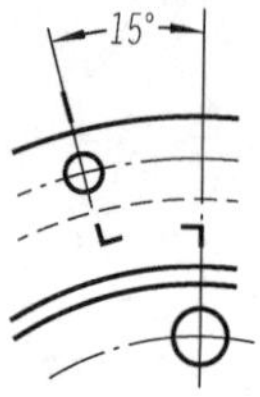

图 5-40　标注角度 15°

（4）标注左视图各个直径尺寸

左视图 4 个直径尺寸文字均为水平，将标注样式切换到“水平”样式，如图 5-41 所示。

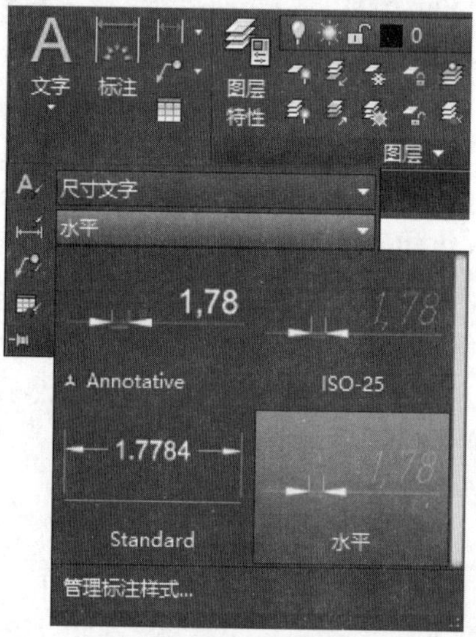

图 5-41　切换标注样式

01 在命令窗口中输入“DDI”，执行直径标注命令。

02 标注尺寸ϕ88、ϕ140：选择要标注的圆弧，在适当的位置放置尺寸即可。

03 标注尺寸 4×ϕ8、6×ϕ6：选择要标注的圆弧，输入“m”，在打开的对话框中的尺寸数字前加上前缀 4×（或 6×），单击“确定”按钮，然后关闭对话框，在适当的位置放置尺寸即可。

4. 完成标注

完成标注后的结果如图 5-27 所示。

习　题

1. 如何修改尺寸标注文字和尺寸线箭头的大小？
2. 要建立尺寸文字“ϕ80±0.05”，下列 4 种输入方式中正确的是（　　）。

A. %%O80%%U0.05　　　　B. %%U80%%P0.05

C. %%C80%%P0.05　　　　D. %%P80%%D0.05

3．打开资源包中的文件 lx-5.3.dwg，标注该图样，结果如图 5-42（a）所示；打开资源包中的文件 lx-5.4.dwg，标注该图样，结果如图 5-42（b）所示；打开资源包中的文件“lx-5.5.dwg”，标注该图样，结果如图 5-42（c）所示。

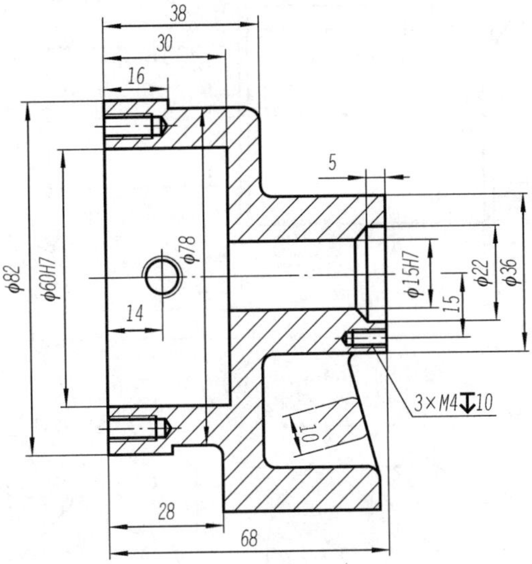

（a）

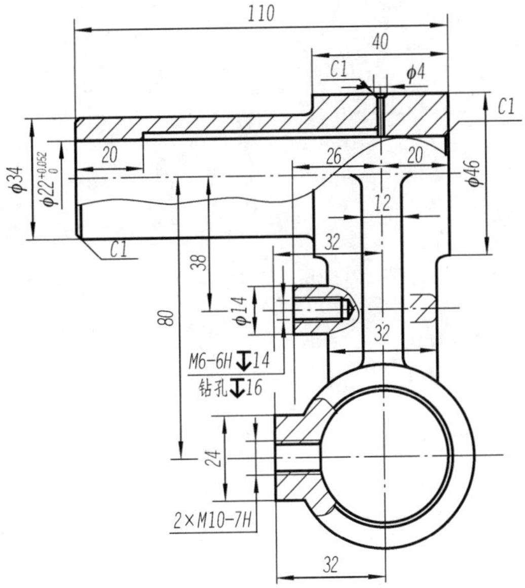

（b）

图 5-42　图样

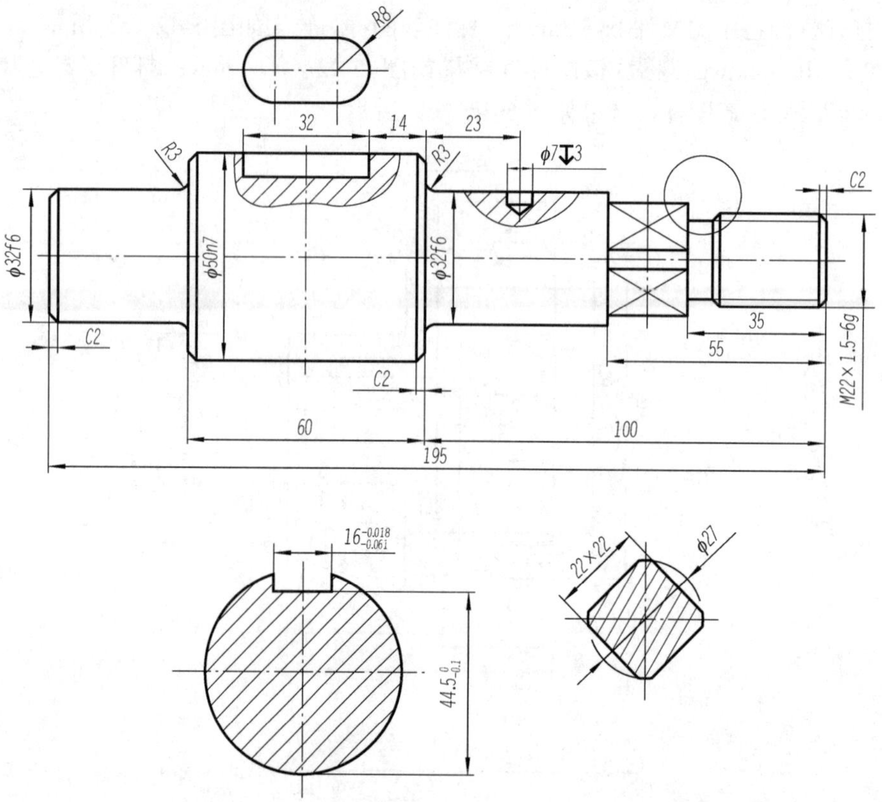
R8
32
14
23
R3
R3
φ7↧3
C2
φ32f6
φ50n7
φ32f6
C2
C2
35
55
M22×1.5-6g
60
100
195
16$^{-0.018}_{-0.061}$
44.5$^{0}_{-0.1}$
22×22
φ27

(c)

图 5-42（续）

6 单元 绘制零件图

◎ **内容导航**

零件图是指导零件生产的重要技术文件。一张完整的零件图包括图形、尺寸、技术要求和标题栏 4 个部分。通过本单元的学习，读者将了解绘制零件图的过程，并掌握正确、快速抄画零件图的方法。

◎ **学习目标**

- 了解图纸幅面、标题栏的画法。
- 理解零件图尺寸样式的设置。
- 掌握技术要求的标注方法。
- 掌握抄画零件图的过程与方法。
- 掌握书写文字的两种方法。

6.1 图纸幅面、标题栏和比例

为便于图样管理，图纸幅面的大小和格式必须遵循机械制图的有关规定，这里介绍国家标准 GB/T 14689—2008《技术制图 图纸幅面和格式》中的规定。

1. 图纸幅面及图框格式

（1）图纸幅面和格式（GB/T 14689—2008）

图纸幅面是指由图纸的宽度和长度组成的图面。在绘图时，应优先选用表 6-1 中所规定的 5 种基本幅面尺寸（表 6-1 中 B、L、a、c、e 的意义参见图 6-2）。必要时，也允许选用加长幅面。加长幅面的尺寸必须按基本幅面的短边成整数倍增加后得出。5 种基本图纸幅面及加长边，如图 6-1 所示。

表 6-1　图纸幅面及图框格式尺寸　　（单位：mm）

幅面代号	幅面尺寸	周边尺寸		
	$B \times L$	a	c	e
A0	841×1189	25	10	20
A1	594×841			
A2	420×594			10
A3	297×420		5	
A4	210×297			

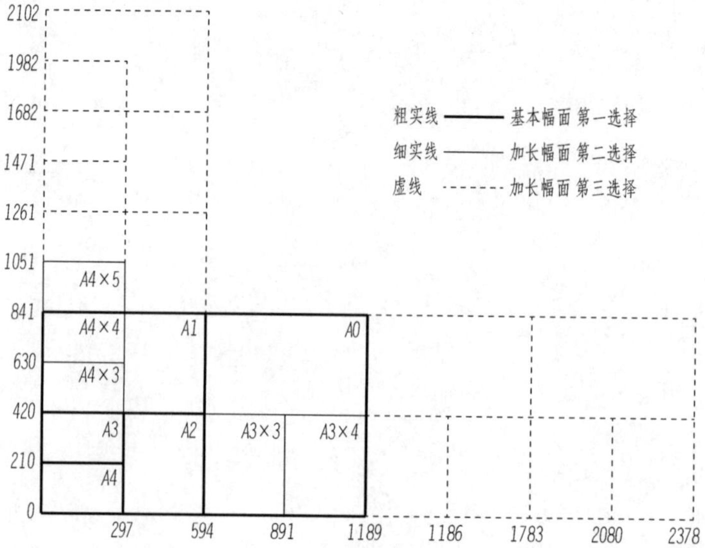

图 6-1　5 种图纸幅面及加长边

（2）图框格式

图框的线型为粗实线。图框有两种格式，即留装订边和不留装订边。

1）留装订边。留装订边的图纸图框格式如图 6-2（a）、（b）所示。

2）不留装订边。不留装订边的图纸图框格式如图 6-2（c）、（d）所示，同一产品的图样应采用同一种格式。

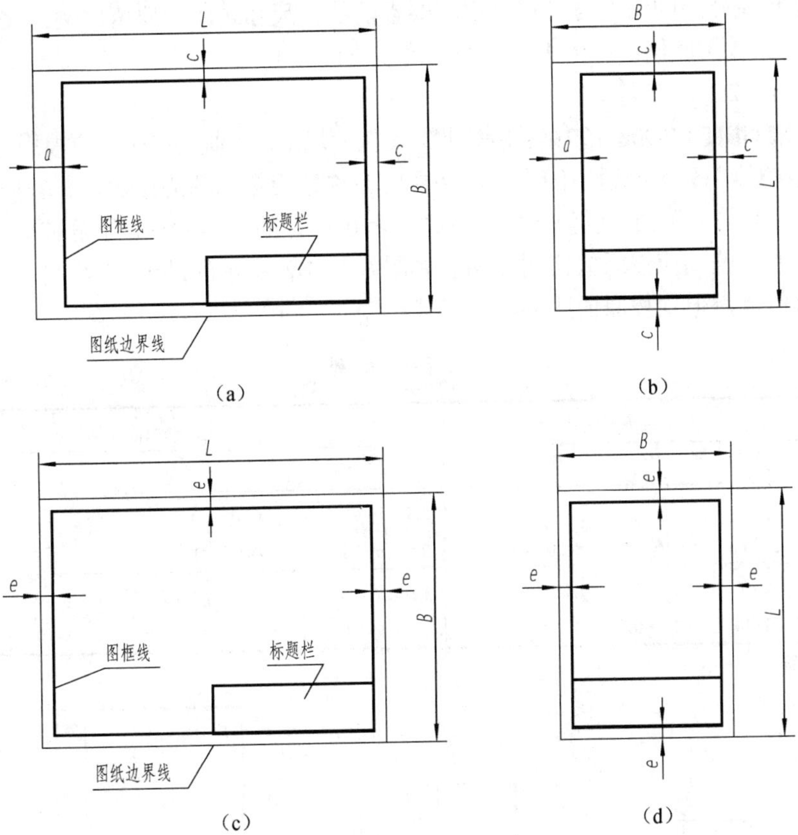

图 6-2 图框格式

2. 标题栏

标题栏指示看图的方向，位于图纸的右下角。国家标准对标题栏的基本内容、尺寸与格式做了明确的规定。在机械制图作业中，常采用图 6-3 所示的简化格式。

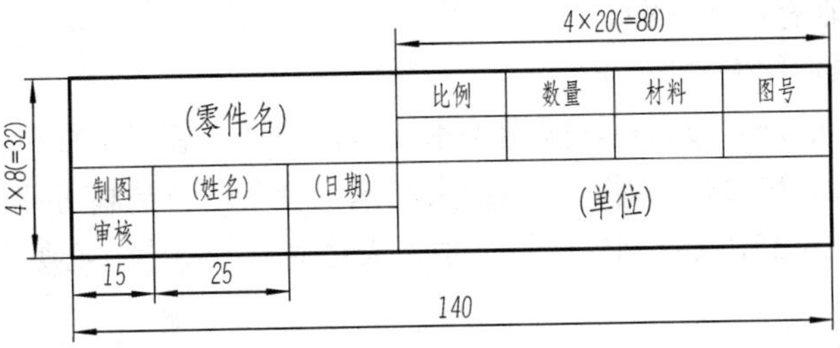

图 6-3 标题栏格式

标题栏四周的线为粗实线，内部线为细实线。

标题栏中文字的字体为仿宋体，宽度因子为 0.7。“零件名”“单位”栏文字的高度为 5，其余各栏文字的高度为 3.5。

3. 比例

比例是指图样上的图形与其实物相应要素的线性尺寸之比。原值比例：比值为 1 的比例，即 1∶1。放大比例：比值大于 1 的比例，如 2∶1、5∶1 等。缩小比例：比值小于 1 的比例，如 1∶2、1∶5 等。

国家标准 GB/T 14690—1993《技术制图 比例》规定，绘制图样时，应根据实际需要优先从表 6-2 中的第一列选用适当的比例，必要时允许选用第二列的比例。一般应尽量按实物的实际大小（1∶1）画图，以便直接从图样上看出物体的真实大小。不管按什么比例绘图，图样上的尺寸数值均应按原值比例标注。如图 6-4（b）所示的是 1∶1 绘制，而图 6-4（a）是缩小比例绘制，但均按原值比例标注尺寸。

表 6-2 比例

种类	优先选用的比例	允许选用的比例
原值比例	1∶1	
放大比例	2∶1　5∶1 1×10^n∶1　2×10^n∶1　5×10^n∶1	2.5∶1　4∶1 2.5×10^n∶1　4×10^n∶1
缩小比例	1∶2　1∶5　1∶10 1∶2×10^n　1∶5×10^n　1∶1×10^n	1∶1.5　1∶2.5　1∶3　1∶4　1∶6 1∶1.5×10^n　1∶2.5×10^n　1∶3×10^n　1∶4×10^n　1∶6×10^n

注：n 为正整数。

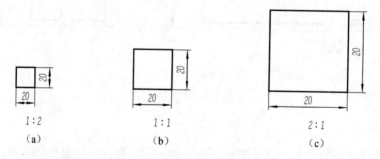

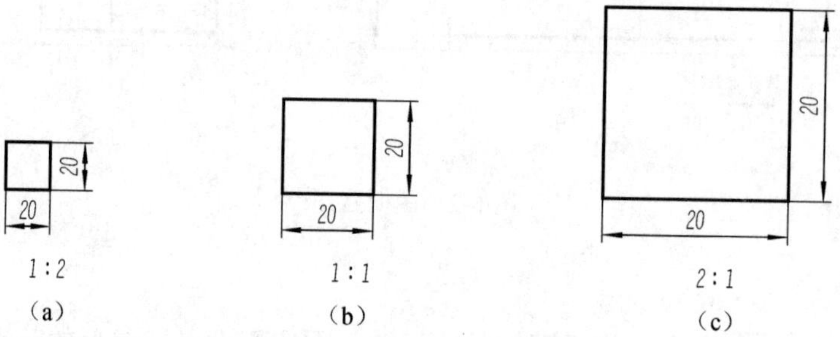

图 6-4 不同比例绘制的同一个图形

选择比例的原则有以下几种。

1）一般采用原值比例。

2）当表达对象的尺寸较大时，采用缩小比例，但要保证复杂部位清晰可读。

3）当表达对象的尺寸较小时，采用放大比例，使各部位清晰可读。

4）尽量选用表 6-2 中第一列的比例，根据表达对象的特点，必要时才选用表 6-2 中第二列的比例。

5）应结合图纸幅面的尺寸选择比例，综合考虑最佳的表达效果和图面的整体美感。

4. 图纸幅面、标题栏绘制

按留装订边的格式绘制 A3 幅面和标题栏，具体操作如下：

01 用“REC”命令画出图纸边界线（420×297），如图 6-5 所示。

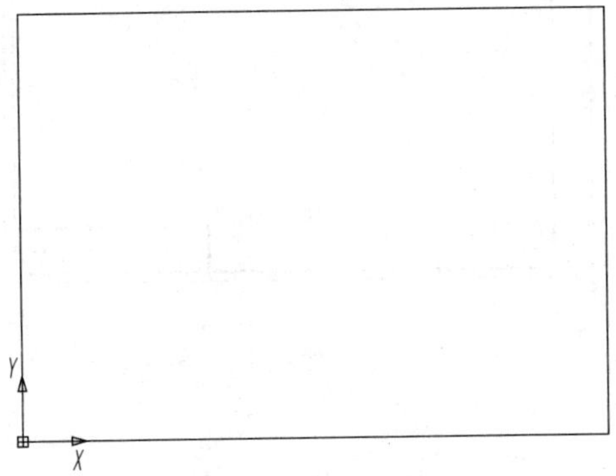

图 6-5　画图纸边界线

02 用“O”命令画出图框线（*c*=5），如图 6-6 所示。

图 6-6　画图框线

03 用“X”“O”“TR”命令画出左边图框线（*a*=25），如图 6-7 所示。

04 用“REC”命令画出标题栏的边界线，如图 6-8 所示。

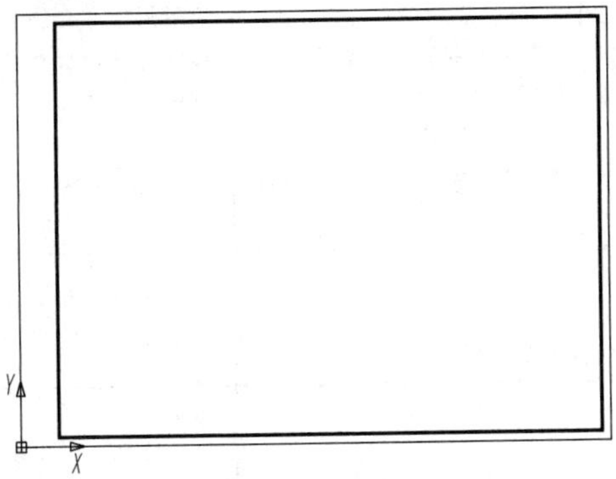

图 6-7　画左边图框线

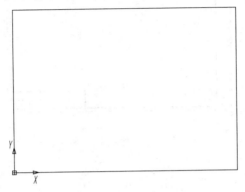

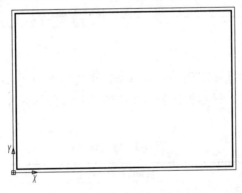

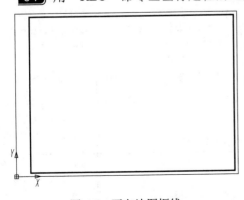

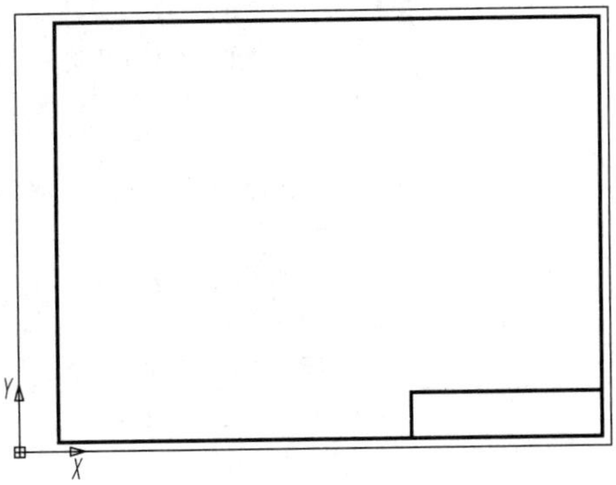

图 6-8　画标题栏边界线

05 用“X”“O”“TR”命令画出标题栏中的分隔线，如图 6-9 所示。

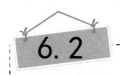

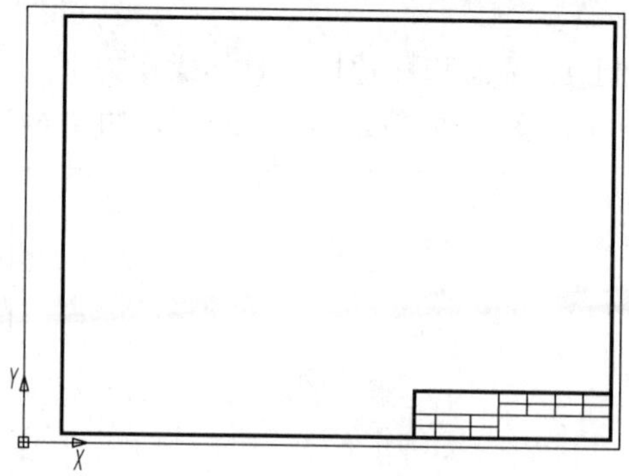

图 6-9　画标题栏中的分隔线

6.2 设置零件图尺寸标注样式

零件图上的尺寸比平面图形的尺寸要复杂，通常需要创建多个尺寸标注样式以满足不同标注的需要。根据经验，只需创建表 6-3 中的 3 种标注样式即可满足一般零件图的标注需要。

表 6-3　标注样式

样式名称	需要进行的设置	适用范围
基础样式：一般标注 └角度	1. 尺寸界线超出尺寸线 1.8 2. 尺寸箭头大小：2（≥6*d*，*d* 为粗实线宽度），根据尺寸数字的大小可适当调整 3. 文字样式：字体为 gbeitc.shx，使用大字体为 gbcbig.shx，字高为 3.5（根据零件图的大小按字号标准选择合适的字号） 4. 文字对齐：与尺寸线对齐 5. 在“调整”选项卡中选中“箭头”或“文字”单选按钮进行调整 6. 主单位中的比例因子：根据零件图设置，如图形的比例为 1∶2，则此处为 2 7. 其他为默认设置。用于角度标注：将“文字对齐”设为“水平”，其他不变	适用于一般的尺寸标注，包括线性尺寸、角度尺寸、直径和半径的标注，尺寸数字与尺寸线对齐
水平标注	1. 基础样式：一般标注 2. 用于所有标注 3. 在“文字”选项卡中设置“文字对齐”方式为“水平”	适用于直径和半径的水平标注
调整标注	1. 基础样式：一般标注 2. 用于所有标注 3. 在“调整”选项卡中选中“手动放置文字”单选按钮	适用于尺寸数字不在尺寸线的中间位置，需要手动放置文字时

6.3 标注表面粗糙度

表面结构是零件的技术要求，它是表面粗糙度、表面波纹度、表面缺陷、表面纹理和表面几何形状的总称。

机械图样中，评定零件表面结构的参数常用表面粗糙度参数 *Ra* 和 *Rz*。从狭义上讲，如果零件表面无特殊要求，零件表面结构要求就是表面粗糙度要求。

1. 表面粗糙度的图形符号、代号及图样中的标注

（1）表面粗糙度图形符号

在图样中，可以用不同的图形符号来表示对零件表面粗糙度的不同要求。表面粗糙度的图形符号及意义如表 6-4 所示。

表 6-4　表面粗糙度的图形符号及意义

符号名称	符号	含义
基本图形符号	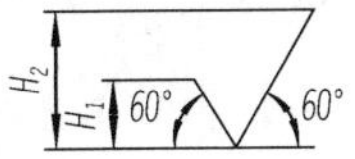 $d'=h/10$（d' 为符号线宽，h 为数字和字母的高度）$H_1=1.4h$ $H_2=2.1H_1$	未指定工艺方法的表面，当通过一个注释时单独使用
扩展图形符号		用去除材料方法获得的表面，仅当其含义是“被加工表面”时可单独使用
		不去除材料的表面，也可用于保持上道工序形成的表面，不管这种情况是通过去除或不去除材料形成的
完整图形符号		在以上 3 种符号的长边上均可加一横线，以便书写对表面粗糙度的各种要求

注：表中 H_2 是最小值，必要时允许加大。

（2）表面粗糙度代号

表面粗糙度符号中书写了具体参数代号及数值等要求后即称为表面粗糙度代号。常见表面粗糙度代号的示例及说明如表 6-5 所示。

表 6-5　常见表面粗糙度代号的示例及说明

序号	代号示例	说明	补充说明
1	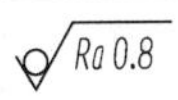	表示不允许去除材料，单向上限值，轮廓算术平均偏差 *Ra* 为 0.8μm	参数代号与极限值之间应留空格
2	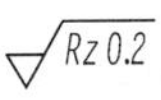	表示去除材料，单向上限值，轮廓最大高度的最大值为 0.2μm	示例 1～3 均为单向极限要求，且均为单向上限值，则可不加注“*U*”；若为单向下限值，则应加注“*L*”

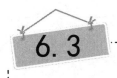

续表

序号	代号示例	说明	补充说明
3		表示去除材料，单向上限值，轮廓最大高度为 1.6μm 加工方法：磨削	—
4	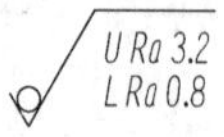	表示不允许去除材料，双向极限值。上限值：算术平均偏差为 3.2μm。下限值：算术平均偏差为 0.8μm	本例为双向极限要求，用“*U*”和“*L*”分别表示上限值和下限值，在不致引起歧义时，可不加注“*U*”“*L*”

（3）表面粗糙度要求在图样中的标注

表面粗糙度符号在图样中的标注位置和方向如表 6-6 所示，表面粗糙度要求的简化标注如表 6-7 所示。

表 6-6　表面粗糙度符号在图样中的标注位置和方向

标注位置	画法	说明
标注在轮廓线及其延长线上	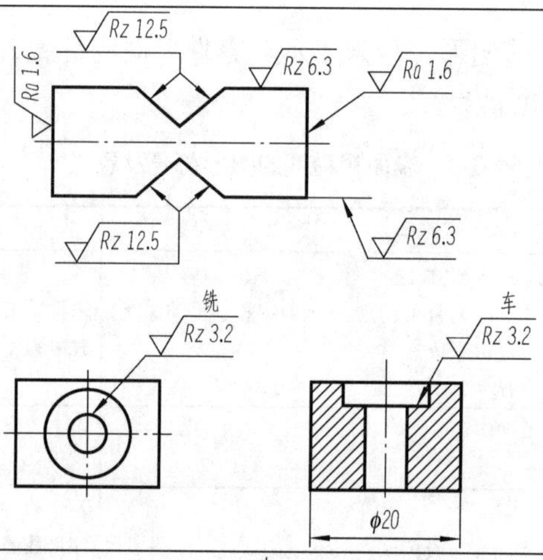	1. 表面粗糙度要求对每一表面一般只注一次，并尽可能注在相应的尺寸及其公差的同一视图上。除非另有说明，所标注的表面粗糙度要求是对完工零件表面的要求 2. 其符号应从材料外指向接触表面或其延长线，或用箭头指向表面或其延长线。必要时可以用黑点或箭头引出标注
标注在特征尺寸和尺寸线上	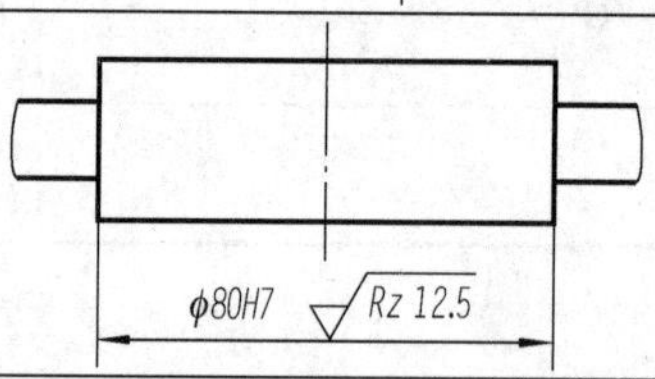	在不至于引起误解时，表面粗糙度要求可以标注在给定的尺寸线上
标注在几何公差框格的上方	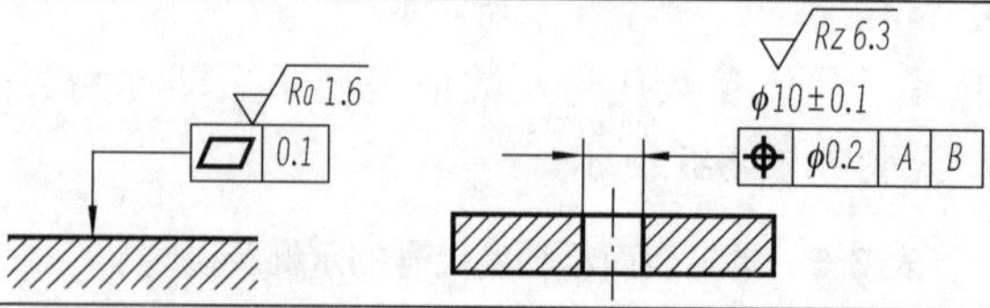	表面粗糙度要求可以标注在几何公差框格的上方
标注在圆柱或棱柱的表面上	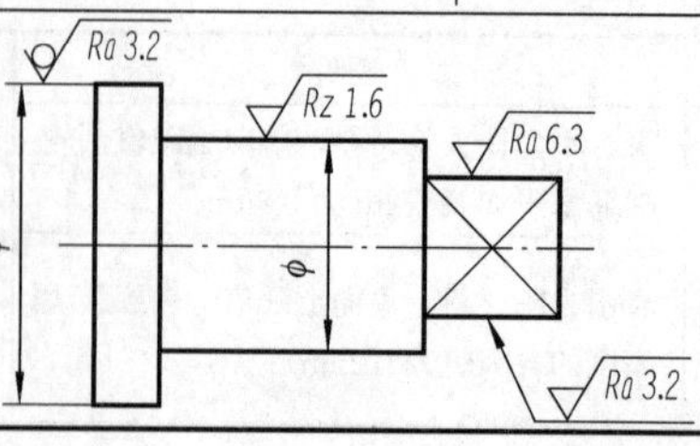	圆柱和棱柱表面的结构要求只标注一次，如果每个表面有不同的表面粗糙度要求，则应分别单独标注

表 6-7　表面粗糙度要求的简化注法

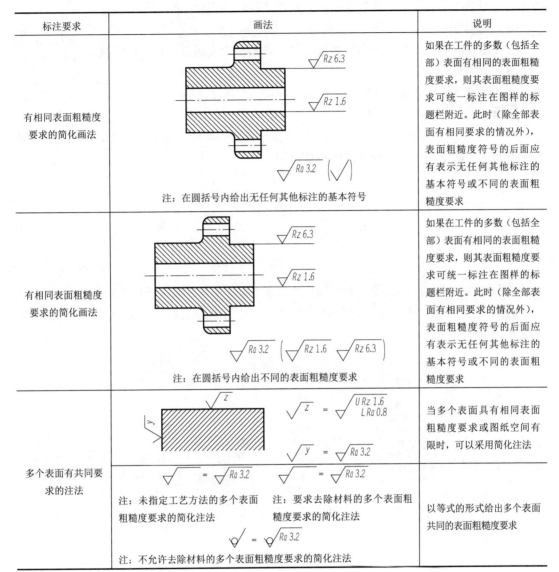

标注要求	画法	说明
有相同表面粗糙度要求的简化画法	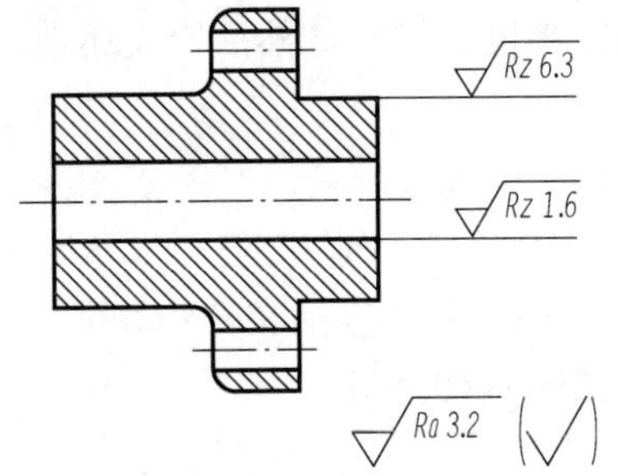 注：在圆括号内给出无任何其他标注的基本符号	如果在工件的多数（包括全部）表面有相同的表面粗糙度要求，则其表面粗糙度要求可统一标注在图样的标题栏附近。此时（除全部表面有相同要求的情况外），表面粗糙度符号的后面应有表示无任何其他标注的基本符号或不同的表面粗糙度要求
有相同表面粗糙度要求的简化画法	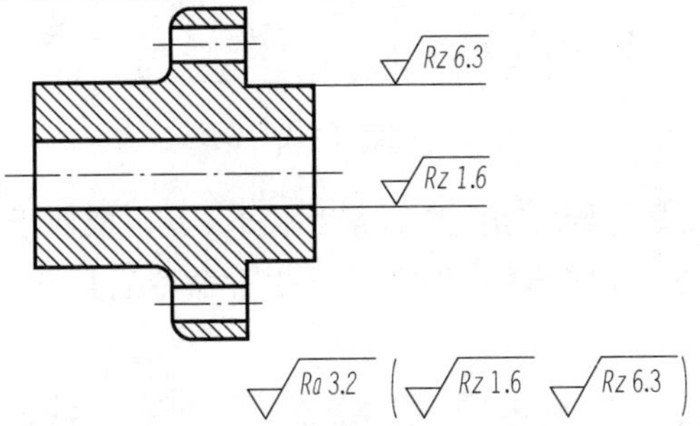 注：在圆括号内给出不同的表面粗糙度要求	如果在工件的多数（包括全部）表面有相同的表面粗糙度要求，则其表面粗糙度要求可统一标注在图样的标题栏附近。此时（除全部表面有相同要求的情况外），表面粗糙度符号的后面应有表示无任何其他标注的基本符号或不同的表面粗糙度要求
多个表面有共同要求的注法	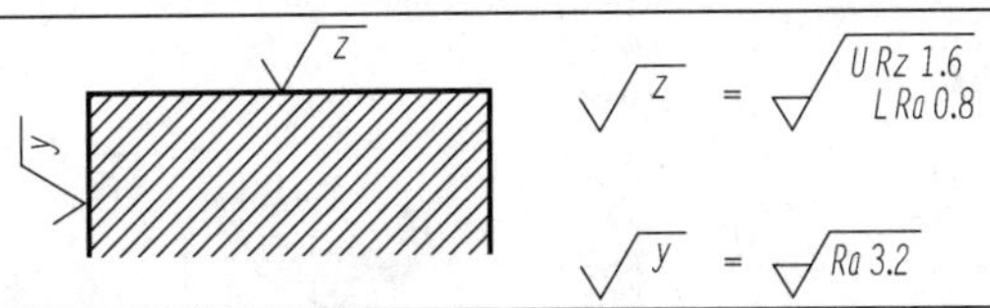	当多个表面具有相同表面粗糙度要求或图纸空间有限时，可以采用简化注法
	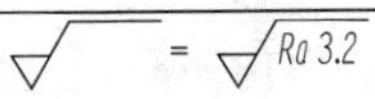 注：未指定工艺方法的多个表面粗糙度要求的简化注法 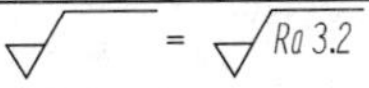 注：要求去除材料的多个表面粗糙度要求的简化注法  注：不允许去除材料的多个表面粗糙度要求的简化注法	以等式的形式给出多个表面共同的表面粗糙度要求

2. AutoCAD 中表面粗糙度的标注方法

在 AutoCAD 中用创建带属性的块来标注表面粗糙度。同一符号，不同数值的表面粗糙度可用带属性的块来进行快速标注。

（1）命令的调用

1）定义属性。调用定义属性命令的方法有以下 3 种：①在命令窗口中输入“ATTDEF”（缩写 ATT）；②选择菜单栏中的“绘图”→“块”→“定义属性”命令；③单击“块定义”面板中的按钮。

2）创建块。创建块的方法有以下 3 种：①在命令窗口中输入“BLOCK”（缩写 B）；②选择菜单栏中的“绘图”→“块”→“创建”命令；③单击“块定义”面板中的按钮。

3）插入块。插入块的方法有以下 3 种：①在命令窗口中输入“INSERT”（缩写 I）；②选择菜单栏中的“插入”→“块”命令；③单击“块”面板中的按钮。

（2）说明

进行创建块前，先画出表面粗糙度的符号，然后定义属性，最后创建块。

（3）创建带属性的块

创建带属性的块的操作步骤如下：

01 绘制表面粗糙度符号与轮廓算术平均偏差符号 *Ra*：$\sqrt{Ra}$。根据国家标准 GB/T 131—2006《产品几何技术规范（GPS）技术产品文件中表面结构的表示法》相关规定，表面粗糙度（表面结构）代号画法如图 6-10 所示。

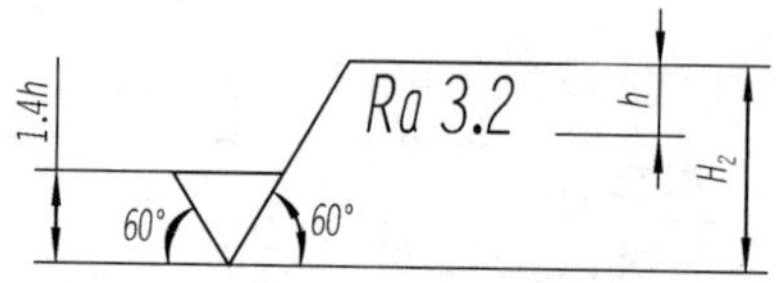

图 6-10　表面粗糙度代号画法

当字高为 *h* 时，符号的线宽 *b*=0.1*h*；H_2（最小值）=3*h*，取决于标注的内容。

02 定义属性。在命令窗口中输入“ATT”，执行命令后打开“属性定义”对话框进行设置，如图 6-11 所示。

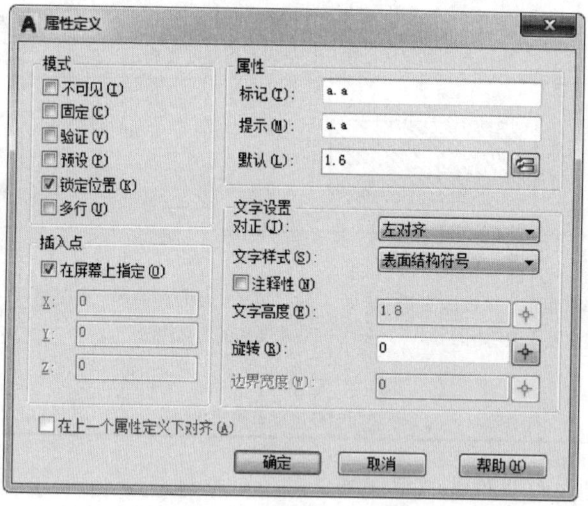

图 6-11　“属性定义”对话框

设置完成后单击“确定”按钮，将“*A.A*”放在 *Ra* 的右侧（可用移动命令调整），如图 6-12 所示。

03 创建块。在命令窗口中输入“B”，执行命令后打开如图 6-13 所示的“块定义”对话框。

① 在“名称”文本框输入新块的名称。

② 在“基点”选项组中，单击“拾取点”按钮，在屏幕上选择符号的尖点作为基点，如图 6-14 所示。

图 6-12 表面粗糙度代号

图 6-13 “块定义”对话框

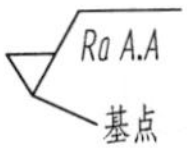

图 6-14 选择基点

③ 在“对象”选项组中，单击“选择对象”按钮，在屏幕上选取 Ra A.A。

④ 设置完成后单击“确定”按钮，打开如图 6-15 所示的“编辑属性”对话框。

⑤ 单击“确定”按钮即可生成块 1，如图 6-16 所示。

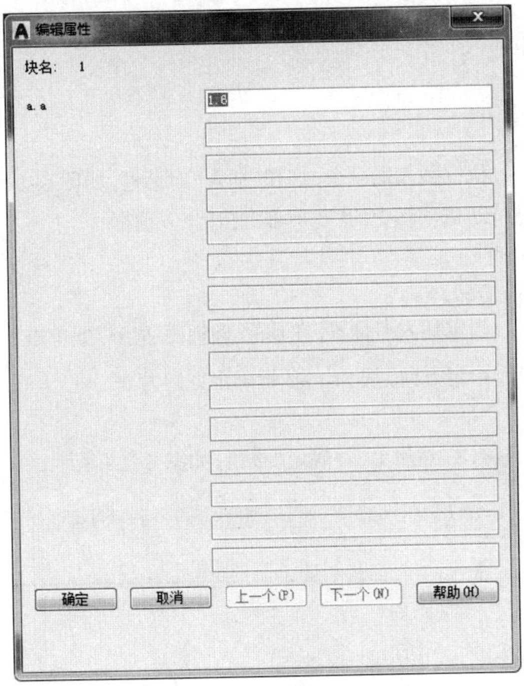

图 6-15 “编辑属性”对话框

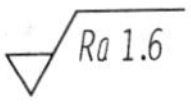

图 6-16 块 1

（4）应用

【例 6-1】打开资源包中的文件 6-1.dwg，在图中标注表面粗糙度，结果如图 6-17 所示。

具体操作如下：

01 创建表面粗糙度图块。表面粗糙度属于技术要求，创建块时，将“文字与其他层”置为当前。

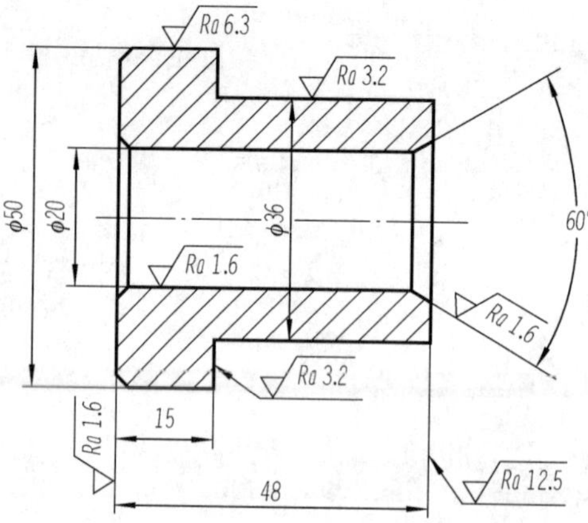

图 6-17　标注表面粗糙度

注意：①首先要分析图上表面粗糙度符号的种类和特点。图 6-17 的表面粗糙度符号只有一种形式，即 Ra A.A。可用上面讲述的方法创建图块：Ra 1.6。②在创建块时，如果零件图上有很多表面粗糙度，则为了提高绘图速度，可以取图中相对最多的表面粗糙度为基础样式创建图块。

02 标注表面粗糙度。

① 标注 ϕ50 圆柱面的表面粗糙度。

```
命令:_insert                //执行插入块命令,打开"插入"对话框,如图 6-18 所示
//在对话框中选择块 1,并选中"旋转"选项组中的"在屏幕上指定"复选框
//单击"确定"按钮,继续块插入命令
指定插入点或[基点(B)/比例(S)/旋转(R)]:
                            //指定插入点位置,在φ50 圆柱面适当位置单击
指定旋转角度 <0>: ↙          //指定方向,按 Enter 键确定方向为 0°
输入属性值:6.3↙
//在"编辑属性"对话框中输入数值 6.3,然后单击"确定"按钮,如图 6-19 所示.
```

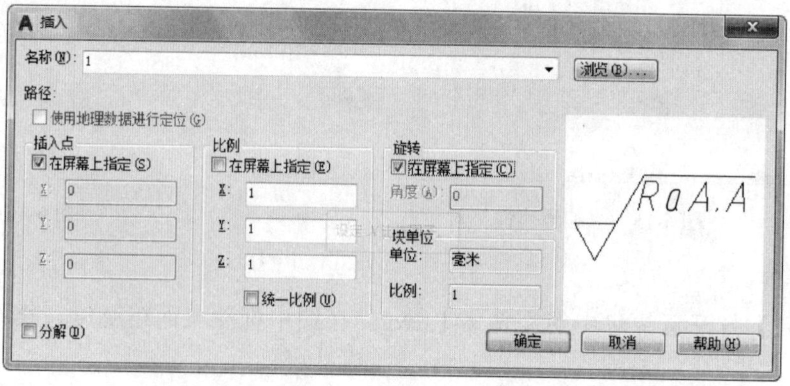

图 6-18　“插入”对话框

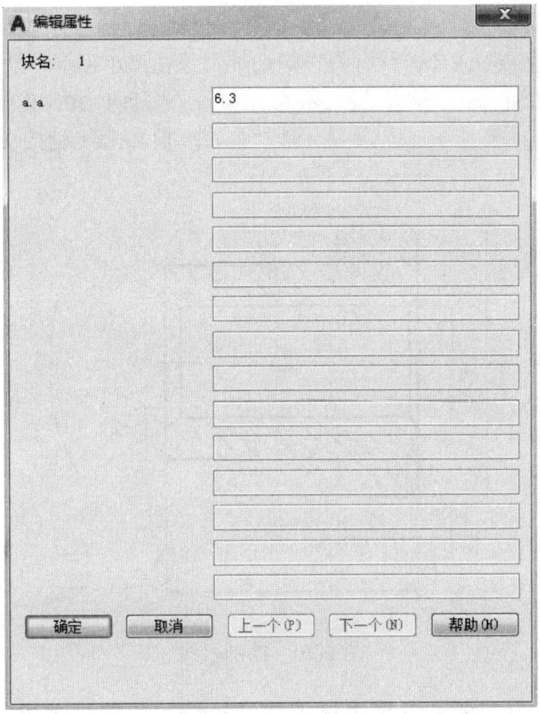

图 6-19　输入数值

② 标注左端面的表面粗糙度。

```
命令:_insert
指定插入点或[基点(B)/比例(S)/旋转(R)]:     //在左端面适当位置单击
指定旋转角度<0>:                            //光标向上指引,确定方向为 90°
输入属性值:↙                                //按 Enter 键接收默认值 Ra1.6
```

③ 标注右端面的表面粗糙度。

先用引线命令绘制引线，然后调用块进行标注。

```
命令:le↙
指定第一个引线点或[设置(S)]<设置>:
//在尺寸 48 的右尺寸界线适当位置单击,如图 6-20 所示第 1 点
指定下一点:                 //在右边空白处适当位置单击,如图 6-20 所示第 2 点
指定下一点:                 //在右边空白处适当位置单击,如图 6-20 所示第 3 点
指定文字宽度 <0>:按 Esc 键  //不用书写文字,按 Esc 键取消文字的书写即可
命令:_insert
指定插入点或 [基点(B)/比例(S)/旋转(R)]:
                            //在引线的适当位置单击
指定旋转角度 <0>:           //光标向右指引,确定方向为 0°
输入属性值:12.5↙            //输入数值 12.5,按 Enter 键确定,如图 6-20 所示
```

④ 标注 60° 锥面的表面粗糙度。

```
命令:_insert
指定插入点或 [基点(B)/比例(S)/旋转(R)]:  //在尺寸 60° 下边尺寸界线适当位置单击
指定旋转角度 <0>:                        //光标向-30° 方向指引,确定方向为-30°
输入属性值:↙                             //按 Enter 键接收默认值 Ra1.6
```

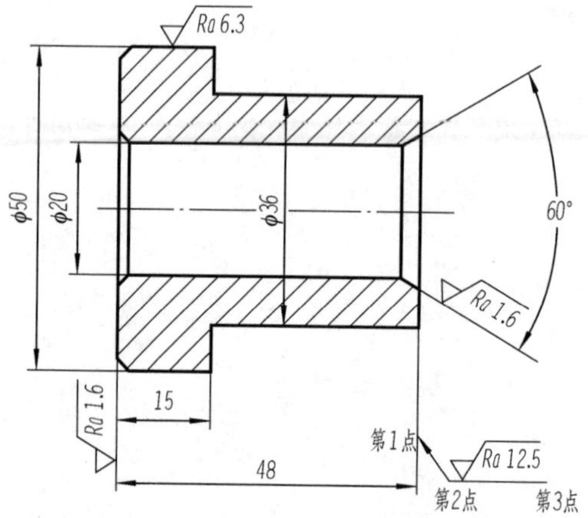

图 6-20　绘制引线

其余的几个表面粗糙度请读者按上述方法自行练习，此处不再具体讲解。

03 检查。标注完成后，检查图形。

6.4 标注几何公差

几何公差也是零件的技术要求，它表示的是零件的实际形状（或位置）与理想形状（或位置）之间的差异程度。零件图上的几何公差要求限制了零件上相应要素的允许变动范围。通过本节的学习，了解几何公差的项目符号、代号，掌握其标注方法。

1. 几何公差的概念

在零件加工过程中，不仅要限制尺寸公差，而且零件组成要素的形状和相互位置也要由几何公差加以限制。这样才能满足零件的使用和装配要求，保证零件的互换性。因此，几何公差与尺寸公差、表面粗糙度一样，是评定零件质量的重要指标。

2. 几何公差的符号及代号

（1）几何公差的符号

几何公差的分类、项目及符号如表 6-8 所示。

表 6-8　几何公差的分类、项目及符号

公差类型	几何特征	符号	有无基准	公差类型	几何特征	符号	有无基准
形状公差	直线度	—	无	方向公差	面轮廓度	⌓	有
	平面度	▱	无	位置公差	位置度	⌖	有或无
	圆度	○	无		同心度（用于中心点）	◎	有
	圆柱度	⌭	无		同轴度（用于轴线）	◎	有
	线轮廓度	⌒	无		对称度	⌯	有
	面轮廓度	⌓	无		线轮廓度	⌒	有
方向公差	平行度	//	有		面轮廓度	⌓	有
	垂直度	⊥	有	跳动公差	圆跳动	↗	有
	倾斜度	∠	有		全跳动	⌰	有
	线轮廓度	⌒	有				

需要说明的是，在图样中标注表 6-8 中特征项目符号的线宽为 $h/10$（h 为图样中所注尺寸数字的高度），符号高度一般为 h，平面度、圆柱度、平行度、圆跳动和全跳动的符号倾斜角度约为 75°，倾斜度符号的倾斜角度约为 45°。

（2）几何公差的代号及其标注

在技术图样中，几何公差一般应采用代号进行标注，当无法采用代号标注时，允许在技术要求中用文字说明。

几何公差的代号包括：几何公差特征项目符号、几何公差框格及指引线、几何公差数值和其他有关符号、基准代号的字母等，如图 6-21（a）所示。基准代号如图 6-21（b）所示，方框内的字母应与公差框格中的基准字母对应。代表基准的字母（包括基准代号方框内的字母）用大写的英文字母（为不致引起误解，E、I、J、M、Q、O、P、L、F 等英文字母不予采用）表示，且不管代号在图样中的方向如何，方框内的字母均应水平书写。

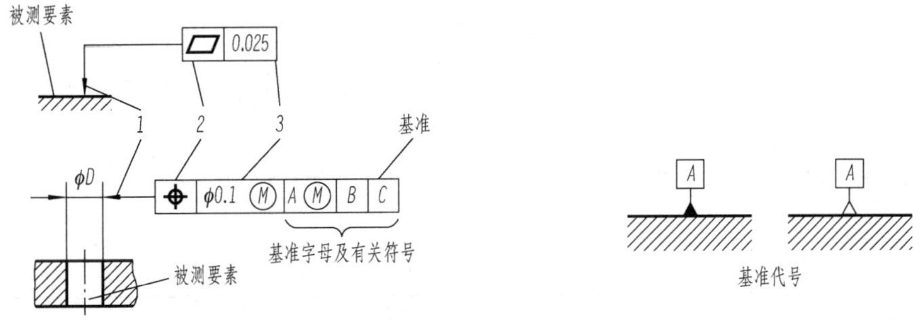

（a）　　　　（b）

图 6-21　几何公差框格及其基准代号

1—指引线箭头；2—项目符号；3—几何公差值

3. 几何公差的标准要求

几何公差的标准要求如表 6-9 所示。

表 6-9　几何公差的标准要求

几何公差	标准要求	
1. 被测要素为组成要素时	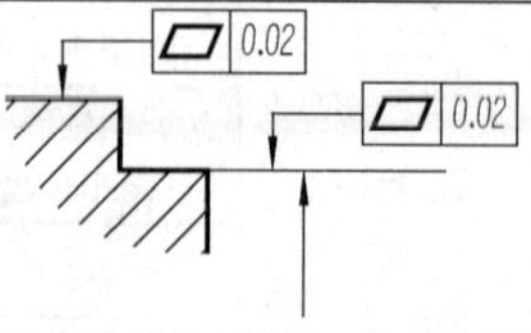指向轮廓线或其延长线，与尺寸线错开	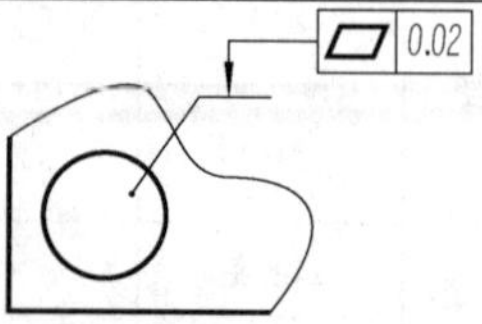投影为面时，用带“点”的参考线引出
2. 基准要素为组成要素时	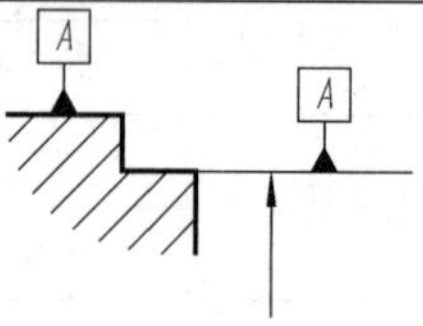置于轮廓线或其延长线上方，与尺寸线错开	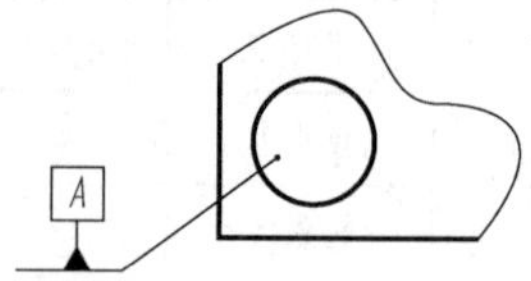投影为面时，用带“点”的参考线引出
3. 被测要素为导出要素时	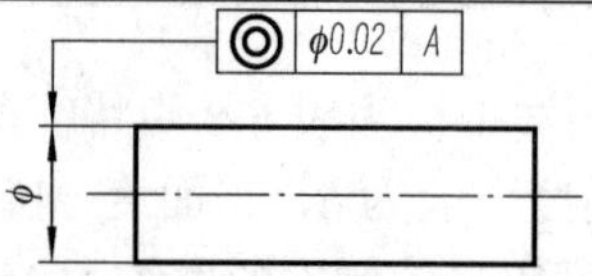指引线与尺寸线对齐	
4. 基准要素为导出要素时	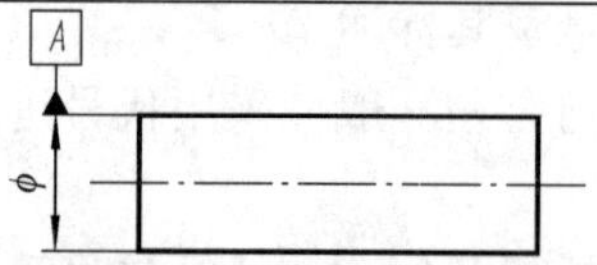基准符号的“连线”与尺寸线对齐	
5. 同一被测要素不同几何公差	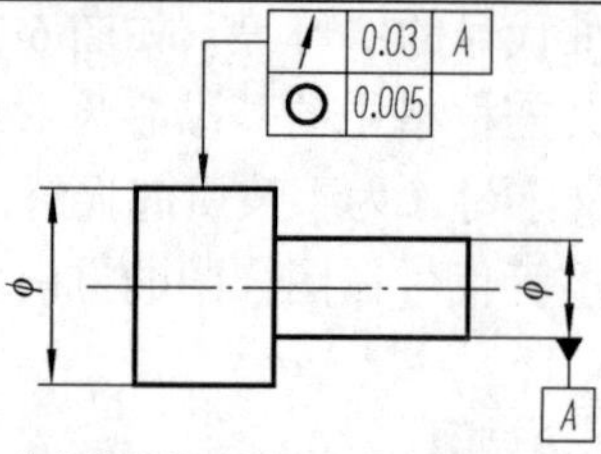基准符号的“连线”与尺寸线对齐	
6. 不同被测要素相同几何公差	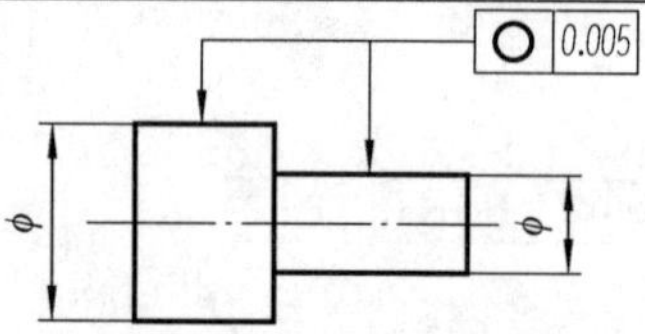基准符号的“连线”与尺寸线对齐	

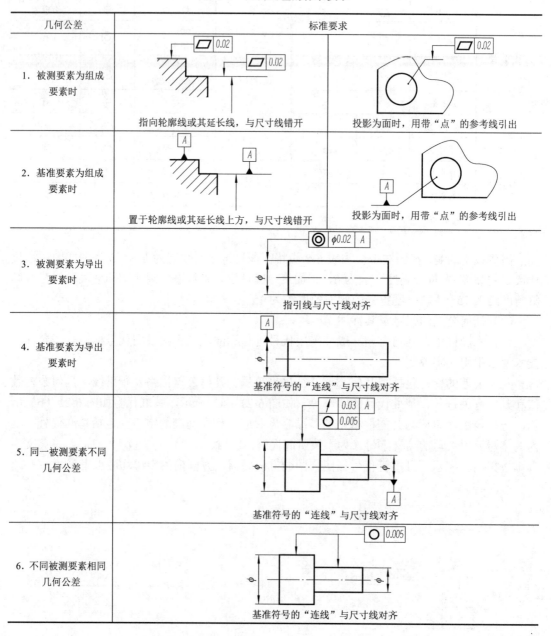

4. 几何公差在 AutoCAD 中的标注方法

（1）几何公差代号的标注

在 AutoCAD 中，几何公差代号的标注有对应的命令。

1）命令的调用。

① 指引线部分：用引线命令“QLEADER”（缩写 LE）。

② 公差框格部分：用公差命令“TOLERANCE”（缩写 TOL）。

操作时，可将两者连起来使用，方法如下：

```
命令:le↙;
指定第一个引线点或[设置(S)]<设置>:
//按 Space 键,打开"引线设置"对话框,如图 6-22 所示
```

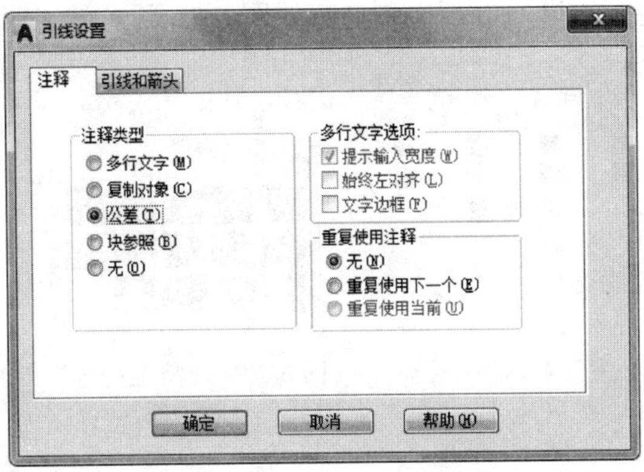

图 6-22　“引线设置”对话框

在“注释”选项卡选中“公差”单选按钮，单击“确定”按钮即可。

2）说明。

① 点数：在“引线设置”对话框中的“引线和箭头”选项卡中，可设置公差引线的转折数，如图 6-23 所示。

如图 6-24 所示公差引线转折数为 3，如图 6-25 所示公差引线转折数为 2。

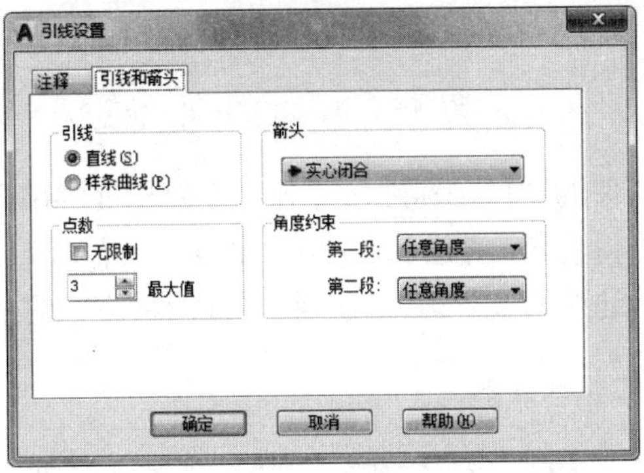

图 6-23　引线设置

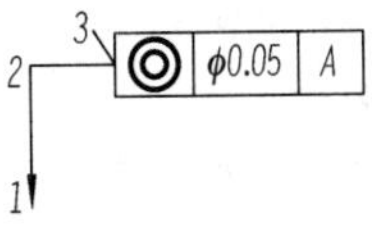

图 6-24　公差引线转折数为 3

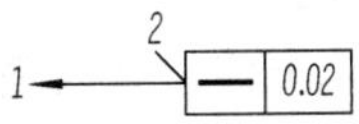

图 6-25　公差引线转折数为 2

② 公差框格。“形位公差”对话框如图 6-26 所示。

“符号”选项组：单击“符号”选项组下方的黑框格，打开如图 6-27 所示的“特征符号”对话框，在该对话框中选择需要的几何公差项目符号。

“公差 1”“公差 2”选项组：在其文本框中输入公差值，当公差值有符号“∅”时，单击前面的黑框格。当公差值后有附加条件时，单击后面的黑框格，打开如图 6-28 所示的“附加符号”对话框，选择相应的符号即可。如果只有一个公差，则填一项即可。

“基准 1”“基准 2”“基准 3”选项组：有基准的公差，在其文本框输入基准字母。当有附加条件时，单击后面的黑框格，也将打开如图 6-28 所示的“附加符号”对话框。

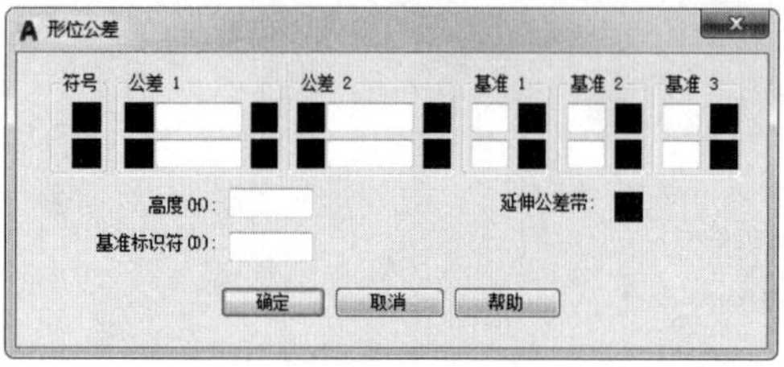

图 6-26 “形位公差”对话框

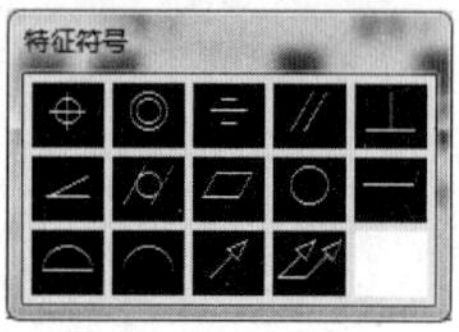

图 6-27 “特征符号”对话框

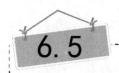

图 6-28 “附加符号”对话框

（2）基准符号的标注

基准符号的标注没有对应的命令，只能自己绘制，不过，当图形当中有多个基准符号时，可以采用复制或创建带属性的块的方法来标注。

6.5 书写文字

图样上，除了绘制机件的图形、标注尺寸外，还要用文字填写标题栏、技术要求等。规范文字样式会使图样显得清晰、整洁。在 AutoCAD 中，有两类文字对象，一类是单行文本，另一类是多行文本。通过本节学习，读者将掌握两种文字的书写方法。

1. 国家标准对文字的相关要求

国家标准 GB/T 14691—1993《技术制图 字体》中对文字做了如下规定。

1）文字间隔均匀、排列整齐。

2）字体高度代表字体的号数，它的公称尺寸系列为 3.5mm、5mm、7mm、10mm、14mm、20mm，按 $\sqrt{2}$ 的比率递增。文字的高度不小于 3.5mm。

3）文字字体为长仿宋体，并应使用国家推行的简化字。

4）在同一图样上，只允许使用同一字体。

2. 创建文字样式

（1）功能

文字样式可控制与文本关联的字体文件、字符宽度、文字倾斜角度及高度等项目。此外，还可以通过文字样式设计出相反的、颠倒的及竖直方向的文本。

（2）命令的调用

调用创建文字样式命令的方法有以下 3 种：①在命令窗口中输入“STYLE”（缩写 ST）；②选择菜单栏中的“格式”→“文字样式”命令；③单击“注释”面板中的按钮。

执行命令后打开“文字样式”对话框，如图 6-29 所示。

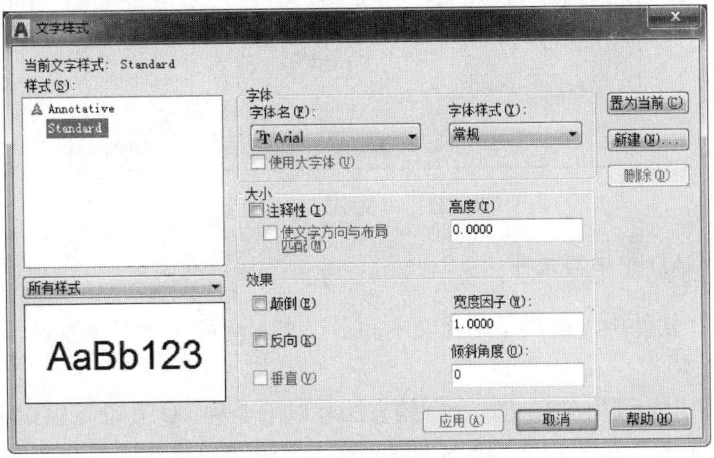

图 6-29　“文字样式”对话框

（3）说明

1）“样式”列表框：根据下拉列表中的控制方式，显示所有样式或正在使用的样式，如图 6-30 所示。系统默认的文字样式为 Standard。

2）“置为当前”按钮：选择样式列表中的某个样式，单击该按钮，将选中的样式设置为当前的样式。

3）“新建”按钮：单击该按钮，打开“新建文字样式”对话框，如图 6-31 所示。在“样式名”文本框中输入新样式名“文字”，单击“确定”按钮即可创建新的文字样式。

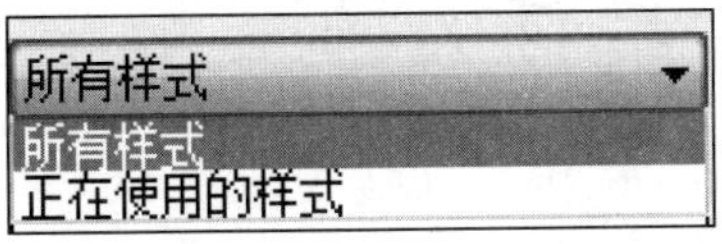

图 6-30　“所有样式”下拉列表

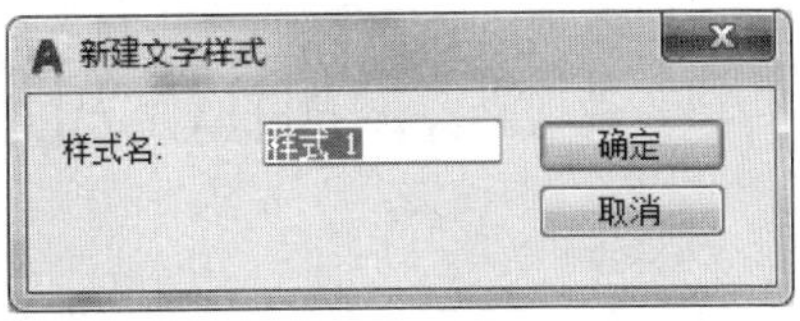

图 6-31　“新建文字样式”对话框

4）“字体”选项组：设置文字的字体。

5）“大小”选项组：设置文字的高度。

6）“效果”选项组：可设置文字的颠倒、反向、倾斜等效果。

在机械制图中，文字的字体为长仿宋体，字宽为字高的 0.7 倍，宽度因子设为 0.7000

即可，如图 6-32 所示。而尺寸数字的字体为 gbeitc.shx，高度根据要求自行设置，其他默认即可。

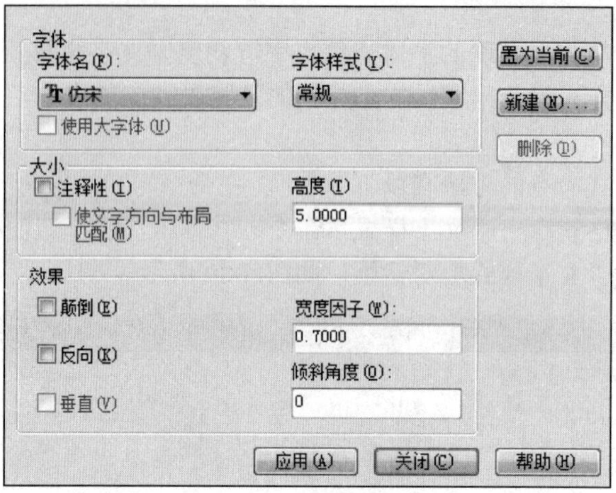

图 6-32 “文字”样式设置

3. 在 AutoCAD 中书写文字

在 AutoCAD 软件中，提供了单行文本和多行文本两种文字书写方式。

（1）单行文本

1）命令的调用。调用单行文本命令的方法有以下 3 种：①在命令窗口中输入“TEXT”（缩写 DT）；②选择菜单栏中的“绘图”→“文字”→“单行文字”命令；③单击“注释”面板中的 A 单行文字 按钮。

2）格式。

```
命令:_dtext
当前文字样式:"文字";文字高度:5.0000;注释性:否;对正:左
指定文字的起点或[对正(J)/样式(S)]:          //拾取 A 点作为起始位置,如图 6-33 所示
指定文字的旋转角度<0>:                     //输入文字倾斜角或按 Enter 键接收默认值
```

在绘图区输入文字：AutoCAD2018——单行文字，可移动光标到其他区域单击以指定下一处文字的起点，或按 Enter 键结束文字书写，结果如图 6-33 所示。

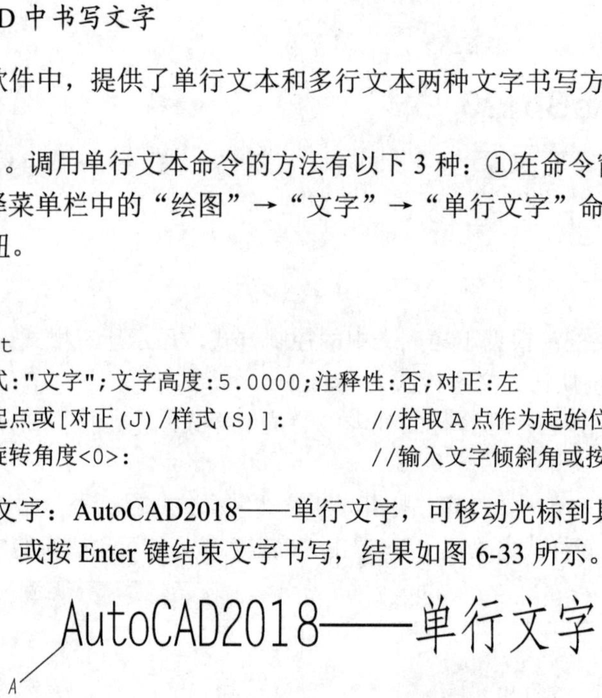

图 6-33 创建单行文本

3）说明。系统变量 DTEXTED 决定了执行单行文字命令时，能否一次在多个地方书写文字。默认的系统变量 DTEXTED 的值为 1；若 DTEXTED 的值为 0，则表示一次只能在一个位置输入文字。

（2）多行文本

1）命令的调用。调用多行文本命令的方法有以下 3 种：①在命令窗口中输入“MTEXT”

（缩写 T）；②选择菜单栏中的“标注”→“文字”→“多行文字”命令；③单击“注释”面板中的按钮。

2）格式。

```
命令:_mtext
当前文字样式:"文字";文字高度:5;注释性:否
指定第一角点:                                   //在 A 点单击,如图 6-34 所示
指定对角点或[高度(H)/对正(J)/行距(L)/旋转(R)/样式(S)/宽度(W)/栏©]:
                                                //在 B 点单击
```

执行命令后，AutoCAD 打开“文字编辑器”工具栏，输入文字，并选择“正中”对齐方式，如图 6-34 所示。单击“关闭文字编辑器”按钮，结果如图 6-35 所示。

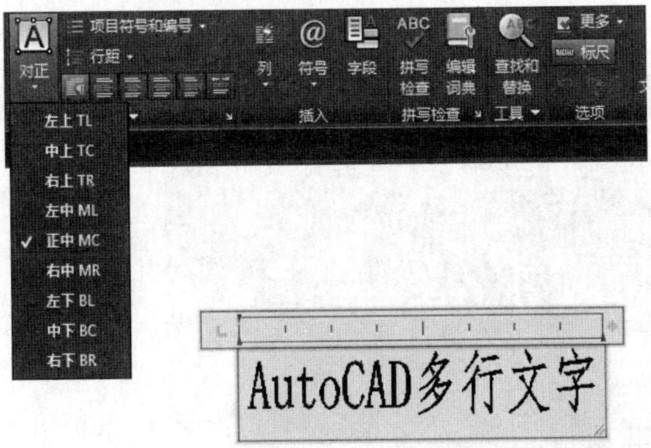

图 6-34　输入多行文字

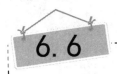

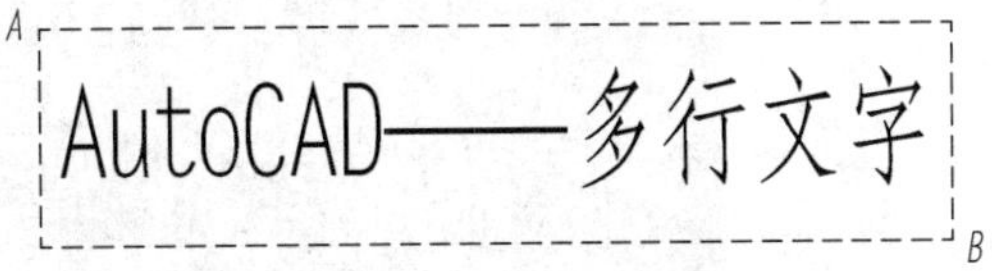

图 6-35　创建多行文本

一般比较简短的文字，如零件图上剖切位置的字母符号、标记（*A*、*B*、*A*—*A*、*B*—*B* 等），向视图的字母符号、标记（*A*、*B*、*A* 向、*B* 向等），常采用单行文字书写。而带有段落格式的信息，如标题栏信息、技术要求等，常采用多行文字书写。

6.6 抄画“托架”零件图

通过本节的学习，了解绘制完整零件图的步骤。

1. 步骤

01 设置图层等绘图环境。

02 按 1∶1 绘制零件图形。

03 按要求绘制图纸幅面、标题栏。

04 按要求缩放图形，并合理地放置在图纸幅面中。

05 标注尺寸。

06 标注表面粗糙度、几何公差、剖切符号等。

07 绘制剖面线、填写标题栏、技术要求。

08 检查。

2. 抄画“托架”零件图实例

【例 6-2】在 A3 幅面上抄画“托架”零件图。

01 设置图层等绘图环境。

① 设置 7 个图层，如图 6-36 所示。

② 设置极轴追踪角度，如图 6-37 所示。

③ 设置对象捕捉，如图 6-38 所示。

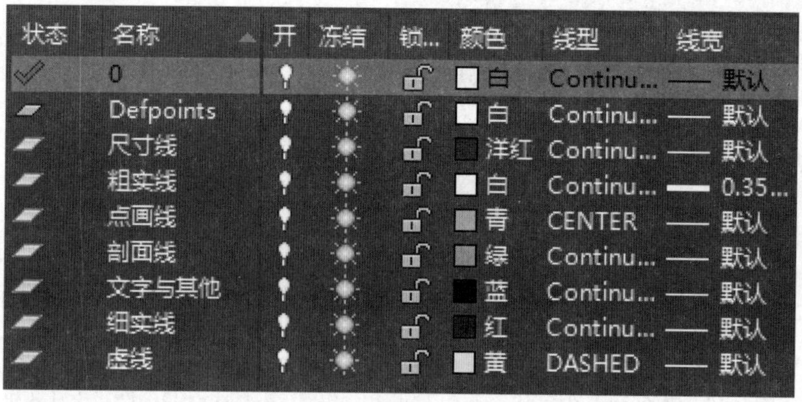

图 6-36　设置图层

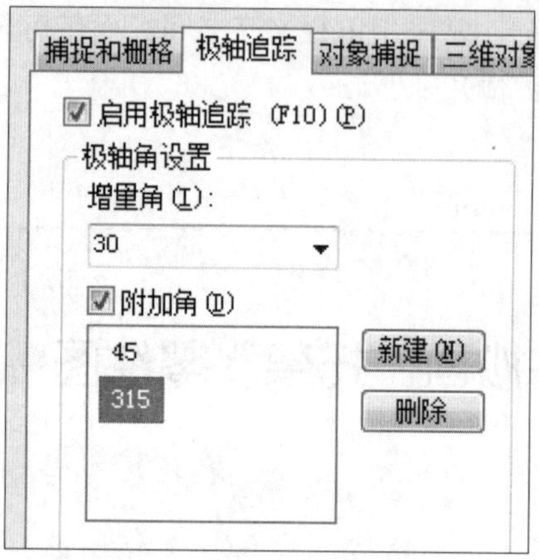

图 6-37　设置极轴追踪角度

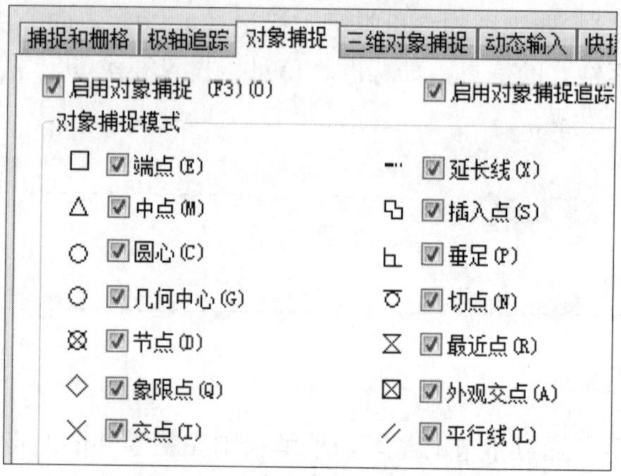

图 6-38　设置对象捕捉

02 在绘图区按 1∶1 绘制图形。

利用前面所学的绘图方法绘制图形，注意将不同的线型放在不同的图层上，如图 6-39 所示。

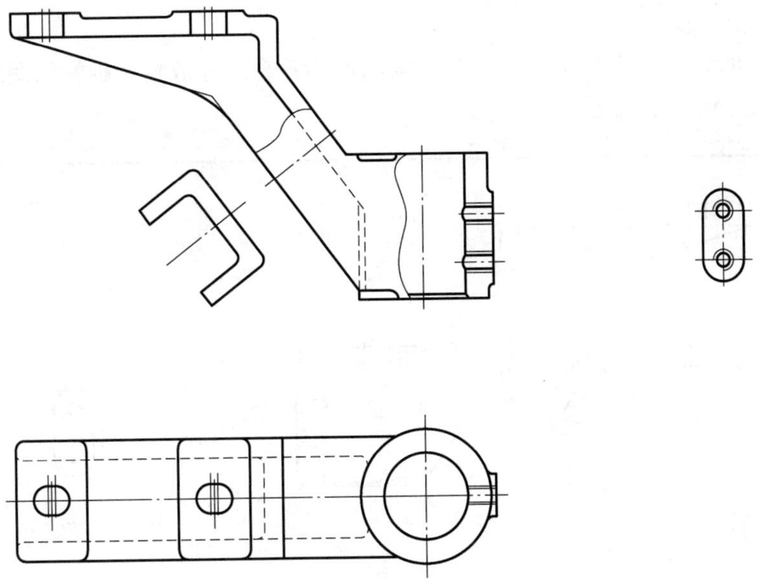

图 6-39　绘制图形

03 绘制图框和标题栏。

绘制 A3 图框和标题栏，如图 6-40 所示［A3（420，297），a=25，c=5］。

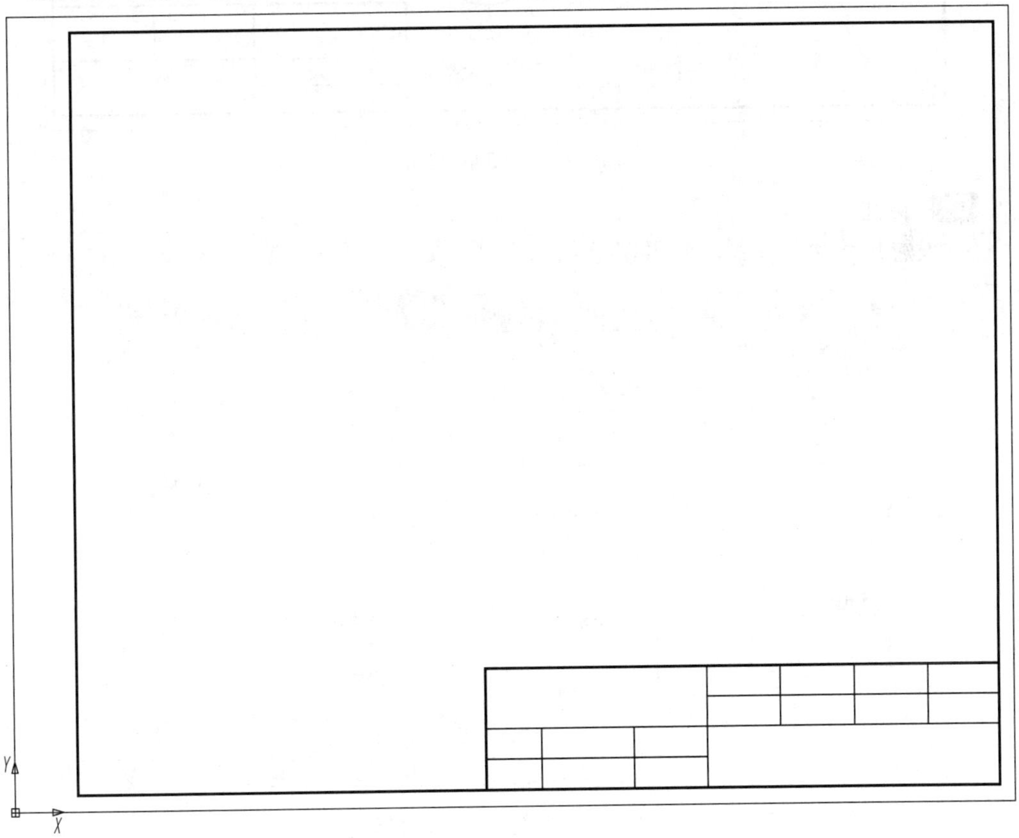

图 6-40　绘制图框和标题栏

04 缩放图形。

由于零件的比例为 2∶1，按 2∶1 放大图形，并合理地放置在画好的图纸幅面中，如图 6-41 所示。

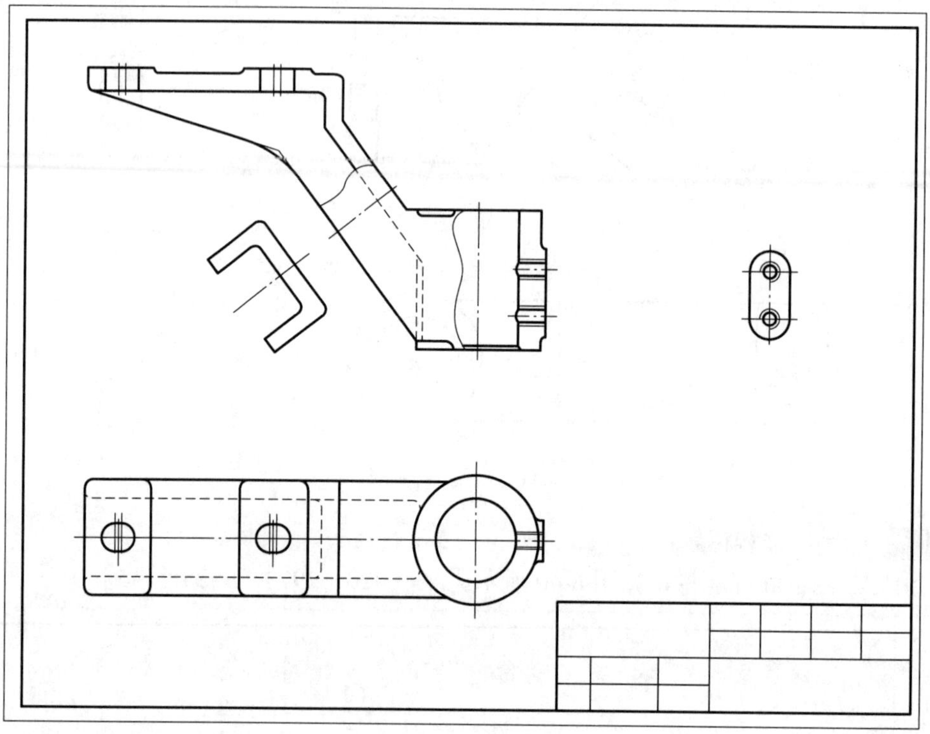

图 6-41　合理放置图形

05 标注尺寸。

① 设置尺寸文字样式，如图 6-42 所示。

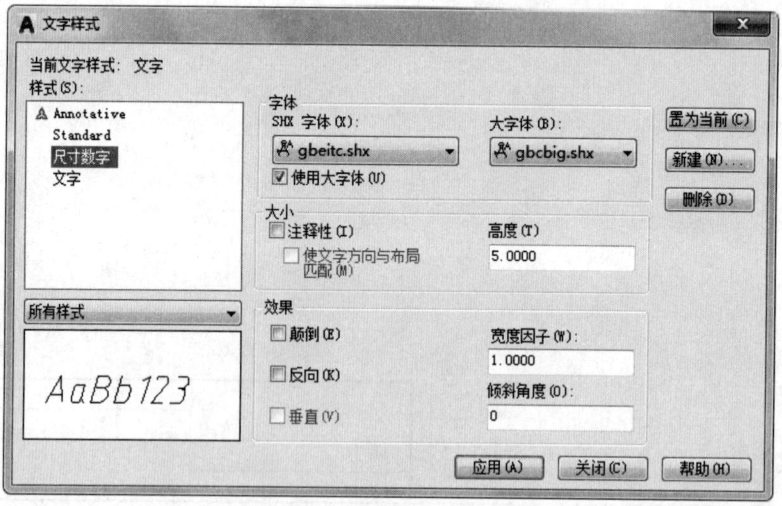

图 6-42　设置尺寸文字样式

样式名为尺寸数字，字体为 gbeitc.shx，高度为 5.0000，宽度因子为 1.0000。

② 设置尺寸标注样式，如表 6-10 所示。

表 6-10　尺寸标注样式

标注	设置	图示
一般标注	“线”选项卡设置	超出尺寸线(X): 1.8 起点偏移量(F): 0.8
	“符号和箭头”选项卡设置	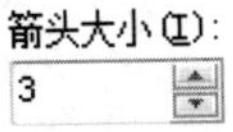箭头大小(I): 3
	“文字”选项卡设置	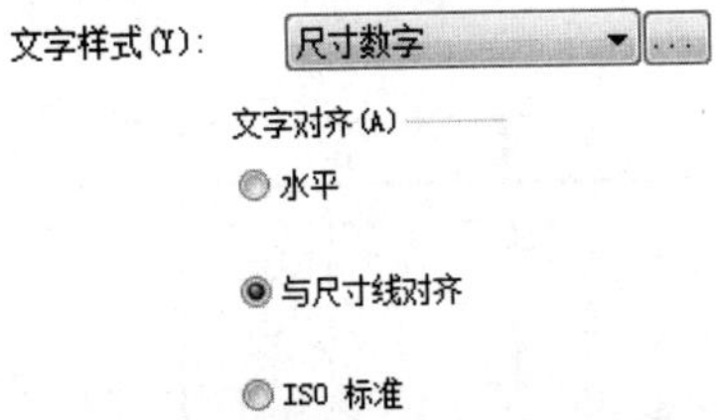文字样式(Y): 尺寸数字 文字对齐(A) 水平 与尺寸线对齐 ISO 标准
	“调整”选项卡设置	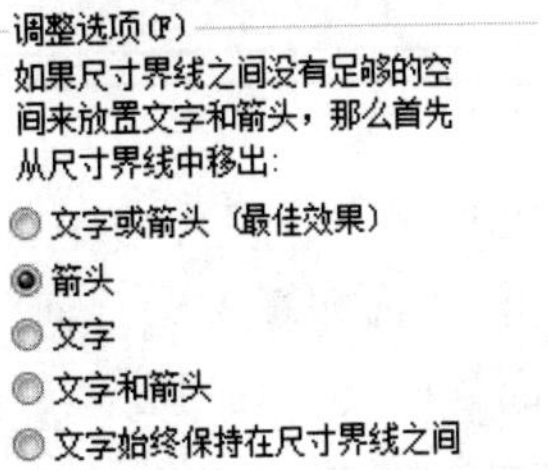调整选项(F) 如果尺寸界线之间没有足够的空间来放置文字和箭头，那么首先从尺寸界线中移出: 文字或箭头 (最佳效果) 箭头 文字 文字和箭头 文字始终保持在尺寸界线之间
	“主单位”选项卡设置	小数分隔符(C): “.” (句点) 测量单位比例 比例因子(E): 0.5
一般标注之角度标注	“文字”选项卡设置	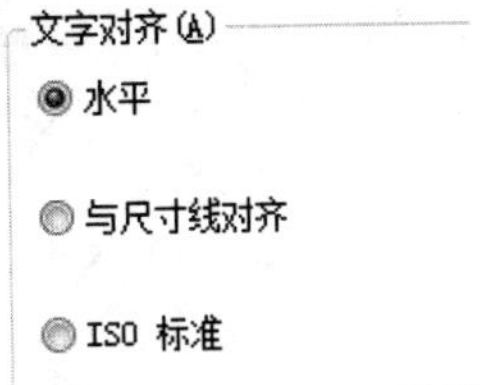文字对齐(A) 水平 与尺寸线对齐 ISO 标准
水平标注	“文字”选项卡设置	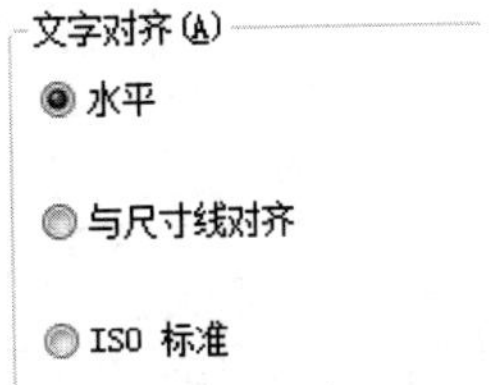文字对齐(A) 水平 与尺寸线对齐 ISO 标准
调整标注	“调整”选项卡设置	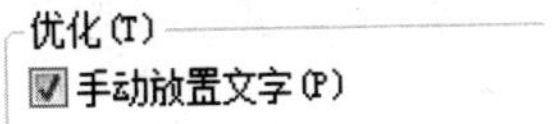优化(T) 手动放置文字(P)

③ 标注尺寸，结果如图 6-43 所示。

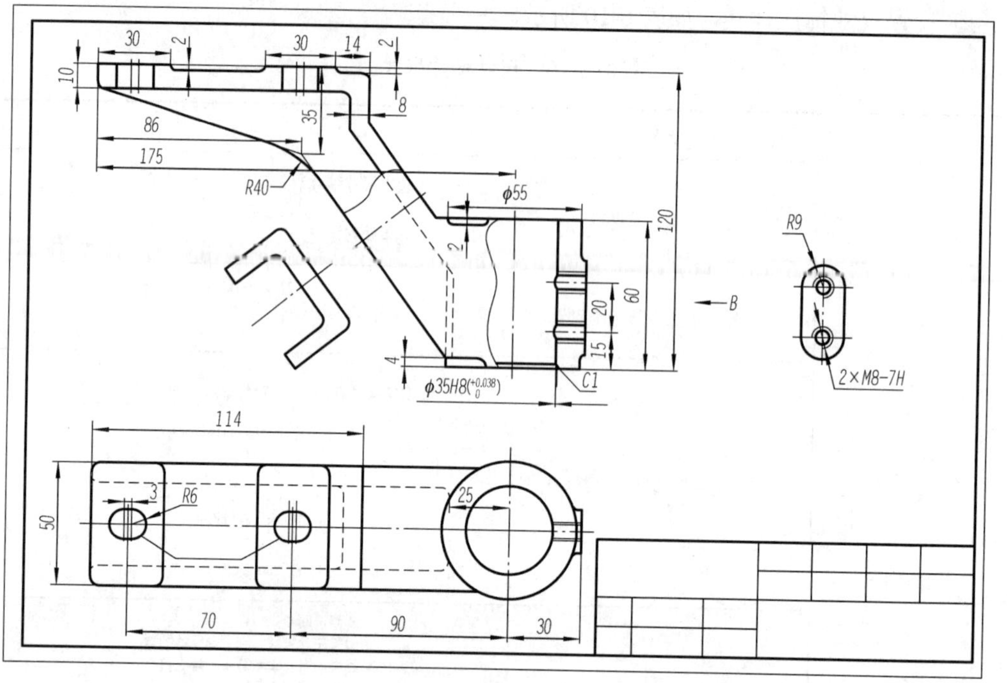

图 6-43　标注尺寸

06 标注表面粗糙度、几何公差、剖切符号。

标注表面粗糙度、几何公差、剖切符号，如图 6-44 所示。

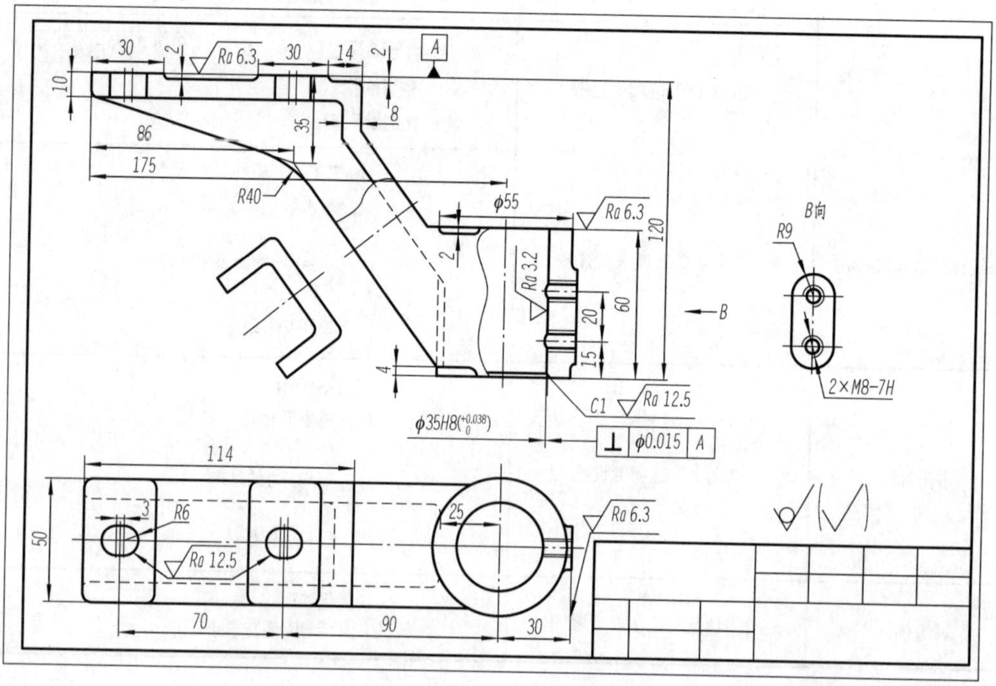

图 6-44　标注表面粗糙度、几何公差、剖切符号

07 绘制剖面线，填写标题栏、技术要求。

设置文字样式，样式名为文字，字体为仿宋_GB2312，高度为 5，宽度因子为 0.7。绘制剖面线，填写标题栏、技术要求如图 6-45 所示。

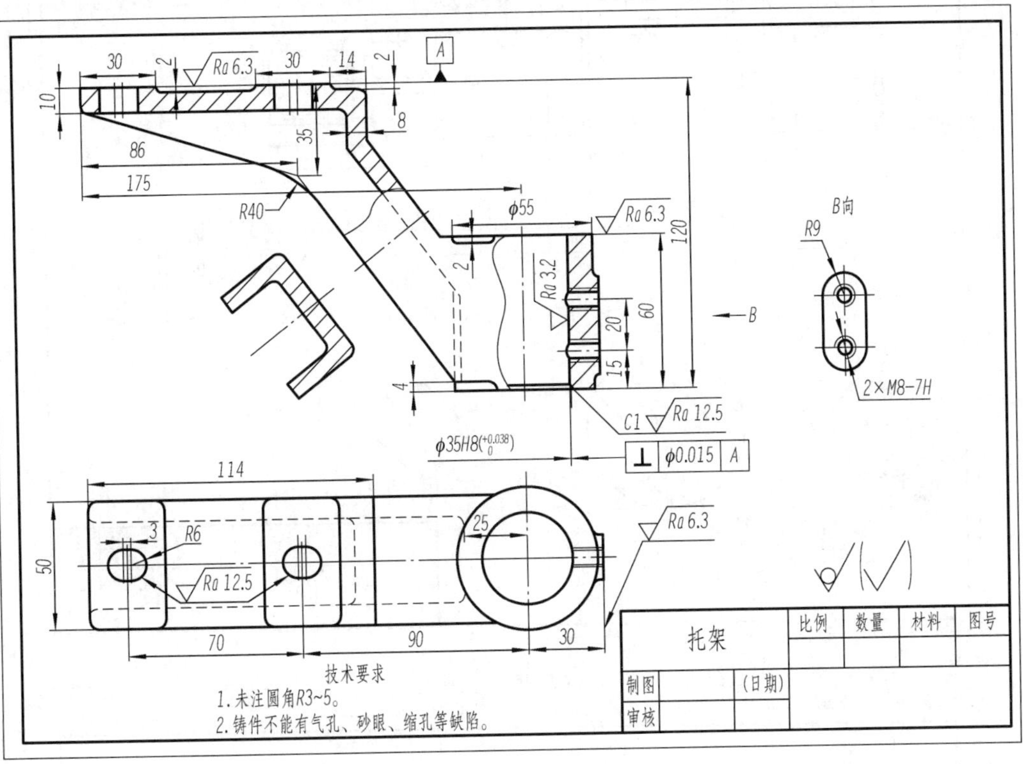

图 6-45　绘制剖面线，填写标题栏、技术要求

08 检查。

查漏补缺，完成零件图。

习　题

1. GB/T 14689—2008《技术制图 图纸幅面和格式》中规定的图纸基本幅面有哪几种？它们的尺寸分别是多少？

2. 选择比例的原则是什么？

3. 抄画图 6-46 所示的主轴零件图。

4. 抄画图 6-47 所示的法兰盘零件图。

5. 抄画图 6-48 所示的泵体零件图。

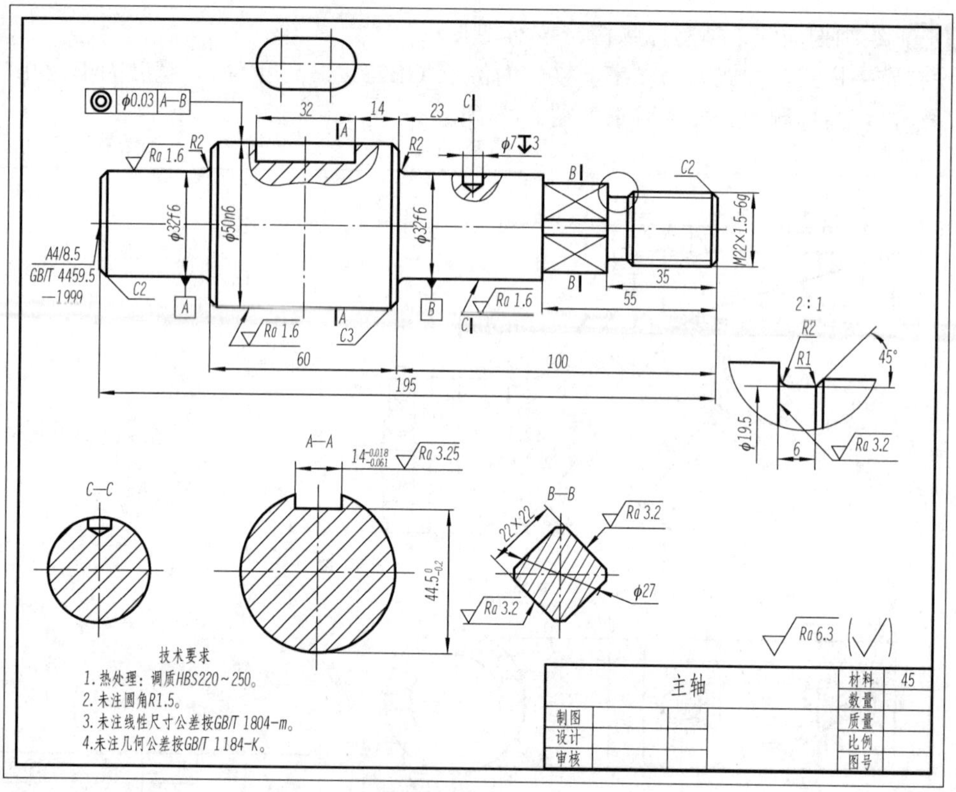

图 6-46　主轴

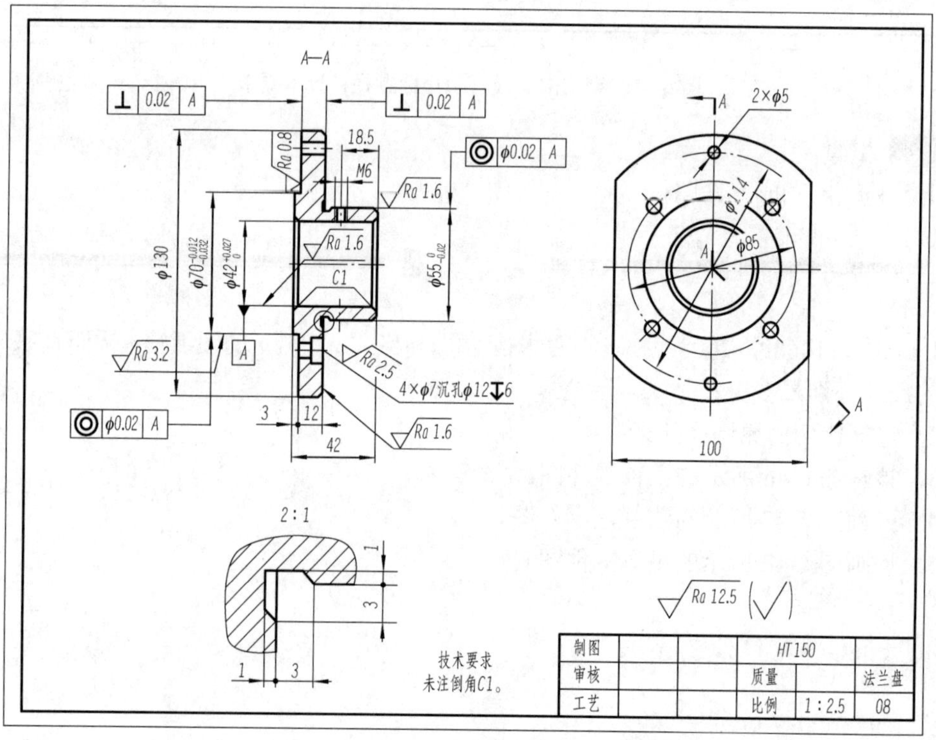

图 6-47　法兰盘

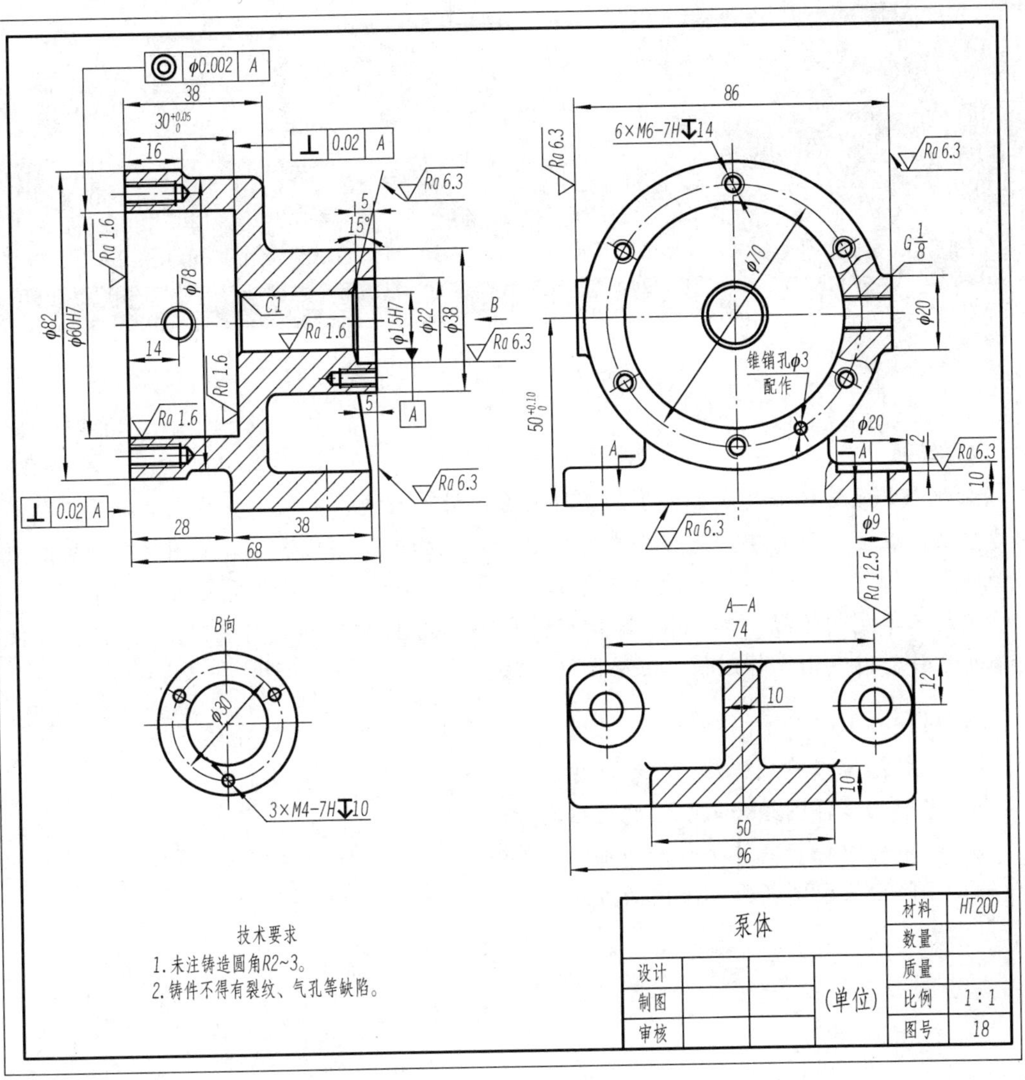

φ0.002 A
38
$30^{+0.05}_{0}$
16
⊥ 0.02 A
Ra 6.3
5
15°
Ra 1.6
φ78
φ82
φ60H7
C1
Ra 1.6
φ15H7
φ22
φ38
B
Ra 6.3
14
Ra 1.6
5
A
Ra 1.6
Ra 6.3
⊥ 0.02 A
28
38
68
86
6×M6-7H↧14
Ra 6.3
Ra 6.3
G $\frac{1}{8}$
φ70
φ20
锥销孔φ3
配作
$50^{+0.10}_{0}$
φ20
A
A
2
Ra 6.3
10
Ra 6.3
φ9
Ra 12.5
B向
φ30
3×M4-7H↧10
A—A
74
12
10
10
50
96
技术要求
1. 未注铸造圆角R2~3。
2. 铸件不得有裂纹、气孔等缺陷。
泵体
材料 HT200
数量
质量
比例 1:1
图号 18
设计
制图
审核
(单位)

图 6-48 泵体

7 单元

绘制装配图

>>>>

◎ **内容导航**

装配图是表达机器（或部件）的图样，在设计过程中，一般是先画出装配图，然后拆画零件图；在生产过程中，先根据零件图进行零件加工，然后依照装配图将零件装配成部件或机器。因此，装配图是表达设计思想、指导生产和交流技术的重要技术文件。

通过本单元的学习，读者将了解如何利用 AutoCAD 方便地进行装配设计，怎样方便地绘制标准件，以及由零件图拼画装配图的方法。

◎ **学习目标**

- 了解绘制二维装配图的过程与方法。
- 了解由零件图组合装配图的过程与方法。
- 了解标准件、零件序号、明细栏的画法。
- 了解由装配图拆画零件图的方法。

7.1 绘制详细的二维装配图

在设计过程中，一般是先画出装配图，然后拆画零件图，与手工绘图相比，在 AutoCAD 中进行装配设计比较容易且更为有效。设计人员只需将现有方案复制编辑就成了另一新方案。

假定设计方案已经形成，如图 7-1 所示的旋塞装配。现在，需要我们在 AutoCAD 中将它表达出来。以图 7-1 所示的旋塞装配为例介绍绘制二维装配图的方法。

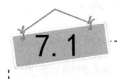

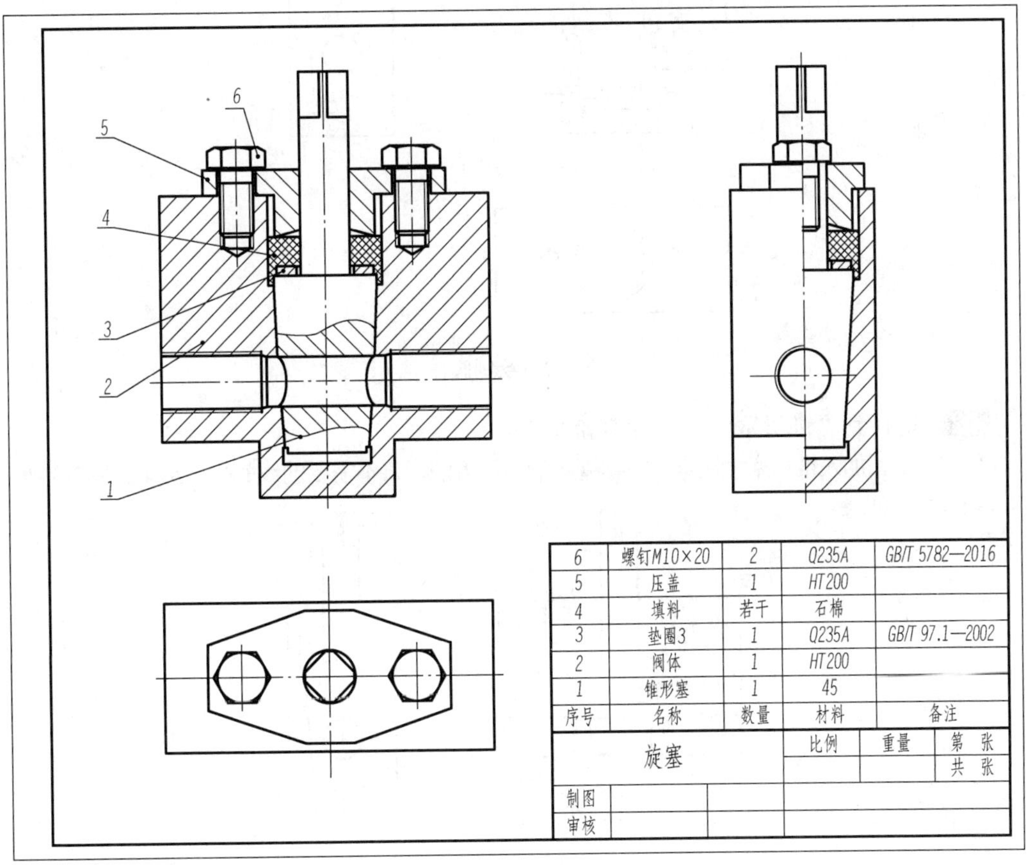

6	螺钉M10×20	2	Q235A	GB/T 5782—2016
5	压盖	1	HT200	
4	填料	若干	石棉	
3	垫圈3	1	Q235A	GB/T 97.1—2002
2	阀体	1	HT200	
1	锥形塞	1	45	
序号	名称	数量	材料	备注

旋塞		比例	重量	第　张
				共　张
制图				
审核				

图 7-1　旋塞装配

1. 创建图层

根据零件来创建图层，将不同的零件放置在不同的图层上，这样可以方便日后的编辑与管理等。

旋塞部件包含了 3 个零件，所以创建以下 3 个图层：锥形塞、压盖、阀体。

2. 绘制零件

为方便画图，我们按照装配顺序来绘制装配图的主要零件。旋塞主要零件的装配顺序为：阀体→锥形塞→压盖。

01 切换到“阀体”层，绘制阀体。

绘制时，由于图层是以零件为单位创建的，此时，零件上各种不同类型的图形对象的颜色、线型、线宽等要素就不能再“随层”处理了，应使用“图层特性管理器”对话框单独处理。

在“阀体”层绘制的“阀体”结果如图 7-2 所示。

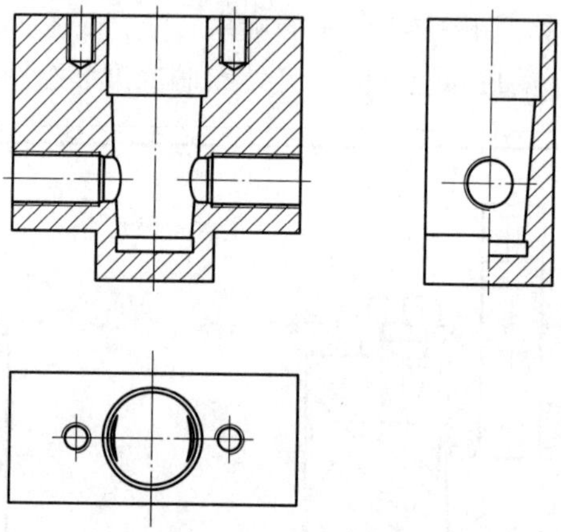

图 7-2 绘制阀体

02 切换到“锥形塞”层，绘制锥形塞。

在阀体上，加入锥形塞。注意：根据视图的表达方法，将不需要的线删除。结果如图7-3 所示。

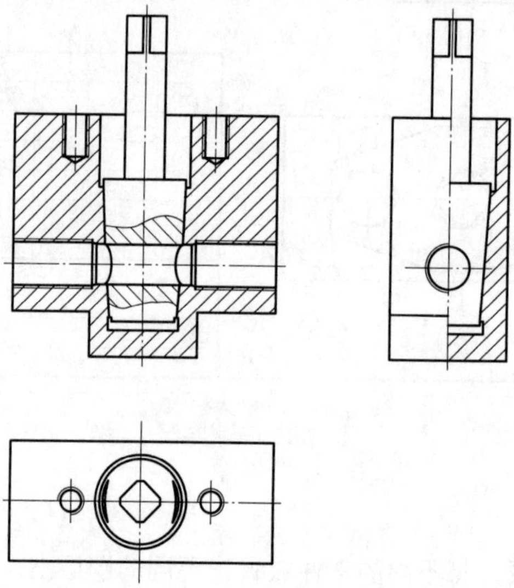

图 7-3 绘制锥形塞

03 切换到“压盖”层，绘制压盖。
绘图结果如图 7-4 所示。

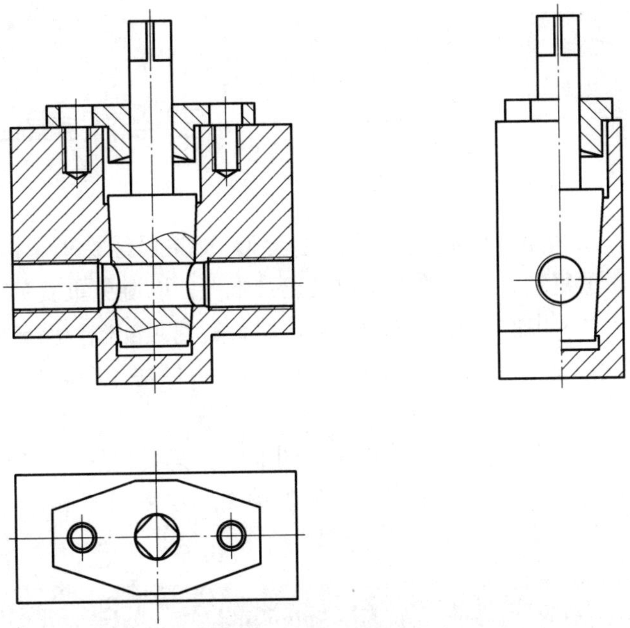

图 7-4　绘制压盖

04 绘制标准件等。
绘制完标准件后的旋塞装配图如图 7-5 所示。

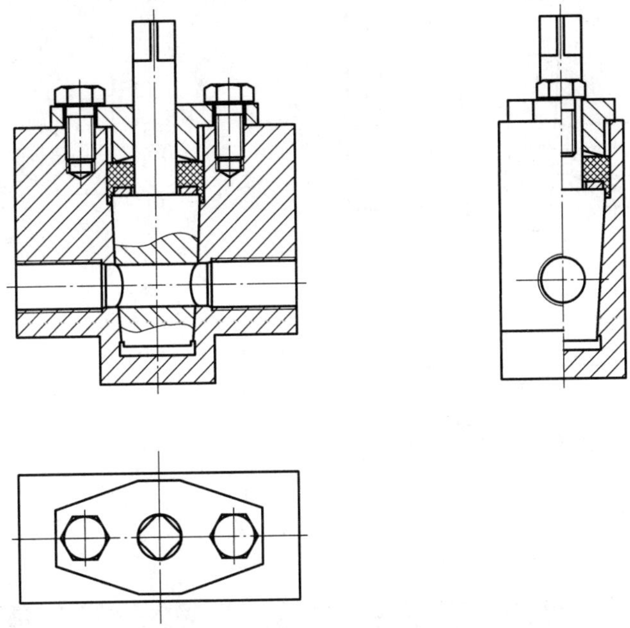

图 7-5　绘制完标准件的旋塞装配图

注意：绘制过程中，可将一些不相关的零件层冻结或关闭，使图层简洁。

7.2 由零件图组合装配图

在设计过程中，或者是在绘制装配图的过程中，如果已经绘制了机器（或部件）的所有零件图，则可以通过复制、粘贴的方法拼画出装配图，以避免重复劳动，提高工作效率。下面以资源包文件夹 7-1 中的各零件图为基础，组合旋塞装配图。具体步骤如下：

01 打开资源包文件夹 7-1 中的文件阀体.dwg，再创建一个新文件，文件名为“旋塞装配图.dwg”。

02 切换到图形“阀体.dwg”，选择阀体图形，将其复制到“旋塞装配图.dwg”下。

选择时，将“尺寸层”和“文字与其他层”关闭，仅复制图形到装配图下，如图 7-6 所示。

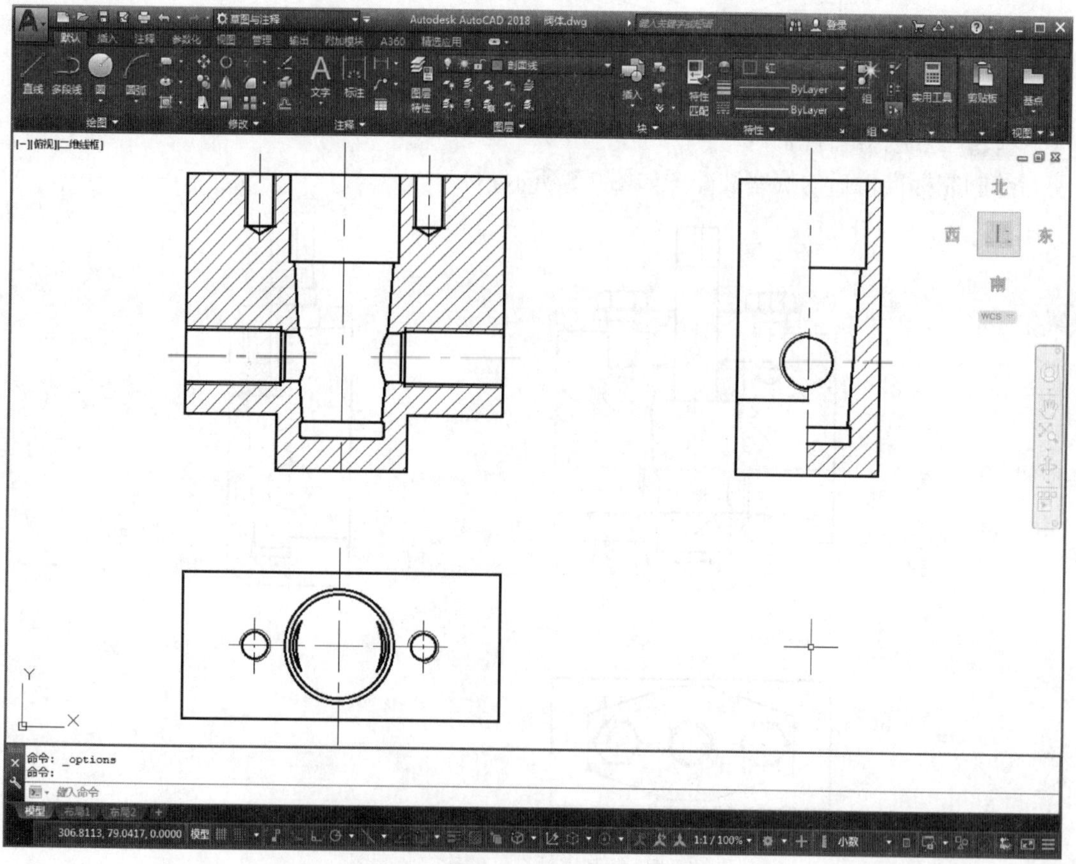

图 7-6 复制阀体到装配图

03 打开资源包文件夹 7-1 中的文件锥形塞.dwg，将锥形塞的主视图旋转−90°（与装配位置一致），再选择主视图，在窗口中右击，在弹出的快捷菜单中选择“剪贴板”→“带基点复制”命令，如图 7-7 所示。选择一个适当的基点（如图 7-7 所示的 *A* 点），将它粘贴到“旋塞装配图.dwg”中（分别在主、左视图中粘贴两次，指定插入点选择 *B* 点和 *C* 点），如图 7-8 所示。

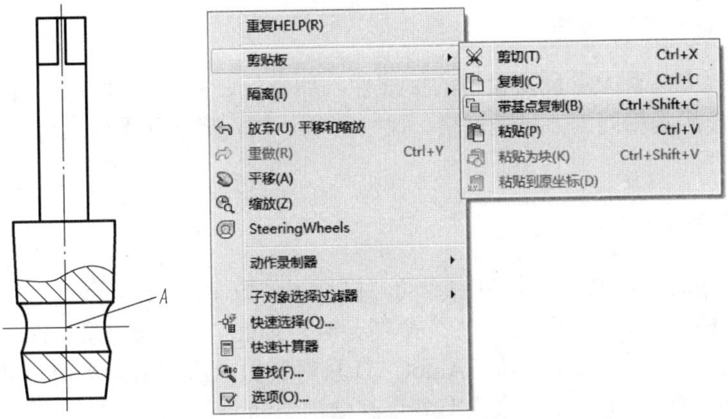

图 7-7　带基点复制锥形塞

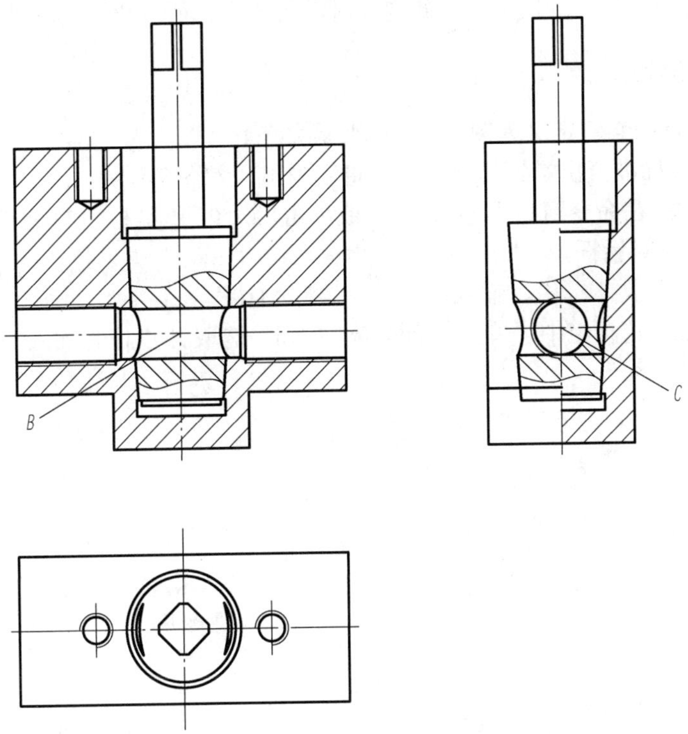

图 7-8　在指定点粘贴锥形塞

04 用类似的方法插入其他的零件，再进行适当的编辑即可。完成后的结果如图 7-5 所示。

7.3 标准件处理

在设计过程中，有大量反复使用的标准件，如螺栓、螺钉、轴承等。由于同一类型的标准件其结构形状是相同的，只是规格、尺寸有所不同，因而作图时，可将它们生成图块，需要时插入即可。

1. 生成图块的优点

1）节省绘图时间，减少重复性的劳动，提高工作效率。

2）节省存储空间。当图形每增加一个图元时，AutoCAD 就记录该图元的信息，从而增大图形的存储空间。而对于图块，AutoCAD 只对其做一次定义。当用户插入图块时，只对已定义的图块进行应用，从而大大节省了存储的空间。

3）方便编辑。图块是作为单一的对象来处理的，当需要移动、旋转等编辑图块时，会很方便。另外，当对某一图块进行重新定义时，图样中，所有引用的图块都将自动更新。

2. 创建标准件块

将图 7-9 所示的螺钉定义为图块，具体步骤如下：

01 按有关标准查出螺钉的尺寸，并将它画出，如图 7-9 所示。

02 创建块。在命令窗口中输入“B”，或单击“绘图”工具栏中的按钮；打开图 7-10 所示的“块定义”对话框。

① 在“名称”文本框中，输入块名称“螺钉 M10”。

② 在“基点”选项组中，单击“拾取点”按钮，选取 *A* 点作为插入的基点，如图 7-11 所示。

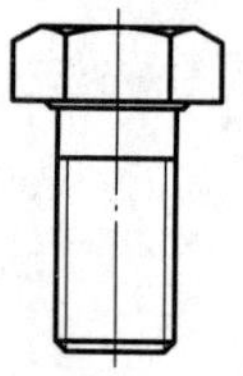

图 7-9　螺钉

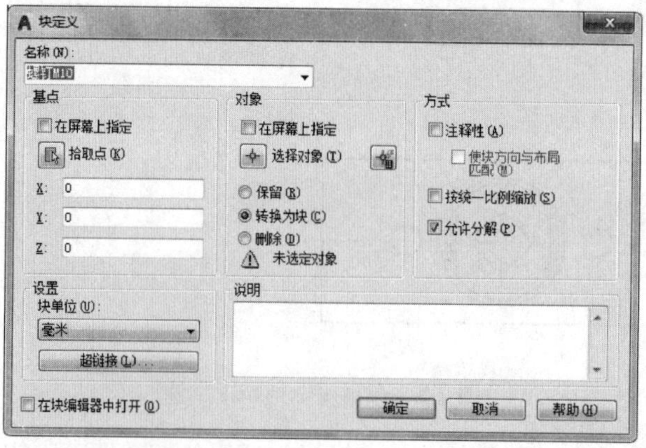

图 7-10　“块定义”对话框

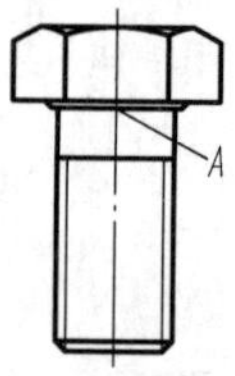

图 7-11　选择基点

③ 在“对象”选项组中，单击“选择对象”按钮，选取螺钉图形。然后单击“确定”按钮即可。

3. 插入标准件块

用 INSERT 命令（缩写 I）插入图块，当需要编辑图块中的某单个图元时，必须使用 EXPLODE 命令（缩写 X）分解图块。打开资源包中的文件 7-3.dwg，试在 *A*、*B* 两点插入螺钉，结果如图 7-12 所示。具体步骤如下：

01 打开资源包中的文件 7-3.dwg。

02 插入块：在命令窗口中输入“I”，执行命令后打开“插入”对话框，如图 7-13 所示。

① 在“名称”下拉列表中选择“螺钉 M10”命令，然后单击“确定”按钮。

② 在 7-3.dwg 中，单击插入点 *A* 点。再次执行 INSERT 命令，单击插入点为 *B*。

当插入图块的比例需要改变时，可以在“比例”选项组中设置统一比例因子，或选中“比例”选项组中的“在屏幕上指定”复选框，在屏幕上指定比例因子；当图块的方向需要改变时，可以在“旋转”选项组中输入旋转角度，或选中“旋转”选项组中的“在屏幕上指定”复选框，在屏幕上指定旋转角度。

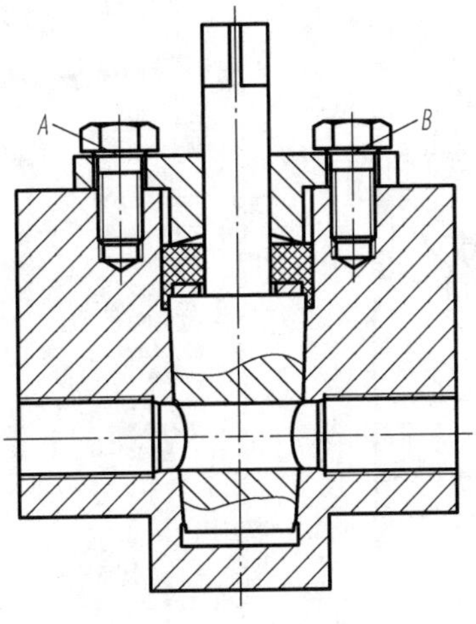

图 7-12　插入螺钉

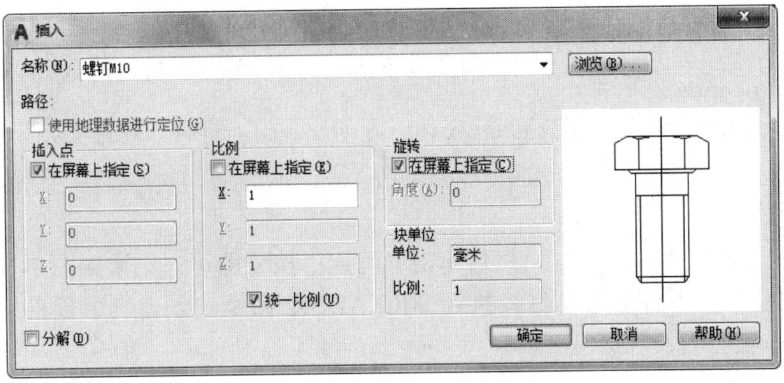

图 7-13　“插入”对话框

7.4 标注零件序号

为便于看图、管理图样和组织生产，装配图上需对每个不同的零部件进行编号，这种编号称为序号。

在 AutoCAD 2018 中，可以使用 MLEADER 命令（“多重引线”工具栏中的引线图标）方便地创建带下划线形式的零件序号。生成序号后，可以通过 MLEADERALIGN 命令（图标对齐）对齐序号。编写图 7-14 所示的零件序号，具体步骤如下：

01 打开资源包中的文件 7-4.dwg。

02 单击“多重引线”工具栏中的按钮，在打开的对话框中设置引线的样式为点“.”，设置文字样式为 gbeitc.shx，文字高度为 5，对“引线连接”进行如图 7-15 所示的设置。

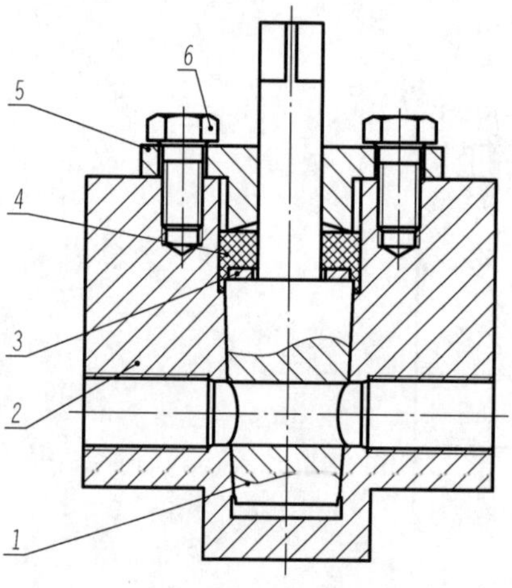

图 7-14 编写零件序号

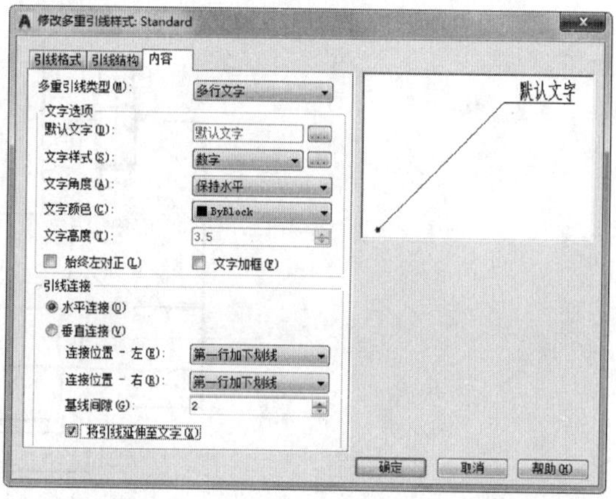

图 7-15 设置“引线样式”

03 执行 MLEADER 命令。

```
命令:_mleader
指定引线箭头的位置或[引线基线优先(L)/内容优先(C)/选项(O)]<选项>:
                                                        //单击 A 点
指定引线基线的位置:                                      //单击 B 点
```

在打开的文本框中输入“1”，然后单击“确定”按钮即可。结果如图 7-16 所示。

04 创建其余零件编号。继续执行 MLEADER 命令，创建其余零件编号，结果如图 7-17 所示。

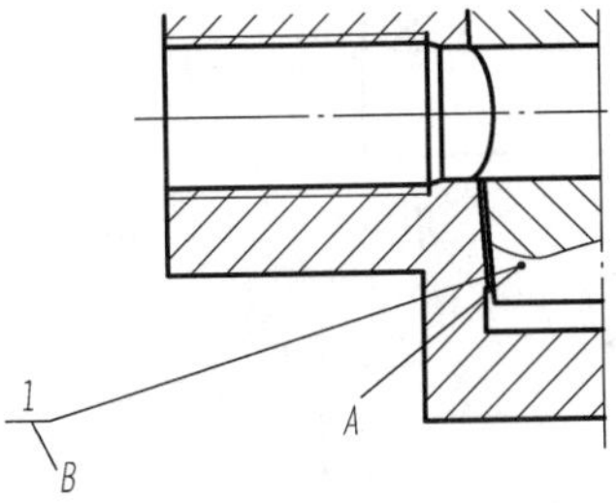

图 7-16　创建引线标注

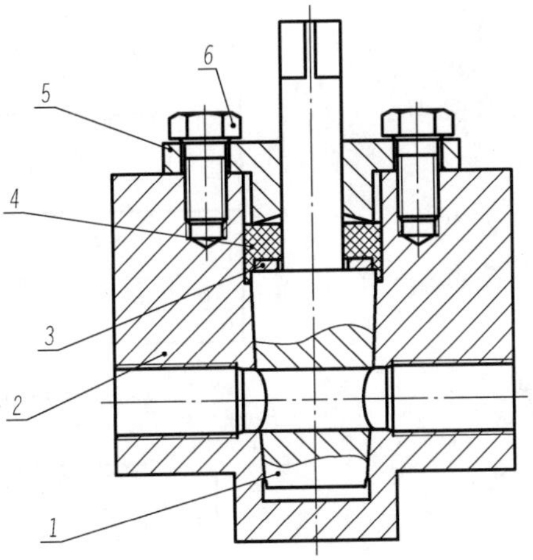

图 7-17　创建其余零件编号

05 对齐。执行 MLEADERALIGN 命令，将各个序号对齐。

```
命令:_mleaderalign
选择多重引线:                                //选择需要对齐的各个引线,选择序号 1~5
选择要对齐到的多重引线或 [选项(O)]:           //选择一个基准,选择序号 1
指定方向:                                    //指明对齐的方向,此处为竖直对齐
```

结果如图 7-14 所示。

7.5 填写明细栏

明细栏放在标题栏上方，并与标题栏对齐。由下向上排列。当标题栏上方位置不够时，可在标题栏左方继续列表由下向上排列。在 AutoCAD 2018 中可以使用复制、粘贴、修改文字的方法填写明细栏，也可以以行为单位创建带属性的块来一行行插入明细表。此处，介绍使用复制、粘贴、修改文字的方法填写明细栏。打开资源包中的文件 7-5.dwg，填写图 7-18 所示的明细栏，具体步骤如下：

01 打开资源包中的文件 7-5.dwg。

02 利用偏移命令绘制明细栏，如图 7-19 所示。

03 在明细栏底行填写序号等信息，如图 7-20 所示。

04 利用复制命令，将底行的文字复制到其他各行，如图 7-21 所示。

05 在需要修改的地方双击文字进行修改，空白处直接删除文字即可，结果如图 7-18 所示。

6	螺钉M10×20	2	Q235A	GB/T 5782—2016
5	压盖	1	HT200	
4	填料	若干	石棉	
3	垫圈3	1	Q235A	GB/T 97.1—2002
2	阀体	1	HT200	
1	锥形塞	1	45	
序号	名称	数量	材料	备注
旋塞		比例	质量	第　张
				共　张
制图				
审核				

图 7-18　填写明细栏

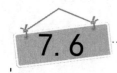

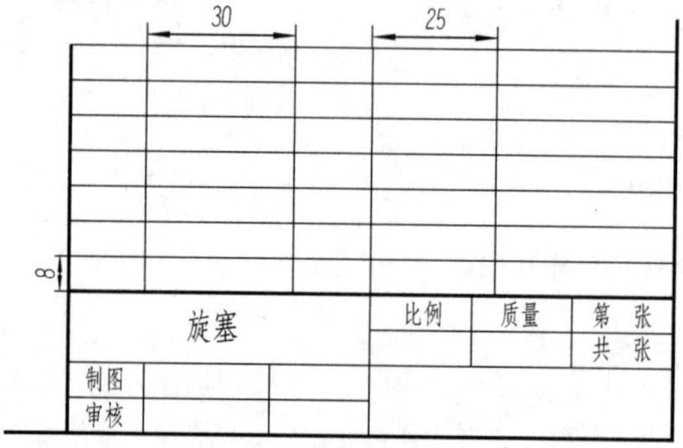

图 7-19　绘制明细栏

序号	名称	数量	材料	备注

图 7-20　序号信息

序号	名称	数量	材料	备注
序号	名称	数量	材料	备注
序号	名称	数量	材料	备注
序号	名称	数量	材料	备注
序号	名称	数量	材料	备注
序号	名称	数量	材料	备注
序号	名称	数量	材料	备注
旋塞		比例	质量	第　张
				共　张
制图				
审核				

图 7-21　复制文字

7.6 由装配图拆画零件图

当设计人员绘制好机器（或部件）的装配图后，就可以根据装配图拆画出零件图，指导生产了。在 AutoCAD 中，可以利用 AutoCAD 的多文档绘图环境方便地拆画出零件图。

下面以拆画旋塞各零件图为例，介绍由装配图拆画零件图的方法。

分析：可以按照拆卸装配体的顺序来拆画零件图。旋塞装配图的拆卸顺序为：螺钉→压盖→填料→垫圈→锥形塞→阀体。由于螺钉、垫圈为标准件，不需要单独绘制成零件图，故只需拆画压盖→锥形塞→阀体即可。

01 打开资源包中的文件 7-6.dwg。

02 单击"视图"选项卡"界面"面板中的"垂直平铺"按钮，使文件"7-6.dwg"和"开始"按钮处于垂直平铺状态，单击"开始"按钮绘制，新建 Drawing1.dwg 文件，如图 7-22 所示。

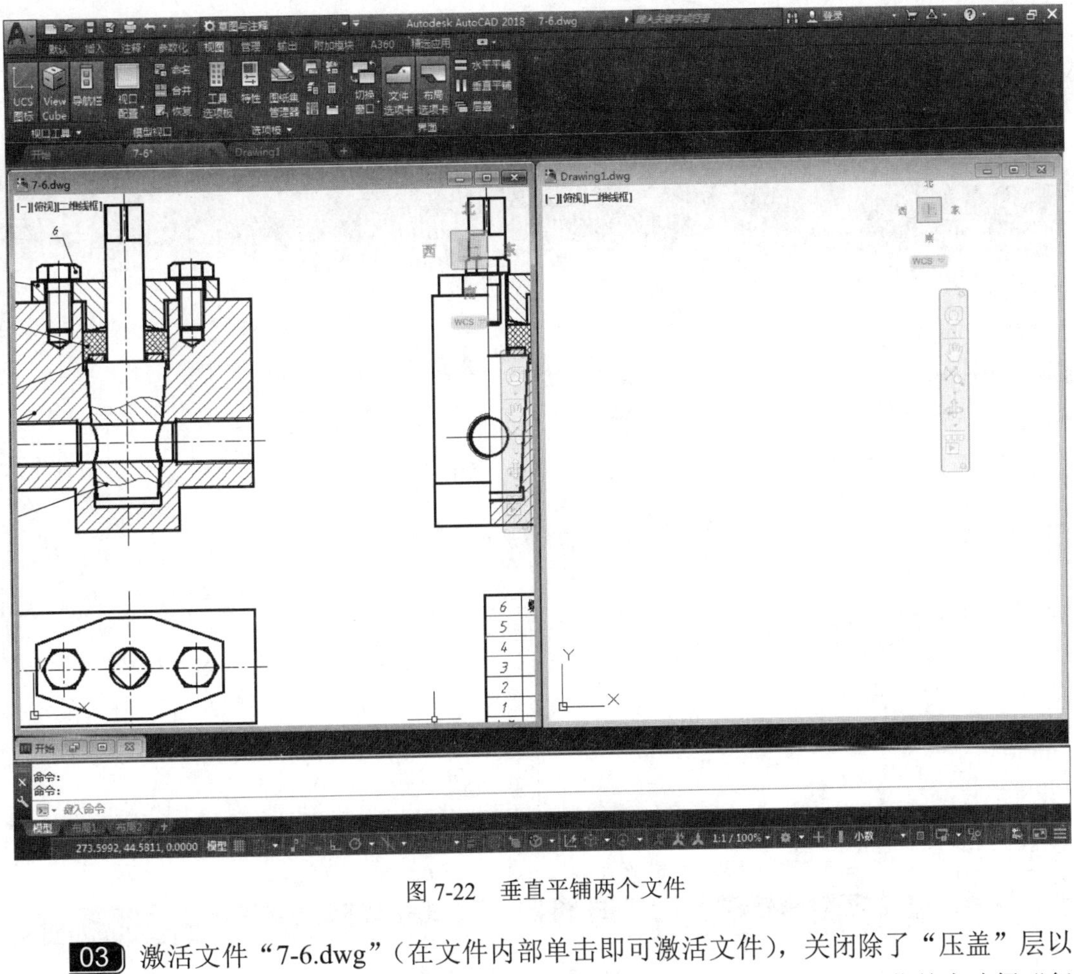

图 7-22 垂直平铺两个文件

03 激活文件"7-6.dwg"（在文件内部单击即可激活文件），关闭除了"压盖"层以外的所有图层，如图 7-23 所示。选择压盖的 3 个视图右击，在弹出的快捷菜单中选择"复制"命令。

04 激活文件"压盖.dwg"，在绘图区右击，在弹出的快捷菜单中选择"粘贴"命令即可，结果如图 7-24 所示。

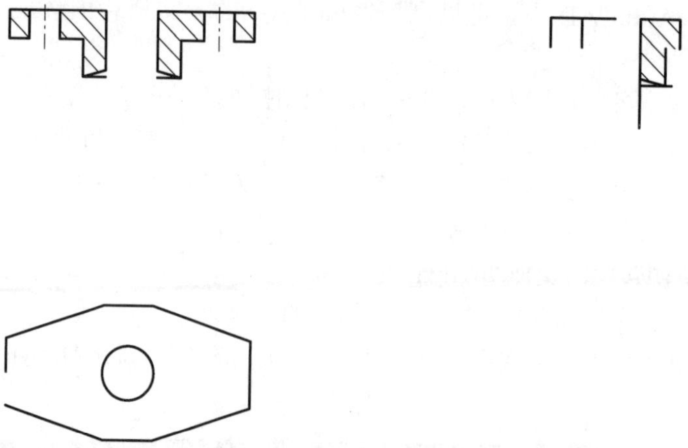

图 7-23　关闭其他图层

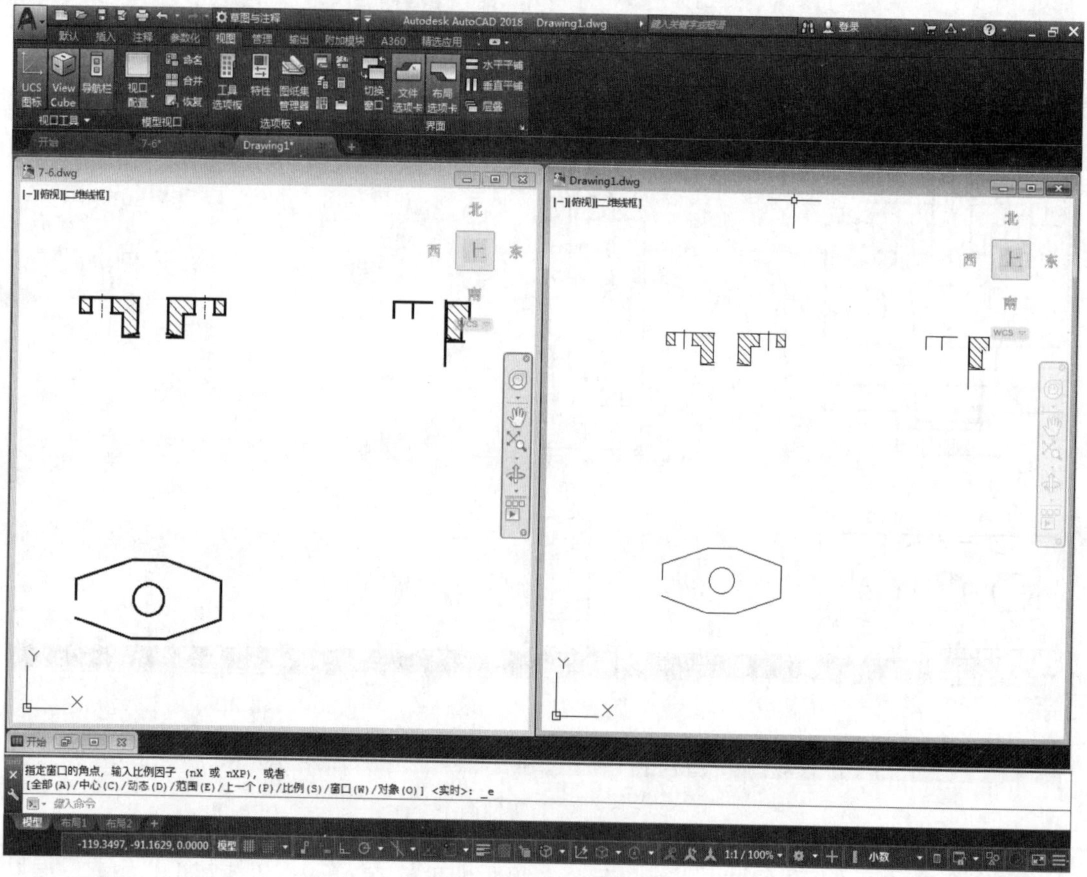

图 7-24　复制、粘贴图形

05 对压盖零件进行必要的编辑，结果如图 7-25 所示。

06 用上述同样的方法拆画其余零件。

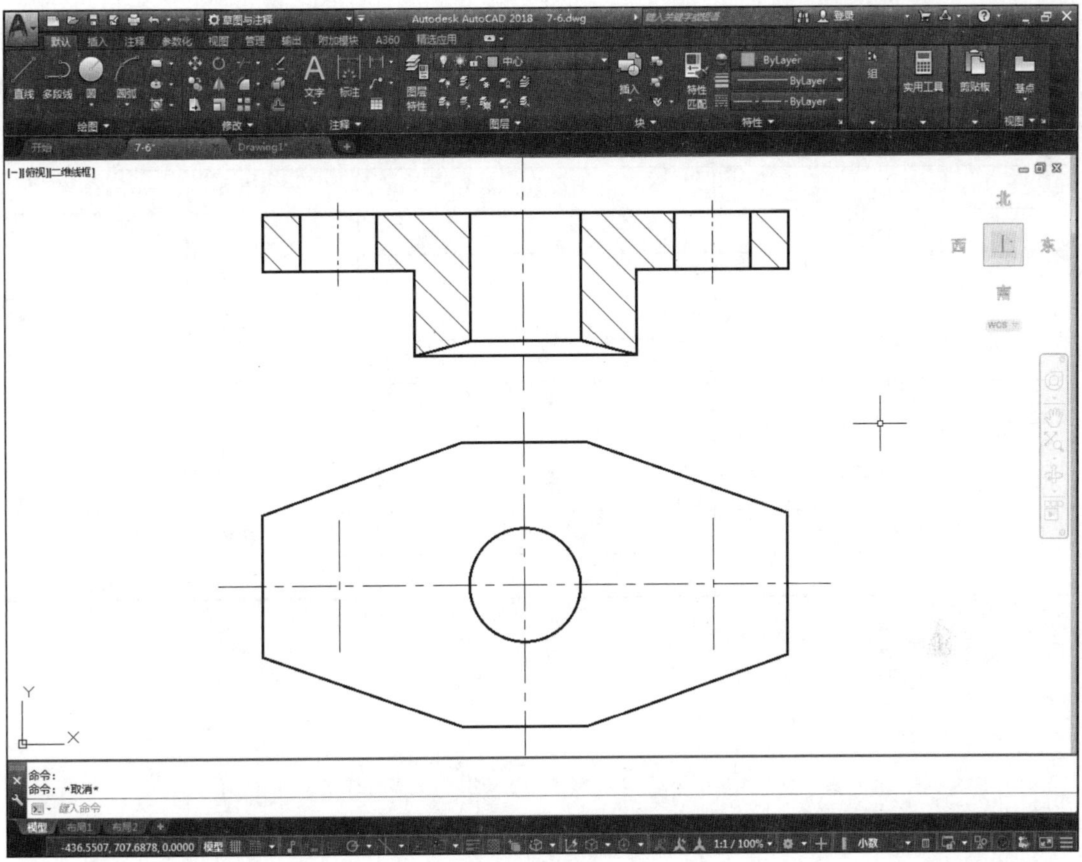

图 7-25　编辑“压盖”

习　题

1．绘制机械图时，重复使用的标准件如何处理更方便？

2．打开资源包文件夹 lx7-2，按图 7-26 所示，将各零件图组合成装配图，铣刀头中的标准件如表 7-1 所示。

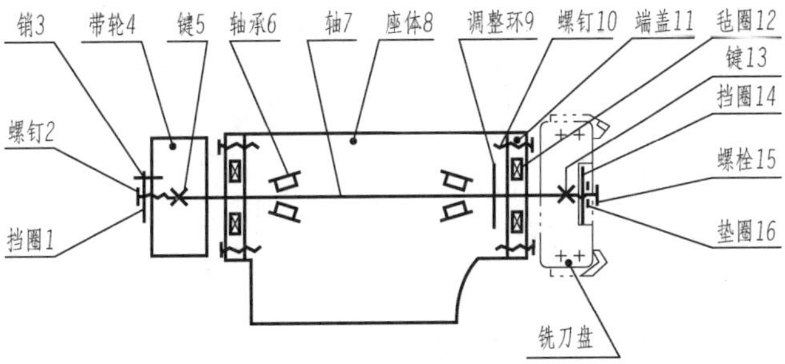

图 7-26　铣刀头装配

表 7-1　铣刀头中的标准件

序号	名称	标准号
1	挡圈 A35	GB/T 891—1986
2	螺钉 M6×18	GB/T 68—2016
3	销 A3×12	GB/T 119.1—2000
5	键 8×40	GB/T 1096—2003
6	轴承 30307	GB/T 297—2015
10	螺钉 M8×22	GB/T 70.1—2008
12	毡圈	JB/ZQ 4606—1997
13	键 6×20	FZ/T 25001—2012
14	挡圈 B32	GB 892—1986
15	螺栓 M6×20	GB/T 5781—2016
16	垫圈 6	GB 93—1987

8 单元 绘制轴测图

>>>>

◎ **内容导航**

轴测图是用二维图形来反映物体三维特征的一种特殊的图样。轴测图虽然也是二维图形，但它通过独特的视角帮助观察者更快速、清晰、方便地观察立体模型的结构。如果能够把设计图样用富有立体感、真实感的轴测图表现出来，那么即使是非专业人士也能很清楚地想象到工业造型的具体结构。因此，无论在机械设计还是在建筑工程上，轴测图都被广泛地用来表达设计者的设计意图和设计方案。

◎ **学习目标**

- 理解正等轴测图的绘制方法。
- 理解轴测图绘图模式及绘图轴测面的转换。
- 了解 AutoCAD 有关命令在绘制正等轴测图时的使用。
- 了解轴测图的文字书写和尺寸标注。

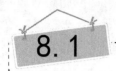

8.1 轴测图相关知识及绘制长方体轴测图

通过本节的学习，读者将了解轴测轴的含义，并能在轴测模式下绘制基本图形。

1. 轴测轴

为了绘图方便，一般的投影使用正交投影。采用正交投影绘制工程图样的优点是，投影物体在投影视图上的图样能够反映投影物体的实际形状和实际长度；缺点是不能够直观地反映投影物体在空间上的实际形状，但轴测图却可以通过二维图形表现投影物体的三维效果。轴测图的投影方向与观察者的视觉方向如图 8-1 所示。

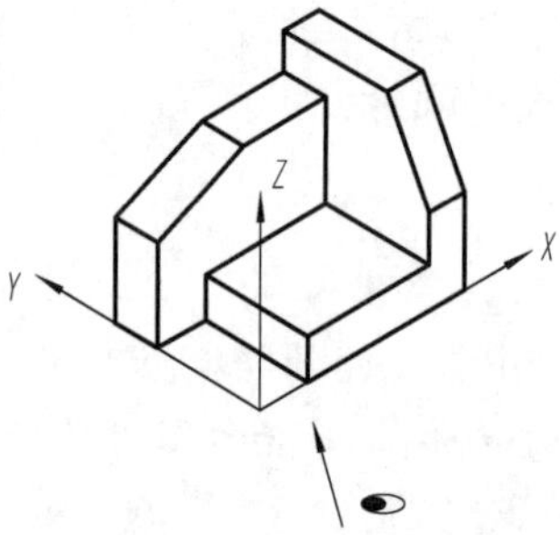

图 8-1　轴测图的投影方向与观察者的视觉方向

正方体的轴测投影最多只有 3 个平面是可以同时看到的。为了便于绘图，在绘制轴测图时用户可以将右轴测平面、顶轴测平面和左轴测平面作为绘制直线、圆弧等图素的基准平面。图 8-2 为不同的轴测平面。

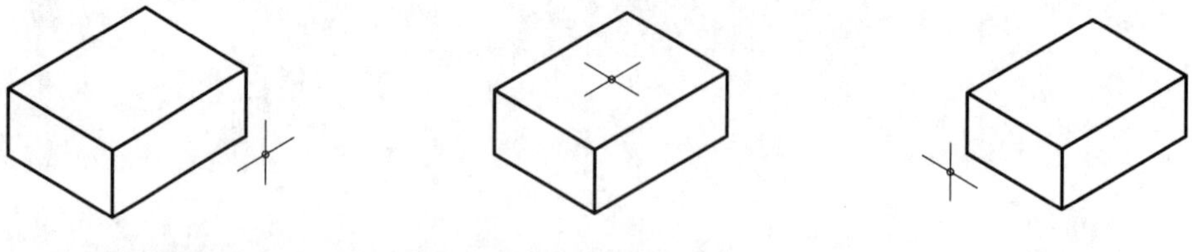

（a）右轴测平面　　（b）顶轴测平面　　（c）左轴测平面

图 8-2　轴测平面

按 F5 键可在右轴测平面、顶轴测平面、左轴测平面 3 个投影面之间依次切换。

在图 8-3 所示的轴测图中，组合体相互垂直的 3 条边与水平线的夹角分别为 30°、90° 和 150°。在绘制轴测图时可以假设建立一个与投影视图互相平行的坐标系，一般称该坐标系的坐标轴为轴测轴。

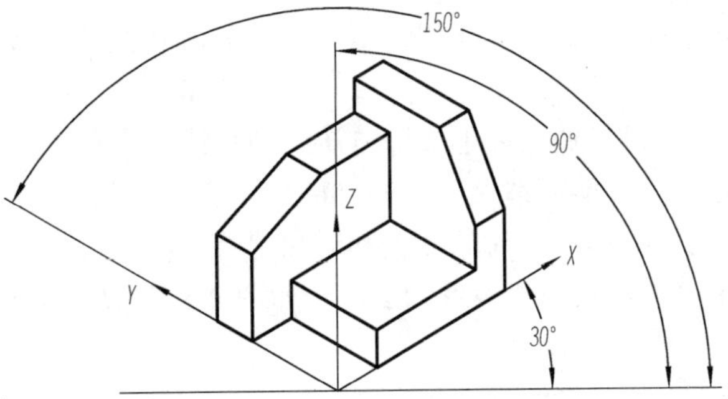

图 8-3 轴测轴

2. 轴测投影模式

在 AutoCAD 2018 中，系统默认的是正交投影模式，用户可以把投影模式切换成轴测投影模式辅助绘图，当切换到轴测绘图模式后，十字光标将自动变换成与当前指定的绘图平面一致。

（1）命令的调用

调用命令的方法有以下 3 种：①在命令窗口中输入“DSETTINGS”（缩写 DS）；②选择菜单栏中的“工具”→“草图设置”命令；③在状态区右击，在弹出的快捷菜单中选择“设置”命令。

（2）说明

执行命令后，打开图 8-4 所示的“草图设置”对话框。在“捕捉和栅格”选项卡中，选中“捕捉类型”选项组中的“等轴测捕捉”单选按钮，单击“确定”按钮即可。

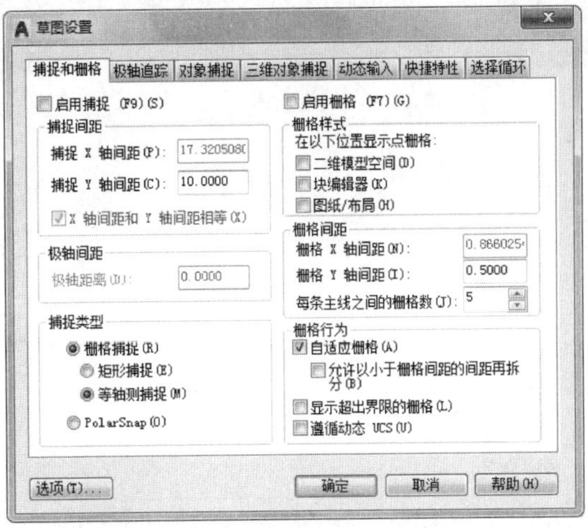

图 8-4 “捕捉和删格”选项卡

当系统切换到轴测投影模式后，捕捉和栅格的间距将由 *Y* 轴间距控制，*X* 轴间距将变为不可设置。

3. 在轴测投影模式下绘图

切换到轴测投影模式后，仍然可以使用基本的二维绘图命令进行绘图。只是在轴测投影模式下绘图有轴测模式的特点，如水平和垂直的直线都将画成斜线，而圆在轴测模式下将画成椭圆。

在轴测投影模式下，可以通过以下 3 种方法绘制直线。

（1）利用极轴追踪、自动追踪功能绘制直线

在绘图状态区启动极轴追踪、对象捕捉和对象追踪功能，并在“草图设置”对话框的“极轴追踪”选项卡中将“增量角”设置为 30°，如图 8-5 所示。这样可以方便地绘制出与各极轴平行的直线，如图 8-6 所示。

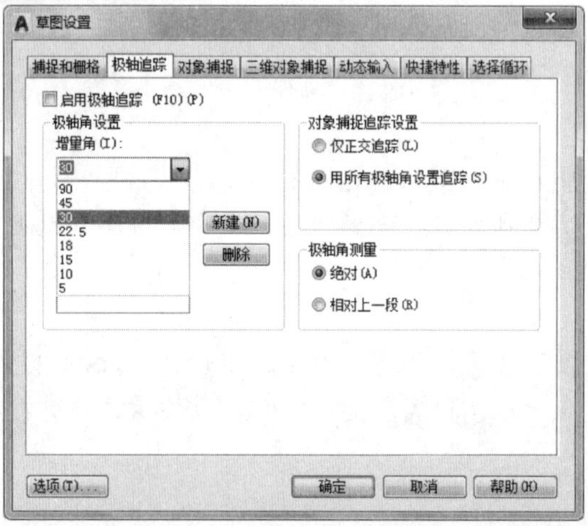

图 8-5 “极轴追踪”选项卡

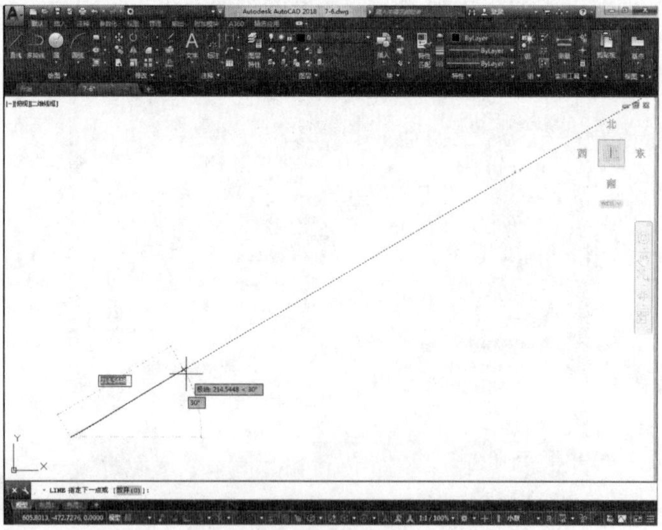

图 8-6 极轴追踪绘画

（2）通过输入各点的极坐标来绘制直线

当绘制的直线与轴测轴平行时，输入对应的极坐标的角度值将不相同。根据绘制的直线与不同的轴测轴互相平行，有以下 3 种情况。

1）当绘制的直线与 X 轴平行时，极坐标的角度为 30° 或−150°。

2）当绘制的直线与 Y 轴平行时，极坐标的角度为−30°或 150°。

3）当绘制的直线与 Z 轴平行时，极坐标的角度为 90°或−90°。

（3）在绘图状态区启动“正交”功能辅助绘制直线

此时所绘制的直线将自动与当前轴测面内的某一轴测轴方向一致。例如，若处于上轴测绘图且启动“正交”功能，那么所绘制的直线将沿着与水平线成 30°或 150°的方向。在此状态下，用户可以在确定绘制直线方向的情况下，直接通过键盘输入数字，确定直线的长度来绘制出直线。

当所绘制的直线与任何轴测轴都不平行时，为了绘图方便，应该尽量找出与轴测轴平行的点，然后将这些点连接起来。

4. 绘制长方体轴测图

【例 8-1】绘制一个长、宽、高分别为 50mm、30mm 和 40mm 的长方体的轴测图，如图 8-7 所示。

具体操作如下：

01 通过“草图设置”对话框中的“捕捉和栅格”选项卡将投影模式设置为轴测投影模式。

02 在绘图状态区单击“对象捕捉”按钮，启动“对象捕捉”功能，通过输入各点的极轴坐标，完成长方体上表面的绘制，如图 8-8 所示。

```
命令: <等轴测平面 上>                              //按 F5 键切换
命令:_line 指定第一点:                             //直接在屏幕上拾一点作为 A 点
指定下一点或 [放弃(U)]:@30<-30↙                    //指定 B 点,画出 AB
指定下一点或 [放弃(U)]:@50<30↙                     //指定 C 点,画出 BC
指定下一点或 [闭合(C)/放弃(U)]:@30<150↙            //指定 D 点,画出 CD
指定下一点或 [闭合(C)/放弃(U)]:@50<-150↙           //指定 A 点,画出 DA
指定下一点或 [闭合(C)/放弃(U)]:↙                   //按 Enter 键结束
```

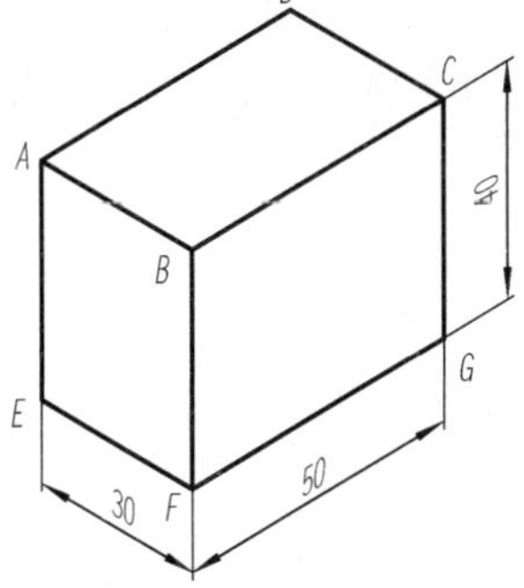

图 8-7 长方体轴测图

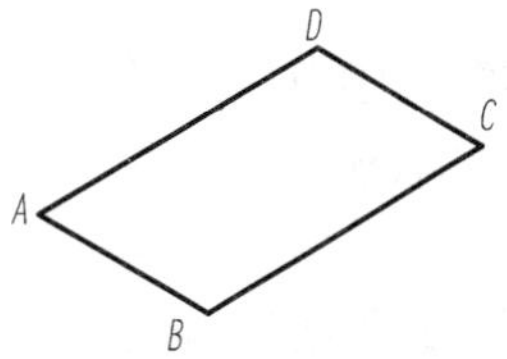

图 8-8 绘制上表面

03 在绘图状态区单击“正交”按钮，启动“正交”功能，通过“正交”功能和“对象捕捉”功能辅助绘制直线，绘制左侧面，如图 8-9 所示。

```
命令： <等轴测平面 左>                              //按 F5 键切换
命令：_line 指定第一点：                            //指定 A 点
指定下一点或 [放弃(U)]:40↙                         //光标向下指引，并输入高度 40，画出 AE
指定下一点或 [放弃(U)]:30↙                         //光标向右指引，并输入宽度 30，画出 EF
指定下一点或 [闭合(C)/放弃(U)]:40↙                 //光标向上指引，并输入高度 40，画出 FB
指定下一点或 [闭合(C)/放弃(U)]:                    //点取 A 点，画出 BA，完成长方体左侧表面的绘制
```

04 在绘图状态区单击“对象追踪”按钮，启动“对象追踪”功能。通过“对象追踪”功能找出 *G* 点位置，再分别连接 *GF* 和 *GC*，完成长方体右侧表面的绘制，如图 8-10 所示。

```
命令： <等轴测平面 右>
命令：_line 指定第一点：
                    //分别把光标移动到 F、C 点，然后通过"对象追踪"功能找出 G 点位置
指定下一点或 [放弃(U)]:        //点取 C 点，画出 GC
```

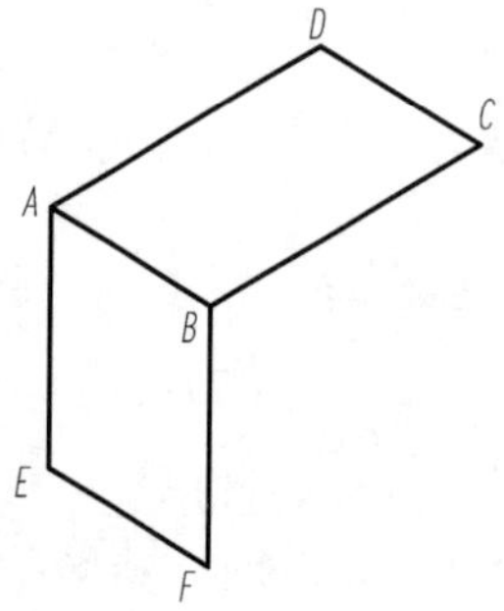

图 8-9 左侧表面

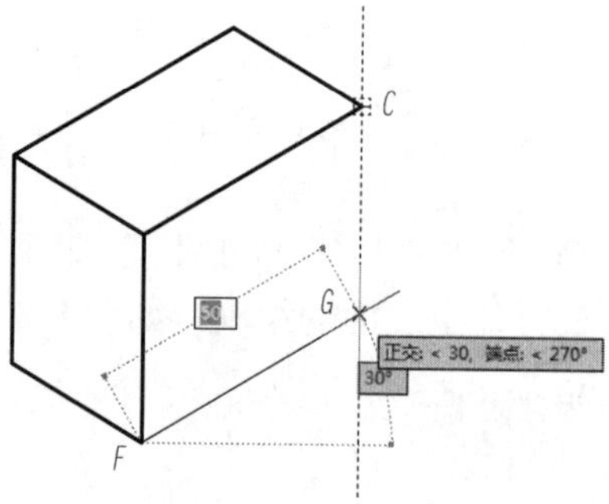

图 8-10 右侧表面

8.2 在轴测模式下绘制圆

通过本节的学习，读者将掌握在轴测模式下绘制圆的方法。

圆的轴测投影是椭圆，当圆位于不同的轴测面时，投影椭圆长、短轴的位置是不相同的。

在轴测模式下绘制圆的方法：启动轴测→选定画圆投影面→椭圆工具→等轴测圆→指定圆心→指定半径→确定完成。

1. 命令的调用

调用轴测模式下绘制圆命令的方法有以下 3 种：①在命令窗口中输入“ELLIPSE”（缩写 EL）；②选择菜单栏中的“绘图”→“椭圆”命令；③单击“绘图”工具栏中的

按钮。

2. 格式

```
命令:_ellipse
指定椭圆轴的端点或 [圆弧(A)/中心点(C)/等轴测圆(I)]:I↙        //输入 I,选择等轴测圆
指定等轴测圆的圆心:                                          //指定圆心
指定等轴测圆的半径或 [直径(D)]:                              //指定半径
```

3. 说明

绘圆之前要利用 F5 键转换轴测面，切换到与圆所在的平面对应的轴测面，这样才能正确地绘制出圆的轴测投影，否则将显示不正确，如图 8-11 所示。

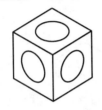

（a）轴测图的正确画法　　（b）轴测图的错误画法

图 8-11　对应轴测面内圆的投影

在轴测图中经常要画线与线之间的圆滑过渡，如倒圆角，此时过渡圆弧也变为椭圆弧。其方法是，在相应的位置上画一个完整的椭圆，然后使用修剪工具剪除多余的线段。

4. 应用

【例 8-2】绘制如图 8-12 所示的底板轴测图。

具体操作如下：

01 通过“草图设置”对话框中的“捕捉和栅格”选项卡，将捕捉类型设置为等轴测捕捉；将“极轴追踪”选项卡中的“增量角”设为 30°，并启用“极轴追踪”功能和“对象捕捉”功能。

02 先在绘图状态区沿 *X*、*Y*、*Z* 轴输入各点的坐标，完成长方体的绘制，如图 8-13 所示。

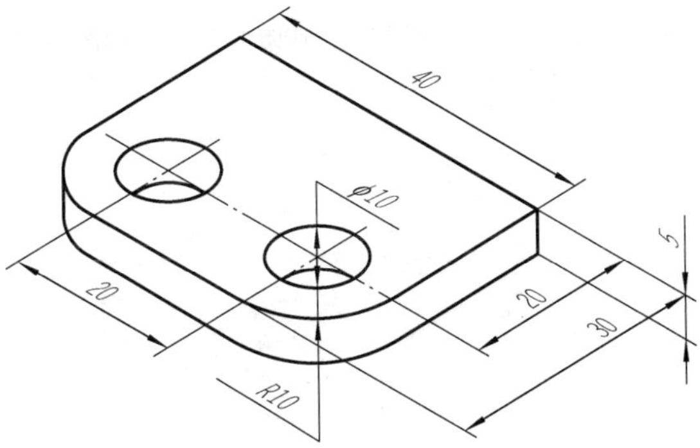

图 8-12　底板轴测图

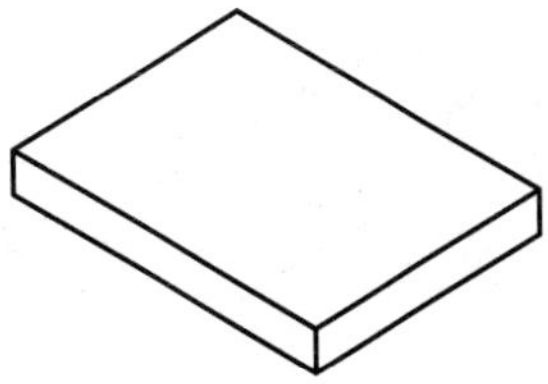

图 8-13　绘制长方体

```
命令:_line 指定第一点:                    //直接在屏幕上点取一点作为起点
指定下一点或 [放弃(U)]: 40↙              //沿 Y 轴(150°)方向输入边长 40
指定下一点或 [放弃(U)]: 30↙              //沿-X 轴(-150°)方向输入边长 30
指定下一点或 [闭合(C)/放弃(U)]: 40↙      //沿-Y 轴(-30°)方向输入边长 40
指定下一点或 [闭合(C)/放弃(U)]:          //点取起点闭合图形
```

然后，选取前面两条边向下复制 5mm，连接 3 个顶点，完成绘制。

03 绘制圆角和圆孔。

① 确定圆心位置：选择上表面上的 3 条边，沿轴向复制 10mm，交点即为圆心，如图 8-14 所示。

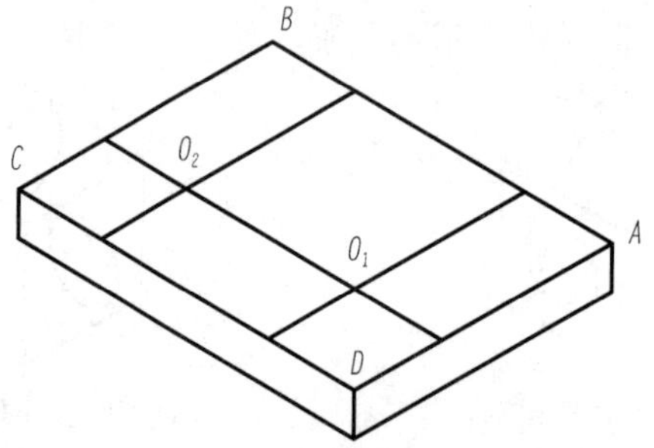

图 8-14　确定圆心

② 绘制等轴测圆：按 F5 键切换到顶轴测面。

```
命令:_ellipse
指定椭圆轴的端点或 [圆弧(A)/中心点(C)/等轴测圆(I)]:i↙      //选择等轴测圆
指定等轴测圆的圆心:                                          //点取交点
指定等轴测圆的半径或 [直径(D)]: 10↙                          //输入半径 10
命令:_ellipse                                    //按 Enter 键继续绘制等轴测圆
指定椭圆轴的端点或 [圆弧(A)/中心点(C)/等轴测圆(I)]: i↙     //选择等轴测圆
指定等轴测圆的圆心:                                          //点取刚才的交点
指定等轴测圆的半径或 [直径(D)]:5↙                            //输入小圆半径 5
```

另外两个相同的圆用复制命令得到。

修剪多余线条后，结果如图 8-15 所示。

04 选择两个等轴测圆和两段圆弧，向下复制 5mm，修剪、删除多余的线条，绘制外切线，并将圆孔的中心线改为点画线，完成底板的绘制，如图 8-16 所示。

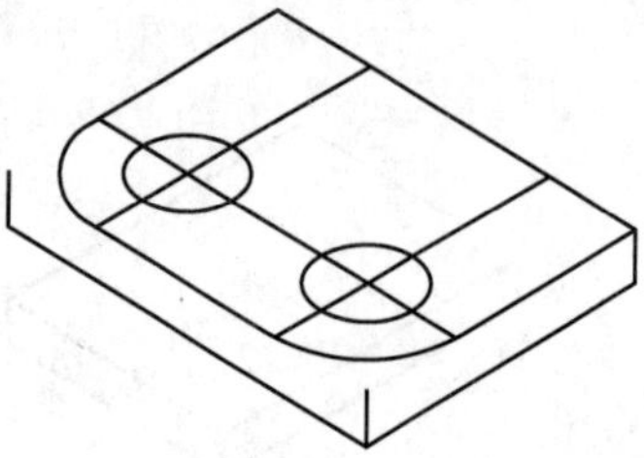
图 8-15　绘图结果

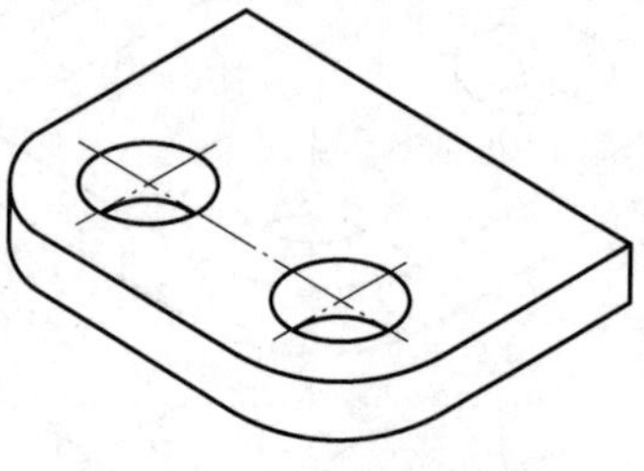
图 8-16　完成底板的绘制

8.3 在轴测模式下书写文本

轴测图上的文字有其自身的特点，需要与它所在的轴测面协调一致。通过本节的学习，读者要掌握在轴测模式下书写文本的方法。

1. 轴测图中的文字

为了正确地在轴测面内书写文本，必须根据各轴测面的位置特点将文本倾斜某个角度值，以使它们的外观与轴测图协调一致，如图 8-17 所示。

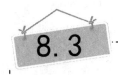

图 8-17　轴测面内的文本

2. 在轴测图中书写文本

1）在命令窗口中输入“TEXT”（缩写 DT），执行命令后用单行文本方式书写文字。

2）创建两个文字样式：①30°，对应文字倾斜角度设为 30°；②-30°，对应文字倾斜角度设为-30°。

3）各轴测面上文本的倾斜规律：①在左轴测面上，文本需采用-30° 倾斜角；②在右轴测面上，文本需采用 30° 倾斜角；③在顶轴测面上，平行于 *X* 轴时（字头向左上方），文本需采用-30° 倾斜角；④在顶轴测面上，平行于 *Y* 轴时（字头向右上方），文本需采用 30° 倾斜角。

各轴测面上文本倾斜规律如图 8-18 所示。

3. 应用

【例 8-3】打开资源包中的文件 8-3.dwg，在长方体上书写图 8-19 所示的文字。

具体操作如下：

01 建立倾斜角分别为 30° 和-30° 的两种文字样式，并在“文字样式”对话框中设置字体、高度、宽度因子等参数，在此设置样式名为“文字 30°”的文字样式的倾斜角度为 30°，设置样式名为“文字-30°”的文字样式的倾斜角度为-30°，方便书写文字时直接调用。

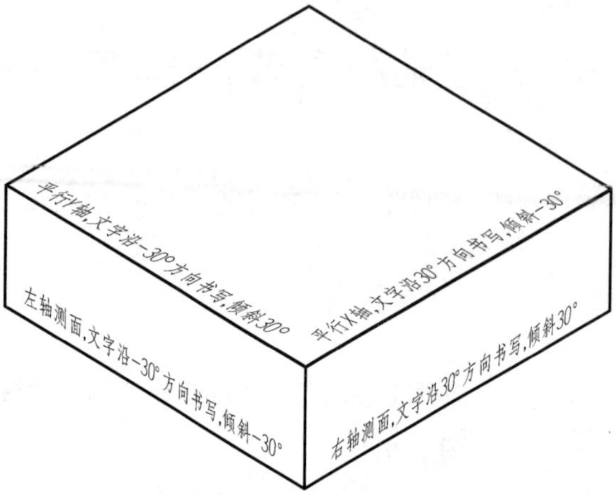

图 8-18　轴测图文字

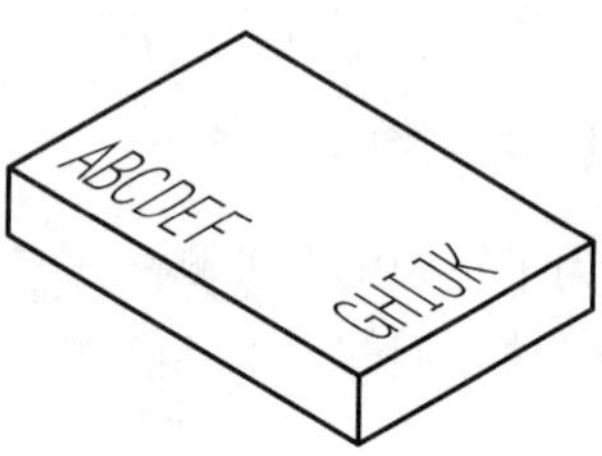

图 8-19　书写文字

02 书写字母“ABCDEF”。

```
命令:_text
当前文字样式: "文字 30"  文字高度: 5.0000  注释性: 否
指定文字的起点或 [对正(J)/样式(S)]:                       //在 A 点单击
指定文字的旋转角度 <30>: -30↙                            //指定书写方向为-30°方向
```

在打开的对话框中，输入字母“ABCDEF”。完成后按 Esc 键退出命令，结果如图 8-20 所示。

03 书写字母“GHIJK”。

```
命令:_text
当前文字样式: "文字 30"  文字高度: 5.0000  注释性: 否
指定文字的起点或 [对正(J)/样式(S)]: s↙                   //更改文字样式
输入样式名或 [?] <文字 30>: 文字-30↙                     //选择文字样式"文字-30"
当前文字样式: "文字 30"  文字高度: 5.0000  注释性: 否
指定文字的起点或 [对正(J)/样式(S)]:                       //在 B 点单击
指定文字的旋转角度 <330>: 30↙                            //指定书写方向为 30°方向
```

在打开的对话框中，输入字母“GHIJK”。完成后按 Esc 键退出命令，结果如图 8-21 所示。

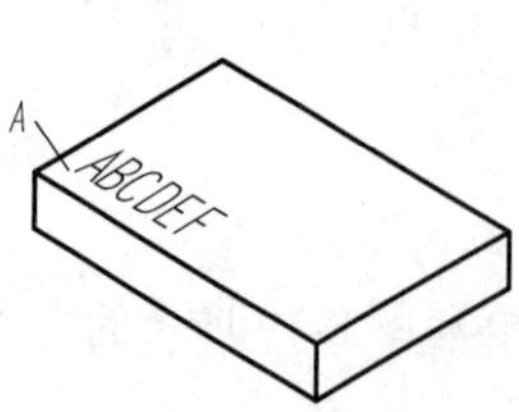

图 8-20　书写字母“ABCDEF”

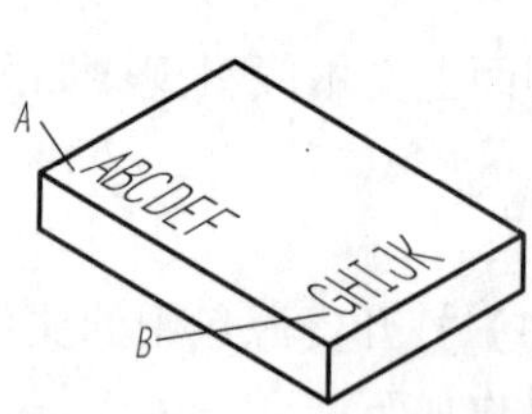

图 8-21　书写字母“GHIJK”

8.4 在轴测图中标注尺寸

轴测图中的尺寸有其特殊性，用一般的标注平面图形的方法来标注轴测图上的尺寸显然是不合理的。通过本节的学习，读者将了解轴测图中尺寸的特点，并掌握它的标注方法。

1. 轴测图中的尺寸

用标注命令在轴测图中创建尺寸后，标注的尺寸看起来与轴测图不协调，如图 8-22（a）所示。为了使轴测图上的尺寸与轴测面协调一致，需要将尺寸线、尺寸界线倾斜某一角度，使它们与相应的轴测轴平行。同时，尺寸数字也需要设置成倾斜某一角度的形式，两者相结合才能合理地标注出轴测图上的尺寸，如图 8-22（b）所示。

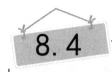

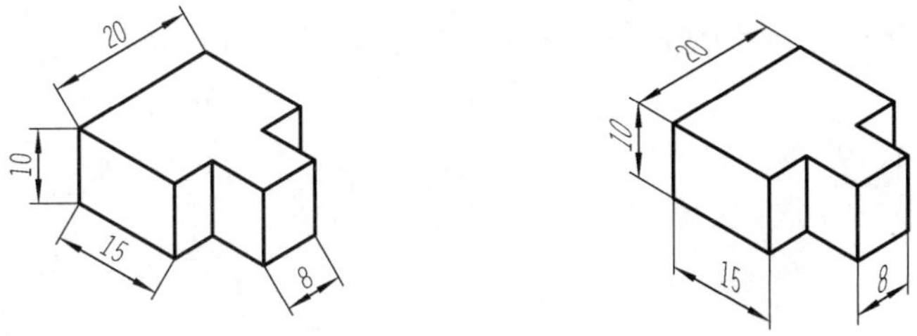

（a）不合理　　（b）合理

图 8-22　轴测图尺寸标注

2. 标注轴测图尺寸的步骤

01 创建 3 种尺寸样式，各样式控制的尺寸数字的倾斜角度分别为 0°、30°、-30°。

02 用 0° 尺寸样式、“对齐标注”标注各个尺寸。

03 用 DIMEDIT 命令的“倾斜”选项修改各个尺寸的尺寸界线方向。

04 根据各个尺寸数字的实际方向，把它们归整到 30° 和-30° 的尺寸样式下，使尺寸数字字头方向符合轴测面。

3. 应用

【例 8-4】在轴测图上标注尺寸，结果如图 8-23 所示。

具体操作如下：

01 创建 3 种尺寸样式，对应的文字样式如下：

① 0°：字体为 gbeitc.shx，字高为 5，倾斜角度为 0°。

② 30°：字体为 gbeitc.shx，字高为 5，倾斜角度为 30°。

③ -30°：字体为 gbeitc.shx，字高为 5，倾斜角度为-30°。

02 用 0° 尺寸样式、“对齐标注”标注各个尺寸，如图 8-24 所示。

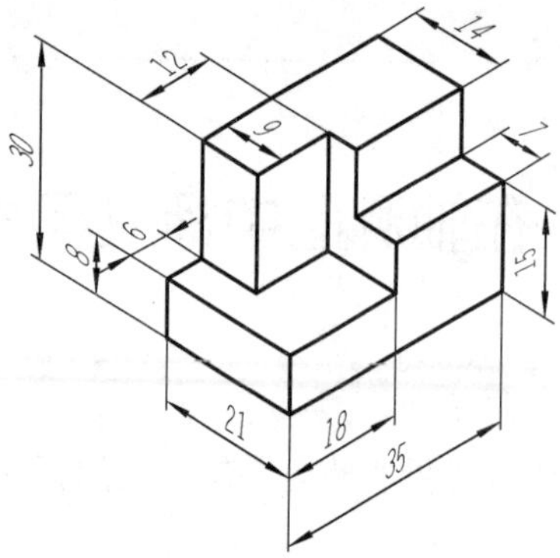

图 8-23　在轴测图上标注尺寸

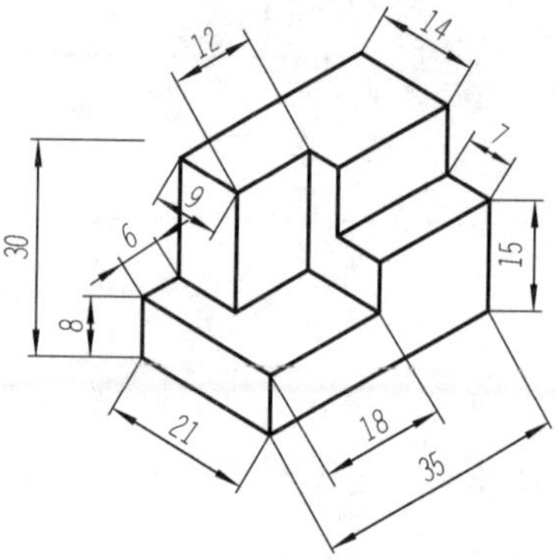

图 8-24　用“对齐标注”标注各尺寸

03 用 DIMEDIT 命令（缩写 DED）的“倾斜”选项修改各个尺寸的尺寸界线方向。

① 尺寸 7、14、9 的倾斜角度为 30°（或−150°）。

② 尺寸 12、6、8、30、15 的倾斜角度为−30°（或 150°）。

③ 尺寸 21、18、35 的倾斜角度为 90°（或−90°）。

04 根据各个尺寸数字的方向，把它们归整到 30° 和−30° 的尺寸样式下，结果如图 8-23 所示。

① 尺寸 7、14、9、8、30、18、35、15 放在 30° 尺寸样式下。

② 尺寸 12、6、21 放在−30° 尺寸样式下。

8.5 绘制支架轴测图

通过绘制支架轴测图，掌握绘制完整的正等轴测图的方法和过程。

【例 8-5】绘制图 8-25 所示的支架轴测图。

具体操作如下：

1. 新建文件

建立一个新图形文件，文件名为“支架.dwg”。

2. 绘图设置

01 在“草图设置”对话框中，选中“捕捉类型”选项组中的“等轴测捕捉”单选按钮，如图 8-26 所示。

02 设置“极轴追踪”的“增量角”为 30°、120° 和 150°，如图 8-27 所示。

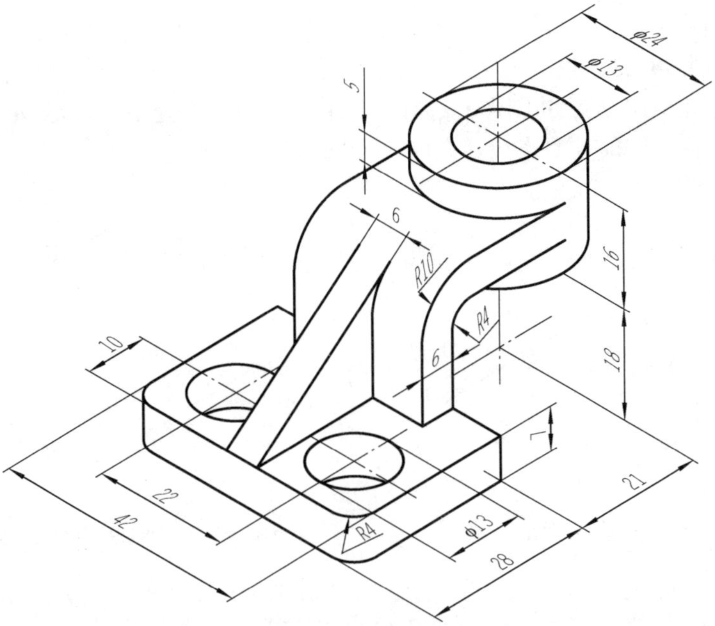

图 8-25　支架轴测图

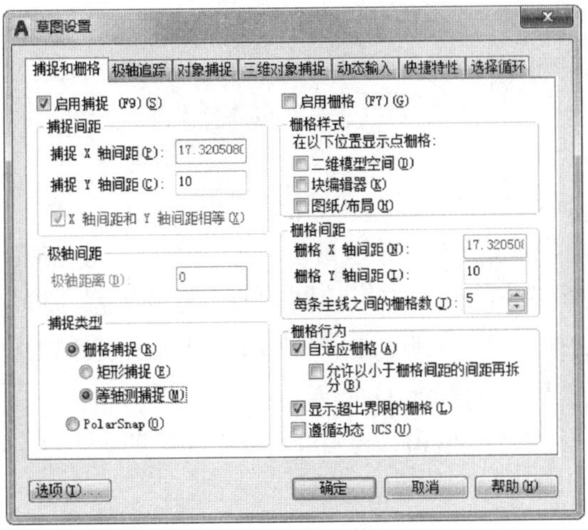

图 8-26　选择等轴测捕捉

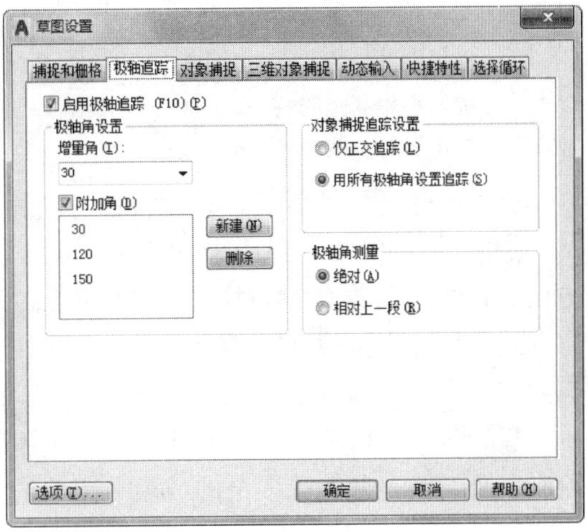

图 8-27　设置“极轴追踪”的“增量角”

3. 选择作图等轴测面

可用 ISOPLANE 命令、F5 键或 Ctrl+E 组合键等方法进行绘图轴测平面的转换。

4. 绘制底座

连续按 F5 键，直到命令窗口中显示“〈等轴测平面 上〉”，将等轴测面的上平面设置为当前绘图平面。

01 调用“直线”命令绘制底面矩形，并在绘图窗口单击任意位置，作为直线的起始点，然后依次输入点（@28<30）、（@42<150）、（@28<210）和 *C*（闭合），完成一封闭四

边形的绘制，如图 8-28 所示。也可设置“极轴追踪”，将光标放在 30°、150° 和 120° 位置，并分别输入线段长度 28、42，来完成四边形的绘制。

02 复制图 8-28 所示的图形。选择矩形的一个角点作为基点，沿 90° 方向追踪线输入数值 7，连接各可见顶点的连线，完成的图形如图 8-29 所示。

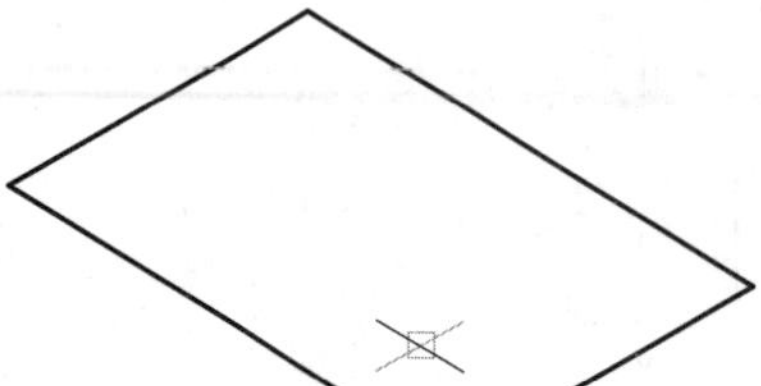

图 8-28 绘制底面矩形

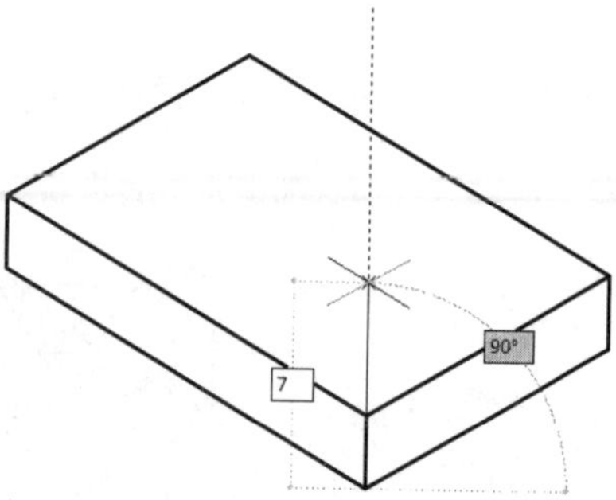

图 8-29 绘制底板

03 绘制等轴测圆。如图 8-30 所示，选择边 1 和边 2，沿轴向复制 10，得到交点圆心 O_1，即为 ϕ13 圆的圆心。调用“椭圆”命令，选择“等轴测图”选项，选择 O_1 为圆心，指定等轴测圆半径为 6.5，得到 ϕ13 的等轴测圆。

```
命令:_ellipse
指定椭圆轴的端点或[圆弧(A)/中心点(C)/等轴测圆(I)]:i        //选择等轴测圆方式
指定等轴测圆的圆心:                                          //选择 O1
指定等轴测圆的半径或[直径(D)]:6.5                            //指定圆半径为 6.5
```

完成 ϕ13 等轴测圆后，以同样的方法绘制 ϕ8 等轴测圆即可，此处不再赘述。

04 复制等轴测圆。调用“复制”命令，选择 ϕ8 的圆，并以该圆圆心为基点，沿 150° 方向追踪线输入数值 34，复制出 R4 的圆；选择 ϕ13 的圆，并以该圆圆心为基点，沿 150° 方向追踪线输入数值 22，复制出 ϕ13 的圆；选择 2 个 ϕ8 的圆和 2 个 ϕ13 的圆，选择顶点为基点，沿-90° 方向追踪线输入数值 7，完成的图形如图 8-31 所示。

05 编辑各圆。调用“修剪”命令完成图形的修剪编辑，利用“对象捕捉”的“切点”，绘制外公切线，并删除多余的线段，完成的图形如图 8-32 所示。

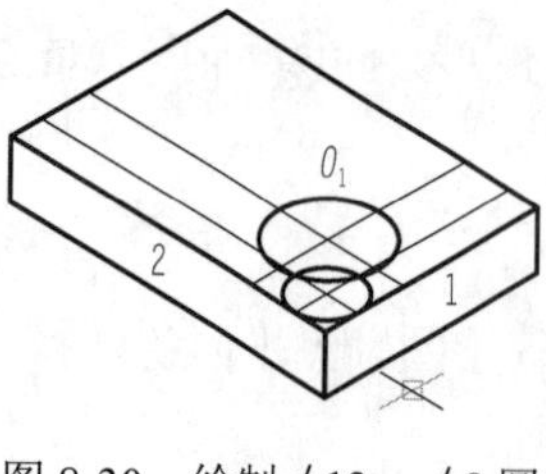

图 8-30 绘制 ϕ13、ϕ8 圆

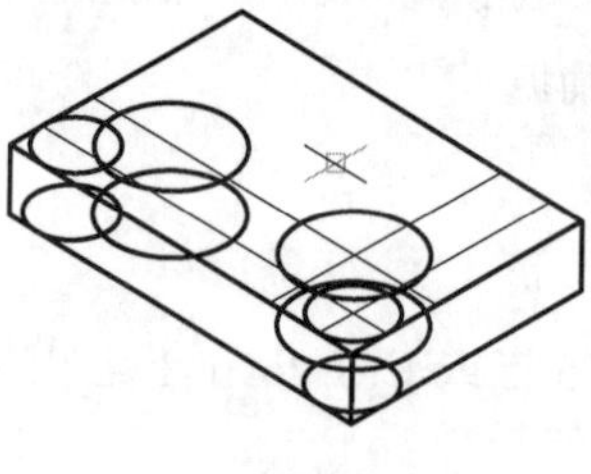

图 8-31 复制各圆

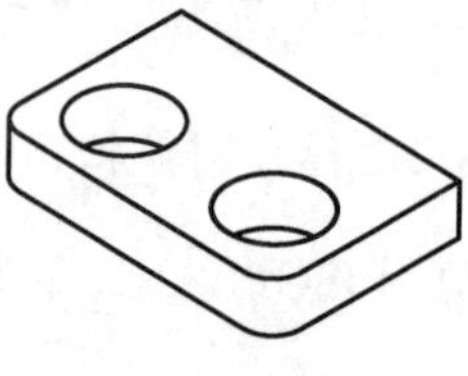

图 8-32 编辑各圆

5. 绘制 L 形连接支架

连续按 F5 键，直到命令窗口中显示“〈等轴测平面 右〉”，将等轴测面的右平面设置为

当前平面。

01 绘制直线。调用“直线”命令，启用“极轴”功能，选择右上角的 *A* 为起点，沿 150° 方向追踪线输入值 9（到 *B* 点），沿 90° 方向追踪线输入数值 17（到 *C* 点），沿 30° 方向追踪线输入数值 21（到 *D* 点），沿 90° 方向追踪线输入数值 7（到 *E* 点），沿 210° 方向追踪线输入数值 27（到 *F* 点），沿 270° 方向追踪线输入数值 22（到 *G* 点），连接 *GB*，完成图形，以同样方法完成另外几条直线的绘制，完成 L 形支架的绘制，如图 8-33 所示。

02 绘制 *R*4、*R*10 圆。连续按 F5 键将绘图平面切换到“右（R）”平面，绘制半径为 4 和半径为 10 的等轴测圆（圆心的确定采用“临时追踪点”）。

调用“复制”命令，选择 *R*10 的圆，并将该圆圆心作为基点，沿 150° 方向追踪线输入数值 24，复制 *R*10 圆，如图 8-34 所示。

03 编辑 L 形支架。修剪多余线条，完成 L 形支架的绘制，如图 8-35 所示。

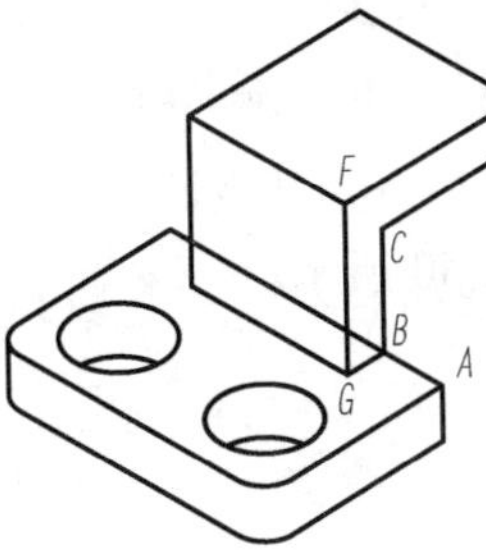

图 8-33　绘制 L 形支架

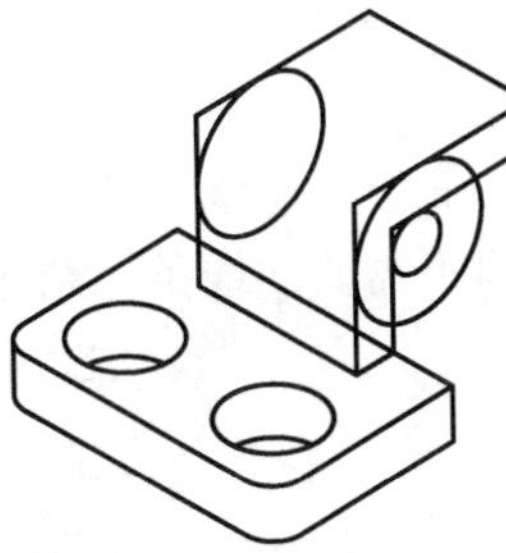
图 8-34　绘制 *R*4、*R*10

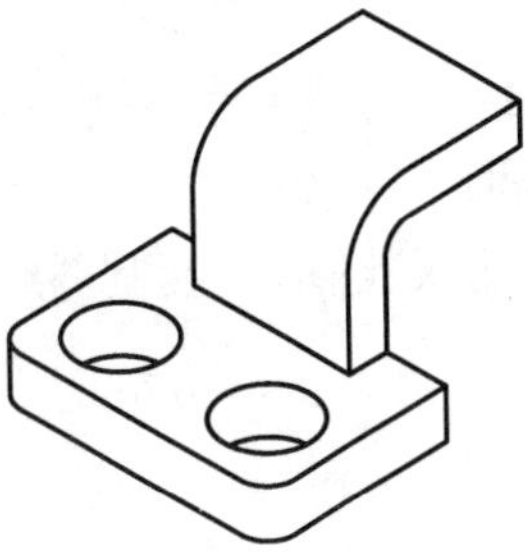
图 8-35　编辑 L 形支架

6. 绘制圆筒

01 绘制 ϕ24 圆。连续按 F5 键将绘图平面切换到“上（T）”平面，绘制 ϕ24 的等轴测圆（选择直线中点作为圆心）。调用“复制”命令，选择 ϕ24 的圆，并将该圆圆心作为基点，沿 90° 方向追踪线输入数值 5，沿 270° 方向追踪线输入数值 11，完成复制。结果如图 8-36 所示。

02 编辑 ϕ24 圆柱，并绘制 ϕ12 圆孔。修剪图形，并绘制等轴测圆的两条公切线（采用“捕捉到象限点”的特殊点捕捉方式）。绘制 ϕ12 等轴测圆（圆心捕捉到最上面一个 ϕ24 圆的圆心）。完成的图形如图 8-37 所示。

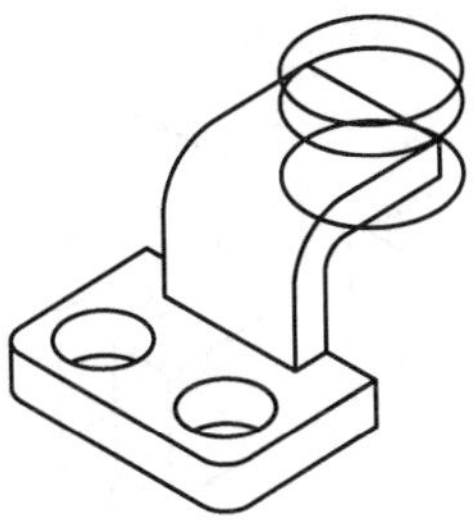
图 8-36　绘制 ϕ24 圆

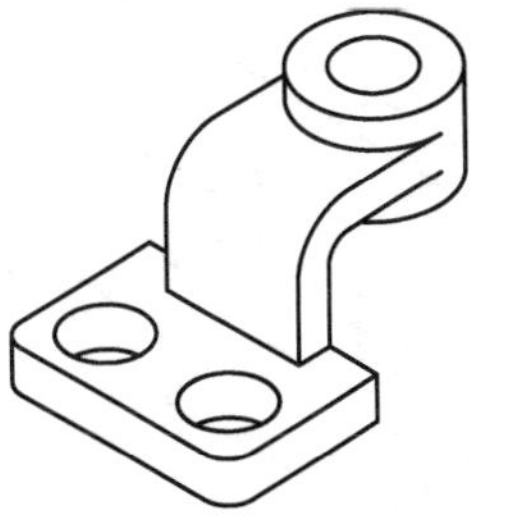
图 8-37　编辑 ϕ24 圆柱、绘制 ϕ12 圆孔

7. 绘制肋板

01 连续按 F5 键，将绘图平面切换到“右（R）”平面，以 L 形支架的左下角点为基

点，复制该处的直线和与之相连的圆弧，复制点为沿 150° 方向追踪线输入数值 9，完成的图形如图 8-38 所示。

02 绘制肋板斜线。调用“直线”命令，以复制的直线端点为起始点，沿 −150° 方向追踪线输入数值 22，然后用“捕捉到切点”捕捉复制的圆弧的切点，完成图形的绘制，如图 8-39 所示。

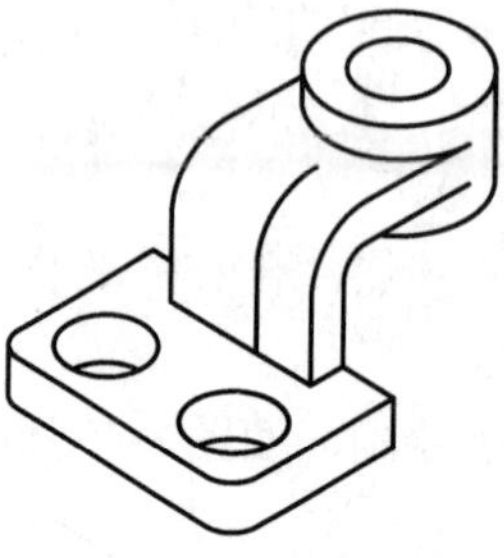

图 8-38　复制线条

图 8-39　绘制肋板斜线

03 复制斜线。调用“复制”命令，选择斜线，以斜线的端点为基点，沿 150° 方向追踪线输入数值 7，复制斜线。修剪不需要的线条，结果如图 8-40 所示。

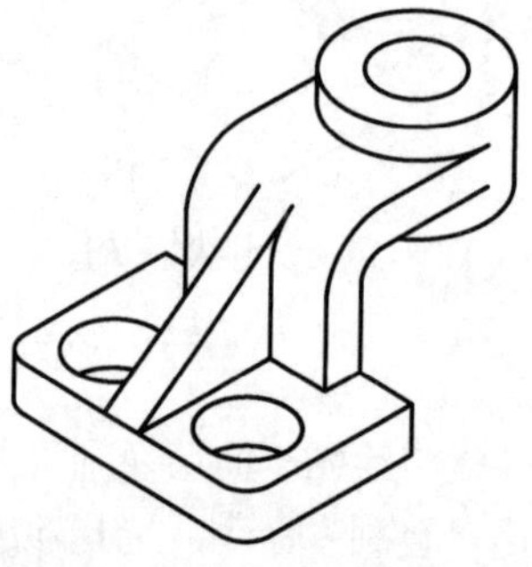

图 8-40　复制斜线、编辑图形

习　题

绘制图 8-41 所示的正等轴测图。

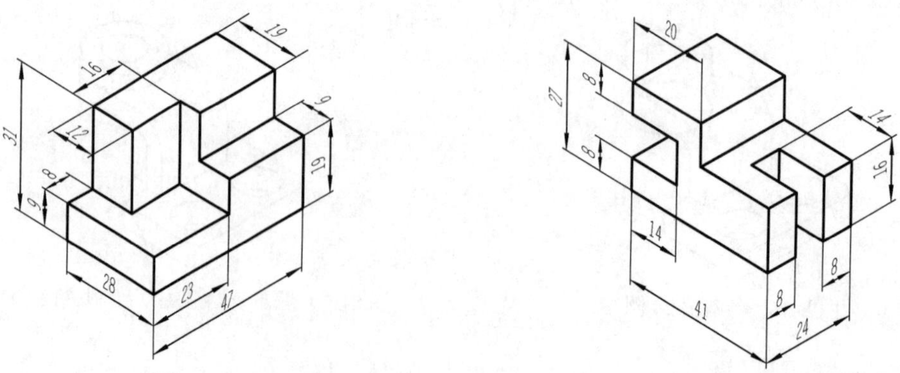

（a）　　（b）

图 8-41　正等轴测图

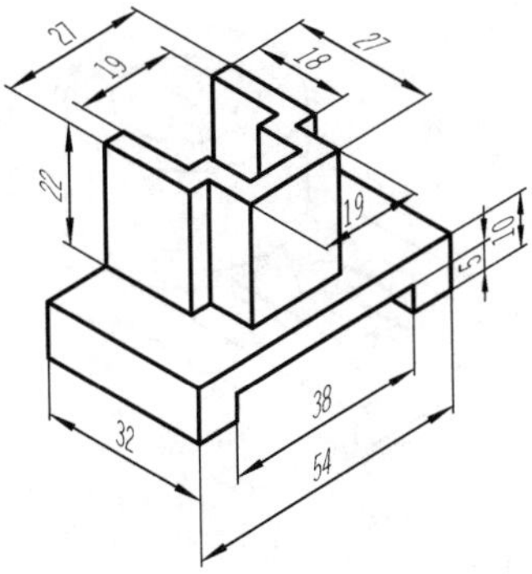

（c）

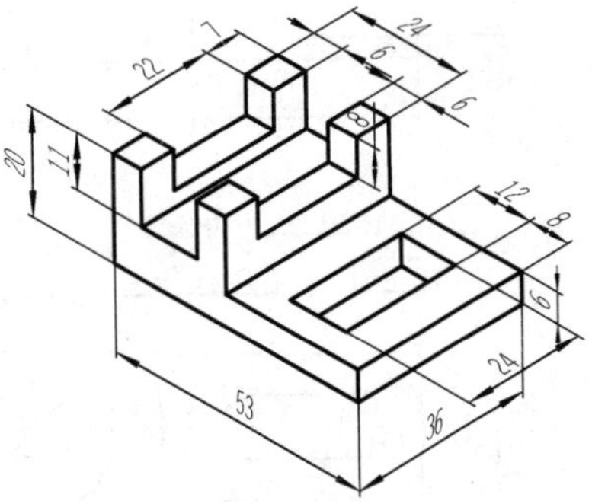

（d）

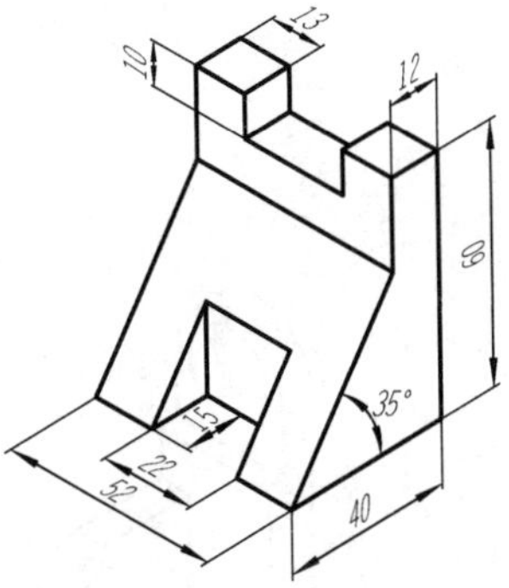

（e）

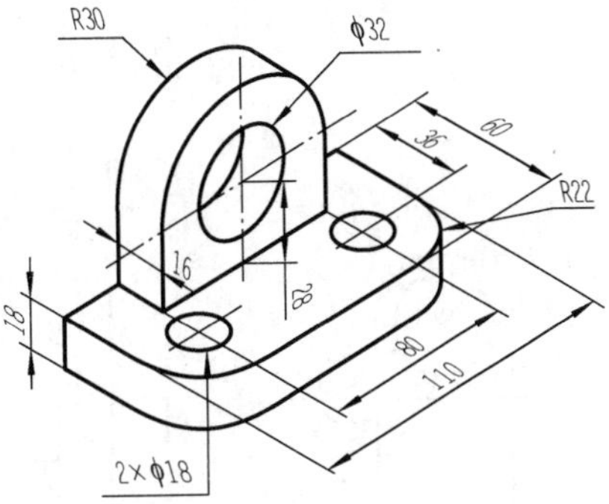

（f）

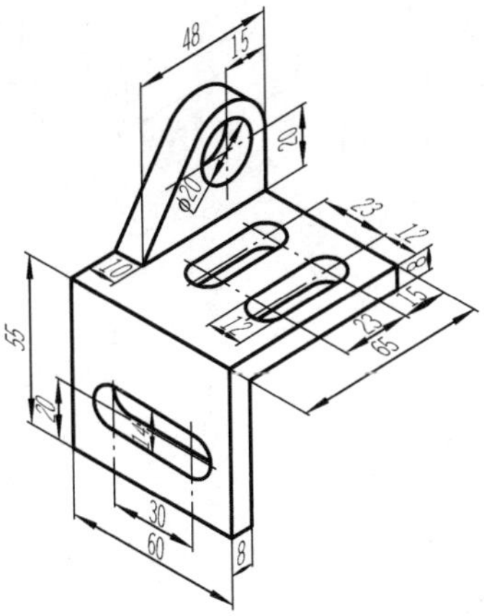

（g）

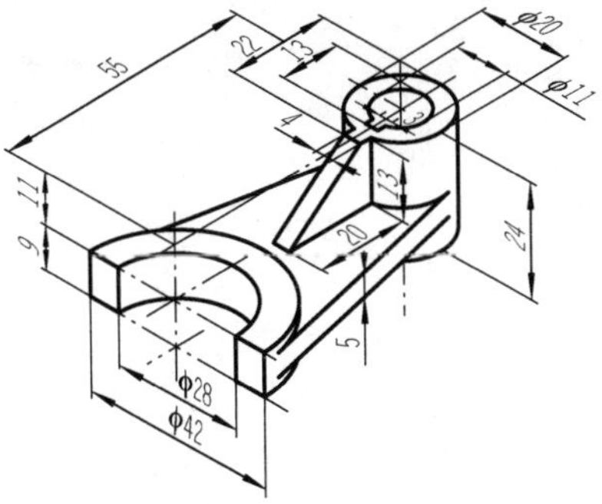

（h）

图 8-41（续）

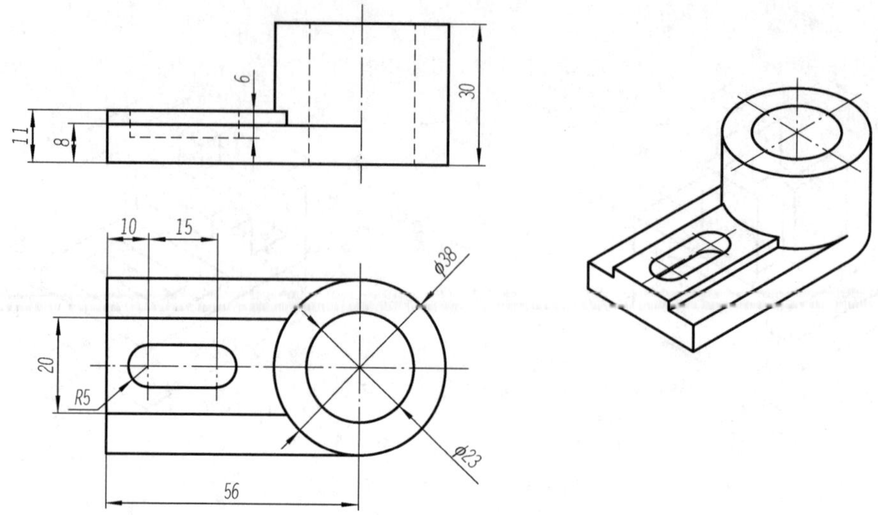
6
30
11
8
10
15
ϕ38
20
R5
ϕ23
56

（i）

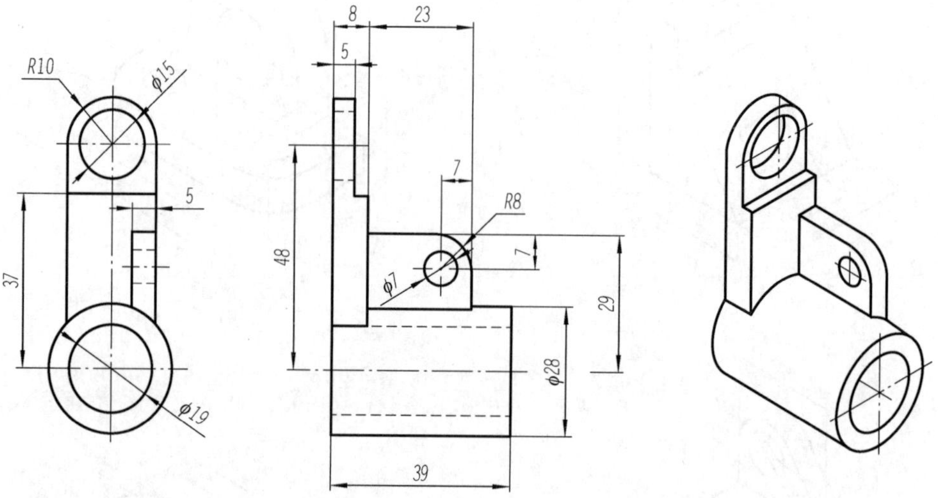
8
23
5
R10
ϕ15
5
37
ϕ19
48
7
R8
7
ϕ7
29
ϕ28
39

（j）

图 8-41（续）

9 单元 创建3D实体

◎ **内容导航**

前面的各个项目主要学习了二维图形的创建和编辑，在AutoCAD 2018中还可以创建三维模型，虽然三维模型的创建比二维模型复杂，但其具有自身的优势，如用户在绘制产品的图样过程中是用多个平面图形来全面反映产品信息的，但有时还需要观察这个产品的全局，以便得到更直观的效果，这时就需要绘制产品的三维立体图。由于三维图形的逼真效果，计算机三维设计越来越受到工程技术人员的青睐。

◎ **学习目标**

- 了解三维绘图的基本知识。
- 掌握创建简单三维实体的方法。
- 了解简单编辑三维实体的方法。

9.1 三维绘图基本知识

AutoCAD 2018 专门提供了用于三维绘图的工作界面，并提供了三维绘图控制台，从而方便了用户的三维绘图操作。UCS 是三维绘图的基础，利用其可使用户方便地在空间任意位置绘制各种二维或三维图形。对于三维模型，通过设置不同的视点，能够从不同的方向观看模型，能够控制三维模型的视觉样式，即控制模型的显示效果等。

1. 三维造型工作界面

AutoCAD 2018 专门提供了用于三维造型的工作界面，即三维建模工作空间。从二维草图与注释工作界面切换到三维造型工作界面的方法：选择“工具”→“工作空间”→“三维建模”命令，进入 AutoCAD 2018 时默认界面并没有显示“工具”菜单栏，可通过单击“快速访问工具栏”下拉按钮，在弹出的下拉列表中选择“显示菜单栏”命令来显示“工具”菜单栏。图 9-1 是 AutoCAD 2018 的三维造型工作界面，其中界面启用了栅格功能。

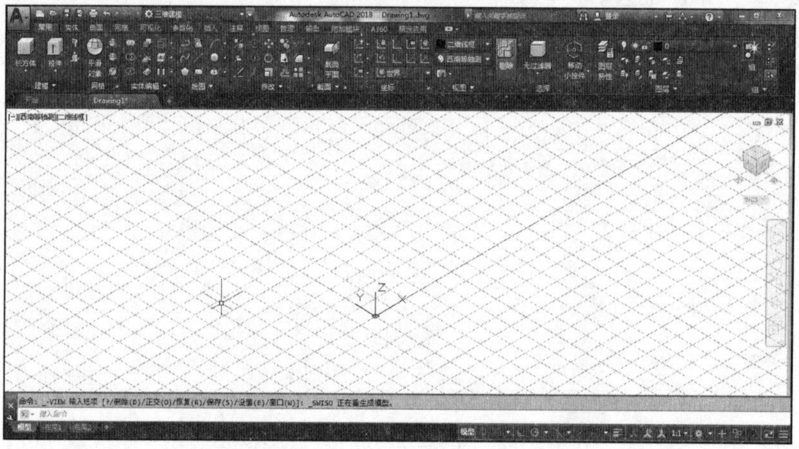

图 9-1 三维建模工作界面

三维建模工作界面由坐标系图标、建模界面和控制面板等组成。用户可以像二维绘图一样，通过菜单栏和命令窗口执行 AutoCAD 的三维命令，但利用控制面板可以方便地执行 AutoCAD 的大部分三维操作。

2. AutoCAD 2018 三维坐标系

在 AutoCAD 2018 中，三维坐标系可分为世界坐标系（WCS）和用户坐标系（UCS）两种形式。

世界坐标系是在二维世界坐标系的基础上增加 *Z* 轴而形成的，三维世界坐标系又称通用坐标系或绝对坐标系，是其他三维坐标系的基础，不能对其重新定义，输入三维坐标系（*X*，*Y*，*Z*）的方法与输入二维坐标系（*X*，*Y*）的方法相似。

为便于绘制三维图形，AutoCAD 允许用户定义自己的坐标系，用户定义的坐标系称为用户坐标系（UCS）。新建 UCS 的命令是“UCS”，在实际绘图中，利用 AutoCAD 界面右上角的 ViewCube 工具下方的“WCS”下拉列表（图 9-2）或工具栏（图 9-3）可创建 UCS。

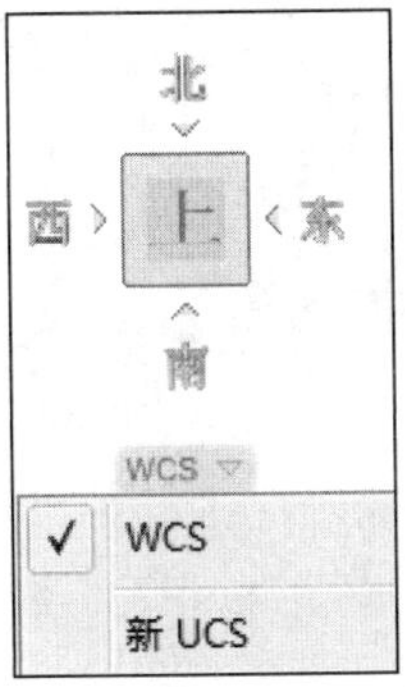

图 9-2　“WCS”下拉列表

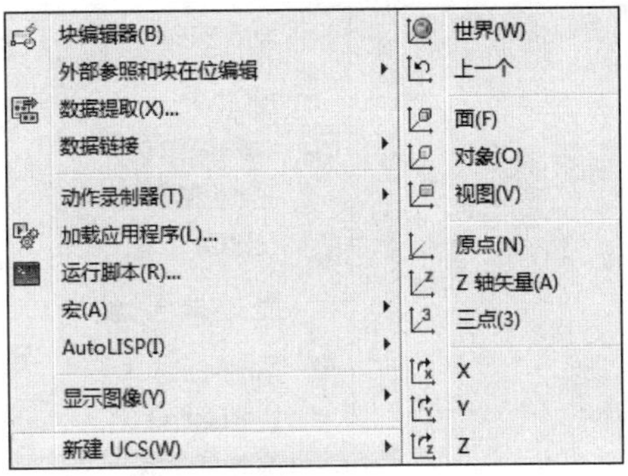

图 9-3　新建“USC”命令

3. 视图和视口

通过“视图”面板或选择“视图”→“三维视图”命令可以对三维模型进行不同角度的观察，通过 ViewCube 工具在模型的标准视图和等轴测视图之间进行切换。

右击 ViewCube 工具，在弹出的快捷菜单中选择“透视模式”命令，将视图切换到透视模式；选择“ViewCube 设置”命令，可在打开的“ViewCube 设置”对话框中对其各项参数进行自定义设置，如图 9-4 所示。

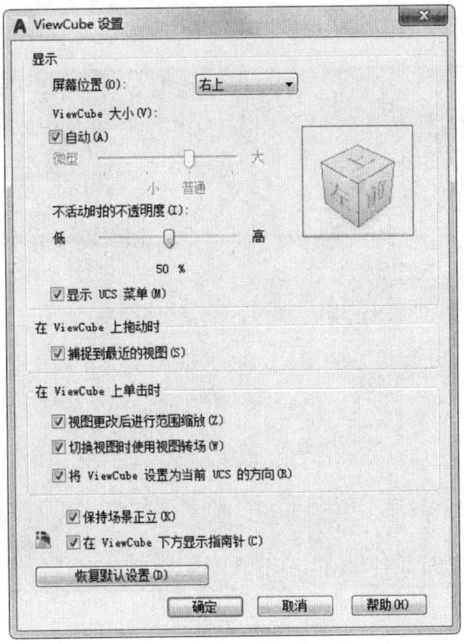

图 9-4　“ViewCube 设置”对话框

视口是显示用户模型的区域。可以将绘图区域拆分成一个或多个相邻的矩形视图，即模型空间视口。在绘制复杂的三维图形时，显示不同的视口可以方便通过不同的角度和视图同时观察和操作三维图形。创建的视口充满整个绘图区域并且相互之间不重叠，在一个视口进行编辑和修改后，其他视图会立即更新。

可以通过选择“视图”→“视口”命令，得到图 9-5 所示的“视口”命令。

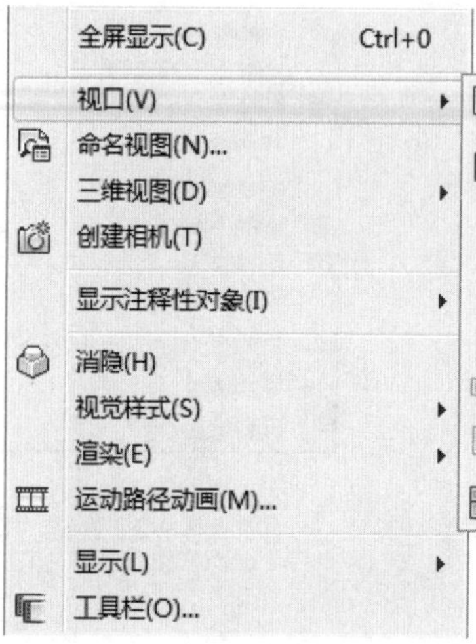

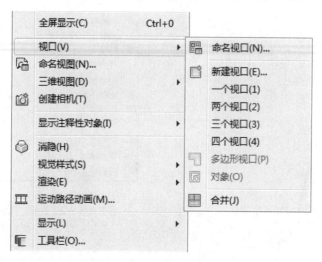

图 9-5 “视口”命令

4. 视觉样式和视觉样式管理器

用于设置视觉样式的命令是 VSCURRENT，通过选择“视图”→“视觉样式”命令或利用“视觉样式”工具栏，可以方便地设置视觉样式。“视图控制台”下拉列表中是一些图像按钮，从左到右、从上到下依次为二维线框、概念、隐藏、真实、着色、带边缘着色、灰度、勾画、线框和 X 射线，如图 9-6 所示。

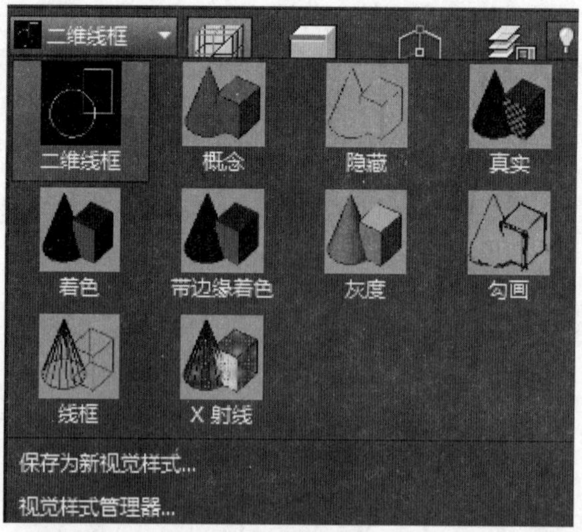

图 9-6 视觉样式

“视觉样式管理器”对话框用于管理视觉样式，对其面、环境、边、光源等特性进行自定义设置。通过选择“视图控制台”下拉列表或“视觉样式”工具栏中的“视觉样式管理器”命令，可以打开“视觉样式管理器”对话框，如图 9-7 所示。

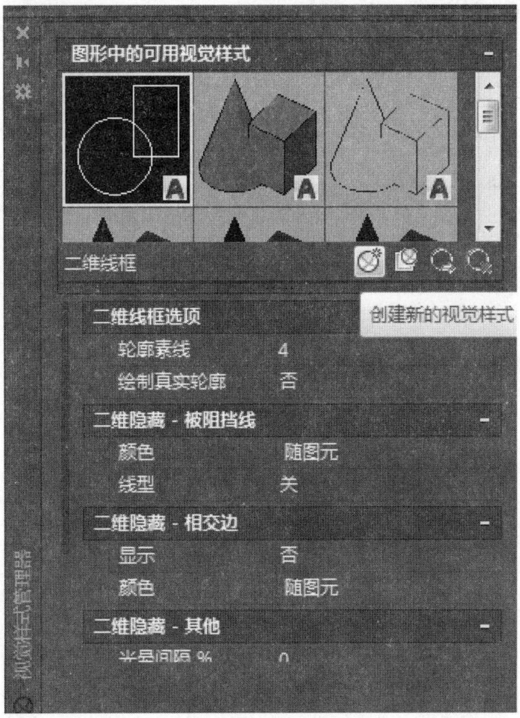

图 9-7 “视觉样式管理器”对话框

9.2 绘制三维造型

本节主要学习利用三维实体工具栏创建长方体、球体、圆柱体等基本三维形体；通过拉伸、旋转命令将闭合二维图形拉伸生成实体。

1. 绘制三维基本几何体

利用三维实体工具栏可以快速地创建基本的三维实体，通过“建模”面板中的长方体、圆柱体、圆锥体、球体、棱锥体、楔体、圆环体命令，可直接创建基本的三维实体。这里只介绍基本体的绘图命令，建议读者在练习时使用图标命令，这样作图会更加快捷。

表 9-1 为“建模”面板基本按钮的含义。

表 9-1 “建模”面板基本按钮的含义

按钮	功能	操作方法
	创建长方体	指定长方体的一个角点，再输入另一个角点的相对坐标
	创建圆柱体	指定圆柱体底部的中心点，输入圆柱体半径及高度
	创建圆锥体	指定圆锥体底面的中心点，输入锥体底面半径及锥体高度
	创建球体	指定球心，输入球半径
	创建棱锥体	指定棱锥体底面边数及中心点，输入锥体底面半径及锥体高度
	创建楔体	指定楔体的一个角点，再输入另一个对角点的相对坐标
	创建圆环体	指定圆环中心点，输入圆环体半径及圆管半径

（1）长方体命令

1）功能。

长方体命令用于创建实体长方体。

2）命令的调用。

调用长方体命令的方法有以下 3 种：①在命令窗口中输入“BOX”；②选择菜单栏中的“绘图”→“建模”→“长方体”命令；③单击“建模”面板中的按钮。

3）应用。

【例 9-1】创建图 9-8 所示的长方体。

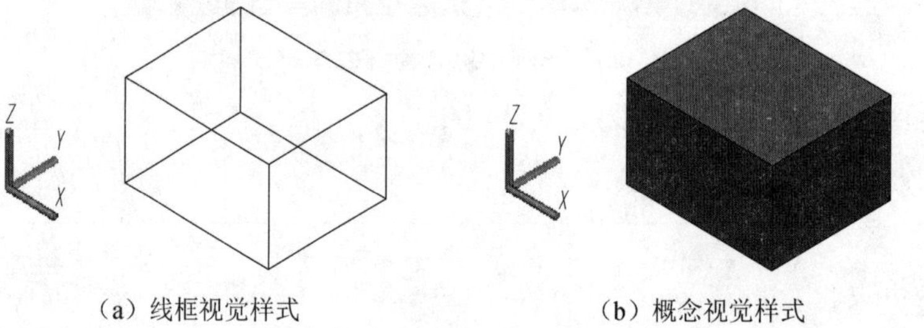

（a）线框视觉样式　　（b）概念视觉样式

图 9-8　长方体

具体操作如下：

```
命令:_box
指定第一个角点或[中心点(C)]:                    //单击确定一点
指定其他角点或[立方体(C)/长度(L)]:C↙             //选择长、宽、高方式
指定长度:50↙                                     //输入长度 50
指定宽度:40↙                                     //输入宽度 40
指定高度:30↙                                     //输入高度 30
```

此时在绘图区中生成图 9-8 所示的图形。若未出现图 9-8 所示的实体，则选择“视图”→“三维视图”→“东南等轴测”命令即可看到生成的长方体。图 9-8（a）为线框视觉样式长方体，图 9-8（b）为概念视觉样式长方体。

（2）圆柱体命令

1）功能。

圆柱体命令用于创建以圆或椭圆为底面的实体圆柱体。

2）命令的调用。

调用圆柱体命令的方法有以下 3 种：①在命令窗口中输入“CYLINDER”；②选择菜单栏中的“绘图”→“建模”→“圆柱体”命令；③单击“建模”面板中的按钮。

3）应用。

【例 9-2】创建图 9-9 所示的圆柱体。

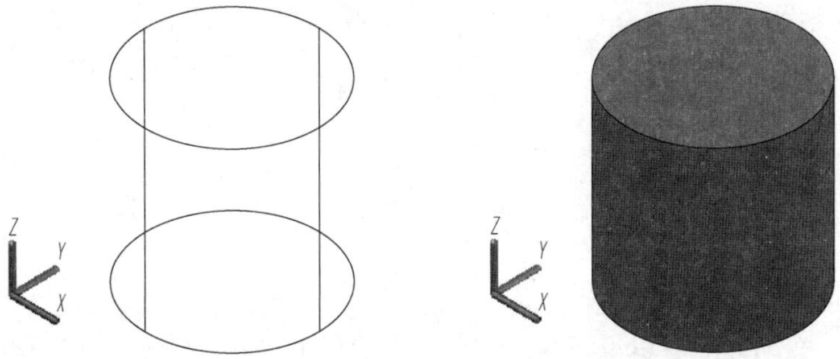

（a）线框视觉样式　　（b）概念视觉样式

图 9-9　圆柱体

具体操作如下：

```
命令:_cylinder
指定底面的中心点或[三点(3P)两点(2P)切点、切点、半径(T)椭圆(E)]://单击确定一点
指定底面的半径或[直径(D)]:30↙                                //输入半径 30
指定圆柱体高度或[两点(2P)轴端点(A)]:60↙                        //输入高度 60
```

此时在绘图区中生成图 9-9 所示的图形，其中图 9-9（a）为线框视觉样式圆柱体，图 9-9（b）为概念视觉样式圆柱体。

（3）圆锥体命令

1）功能。

圆锥体命令用于创建实体圆锥、圆台或椭圆锥。

2）命令的调用。

调用圆锥体命令的方法有以下 3 种：①在命令窗口中输入“CONE”；②选择菜单栏中的“绘图”→“建模”→“圆锥体”命令；③单击“建模”面板中的按钮。

3）应用。

【例 9-3】创建图 9-10 所示的圆锥体。

具体操作如下：

```
命令:_cone
指定底面的中心点或[三点(3P)两点(2P)切点、切点、半径(T)椭圆(E)]://单击确定一点
指定底面半径或 [直径(D)]:30↙                                  //输入底面半径 30
指定高度或 [两点(2P)/轴端点(A)/顶面半径(T)]:60↙                //输入高度为 60
```

此时在绘图区中生成图 9-10 所示的图形，其中图 9-10（a）为线框视觉样式圆锥体，图 9-10（b）为概念视觉样式圆锥体。

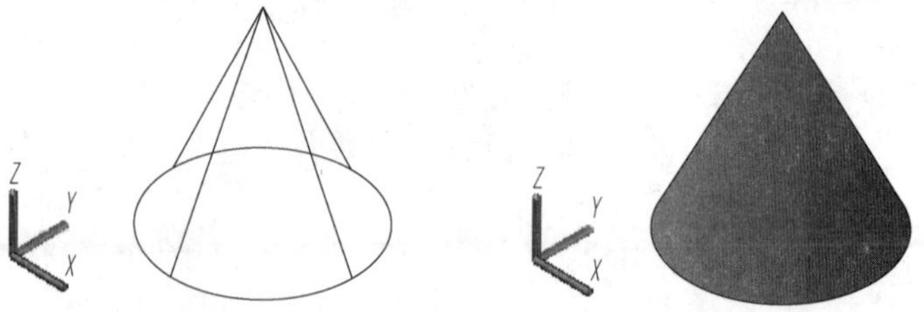

（a）线框视觉样式　　（b）概念视觉样式

图 9-10　圆锥体

（4）球体命令

1）功能。

球体命令用于创建三维实体球体。

2）命令的调用。

调用球体命令的方法有以下 3 种：①在命令窗口中输入“SPHERE”；②选择菜单栏中的“绘图”→“建模”→“球体”命令；③单击“建模”面板中的按钮。

3）应用。

【例 9-4】创建图 9-11 所示的球体。

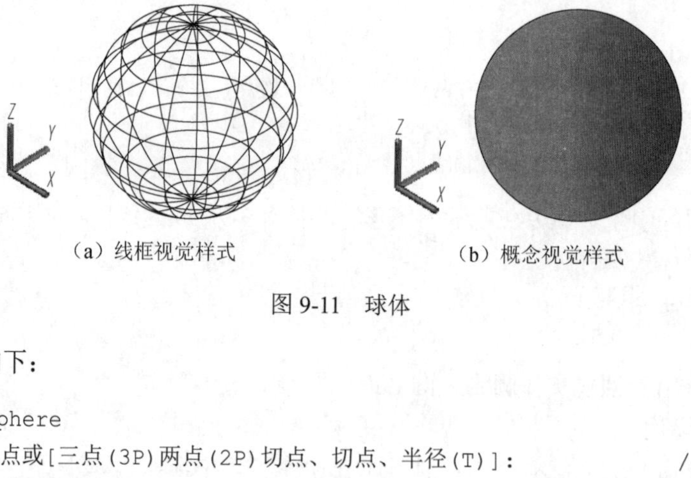

（a）线框视觉样式　　（b）概念视觉样式

图 9-11　球体

具体操作如下：

```
命令:_sphere
指定中心点或[三点(3P)两点(2P)切点、切点、半径(T)]:          //单击确定一点
指定半径或 [直径(D)]:30↙                                    //输入半径 30
```

球体上每个面的轮廓线的数目太小（为默认数值 4），可以通过 ISOLINES 变量来改变每个面的轮廓线的数目。在命令窗口中输入“ISOLINES”，按 Enter 键，输入数值 15。这时在绘图区中生成图 9-11 所示的图形，其中图 9-11（a）为线框视觉样式球体，图 9-11（b）为概念视觉样式球体。

（5）棱锥体命令

1）功能。

棱锥体命令用于创建实体棱锥体。

2）命令的调用。

调用棱锥体命令的方法有以下3种：①在命令窗口中输入“PRRAMID”；②选择菜单栏中的“绘图”→“建模”→“棱锥体”命令；③单击“建模”面板中的按钮。

3）应用。

【例9-5】创建图9-12所示的棱锥体。

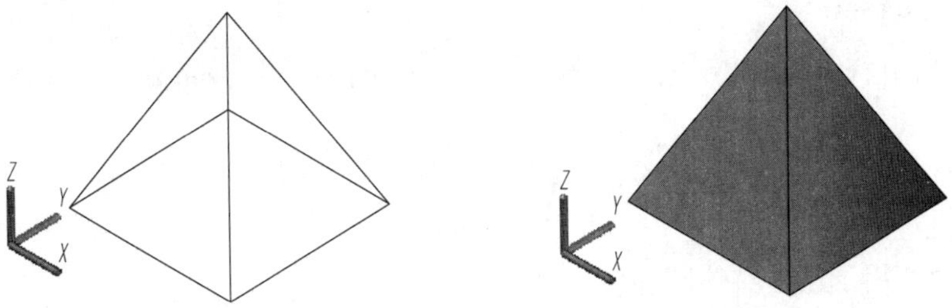

（a）线框视觉样式　　（b）概念视觉样式

图9-12　棱锥体

具体操作如下：

```
命令:_prramid
指定底面的中心点或 [边(E)/侧面(S)]:                //单击确定一点
指定半径或[内接(I)]:30↙                             //输入外切圆半径30
指定高度或[两点(2P)/轴端点(A)/顶面半径(T)]:60↙      //输入高度60
```

此时在绘图区中生成图9-12所示的图形，其中图9-12（a）为线框视觉样式棱锥体，图9-12（b）为概念视觉样式棱锥体。

（6）楔体命令

1）功能。

楔体命令用于创建沿X轴且具有倾斜面锥体形式的实体楔体。

2）命令的调用。

调用楔体命令的方法有以下3种：①在命令窗口中输入“WEDGE”；②选择菜单栏中的“绘图”→“建模”→“楔体”命令；③单击“建模”面板中的按钮。

3）应用。

【例9-6】创建图9-13所示的楔体。

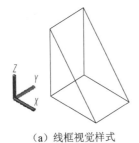

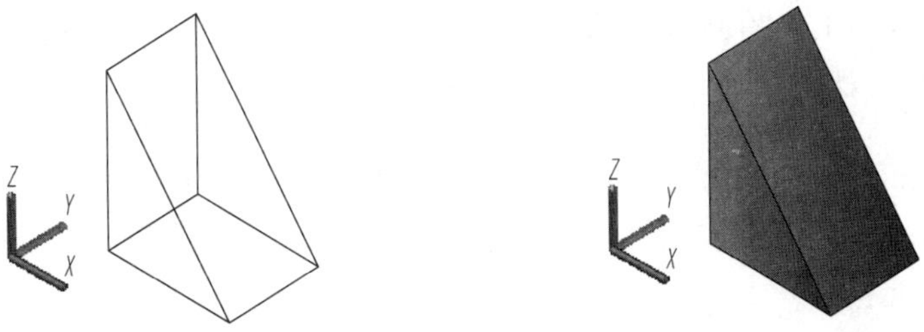

（a）线框视觉样式　　（b）概念视觉样式

图9-13　楔体

具体操作如下：

```
命令:_wedge
指定第一个角点或[中心(C)]:                          //单击确定一点
指定其他角点或[立方体(C)/长度(L)]:l                  //选择长、宽、高方式
指定长度:40↙                                        //输入长度 40
指定宽度:30↙                                        //输入宽度 30
指定高度:50↙                                        //输入高度 50
```

此时在绘图区中生成图 9-13 所示的图形，其中 9-13（a）为线框视觉样式楔体，9-13（b）为概念视觉样式楔体。

（7）圆环体命令。

1）功能。

圆环体命令用于创建实体圆环体。

2）命令的调用。

调用圆环体命令的方法有以下 3 种：①在命令窗口中输入“TORUS”；②选择菜单栏中的“绘图”→“建模”→“圆环体”命令；③单击“建模”面板中的◎按钮。

3）应用。

【例 9-7】创建图 9-14 所示的圆环体。

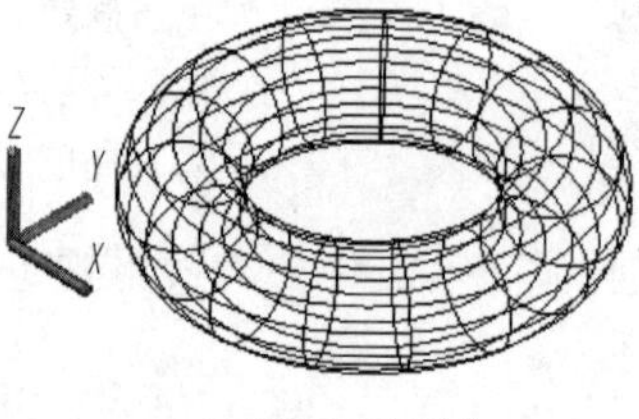

（a）线框视觉样式

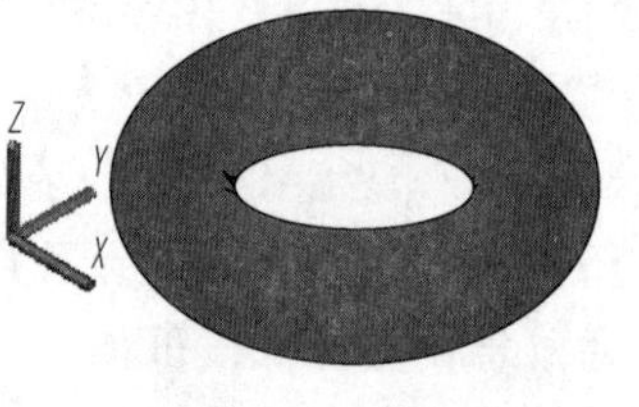

（b）概念视觉样式

图 9-14　圆环体

具体操作如下：

```
命令:_torus
指定中心点或[三点(3P)两点(2P)切点、切点、半径(T)]:        //单击确定一点
指定半径或 [直径(D)]:30↙                               //输入圆环半径 30
指定圆管半径或 [直径(D)]:10↙                           //输入圆管半径 10
```

此时在绘图区中生成图 9-14 所示的图形，其中图 9-14（a）为线框视觉样式圆环体，图 9-14（b）为概念视觉样式圆环体。

2. 间接生成三维实体

（1）拉伸命令

1）功能。

拉伸命令用于拉伸二维对象来创建实体。

2）命令的调用。

调用拉伸命令的方法有以下 3 种：①在命令窗口中输入“EXTRUDE”（缩写 EXT）；

②选择菜单栏中的“绘图”→“建模”→“拉伸”命令；③单击“建模”面板中的按钮。

3）拉伸方法。

① 指定高度值拉伸。首先在俯视图中绘制图 9-15 所示的二维闭合图形。然后单击“实体”面板中的“拉伸”按钮，选择所有图形，按 Enter 键，命令窗口中提示“指定拉伸高度”，输入数值 20，按两次 Enter 键，得到拉伸后的三维实体，如图 9-16 所示。

② 指定高度和倾斜角度值拉伸。以图 9-15 所示的图形为基础，执行“拉伸”命令，输入拉伸高度为 10、拉伸倾斜角度为 20°，得到的拉伸结果如图 9-17 所示。

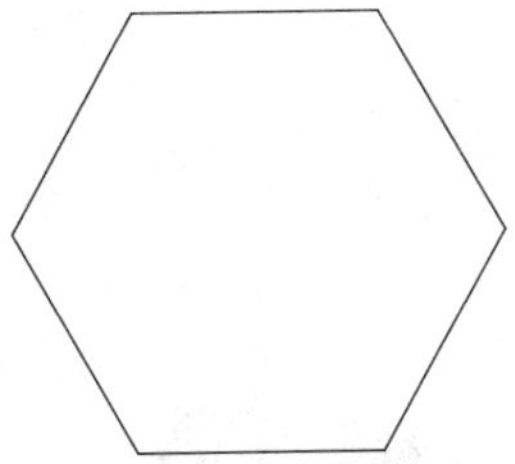

图 9-15　二维闭合图形

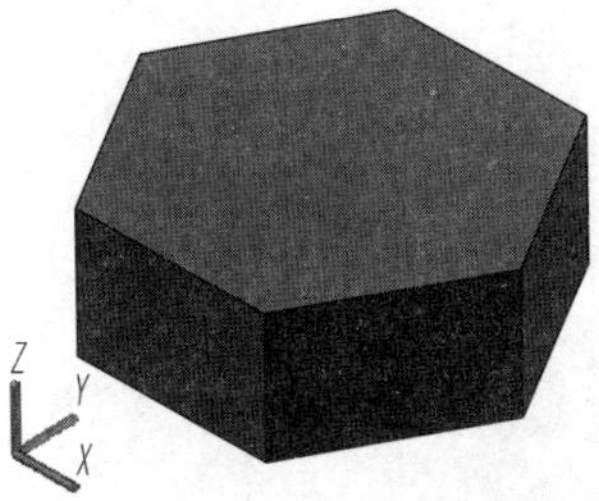

图 9-16　拉伸一

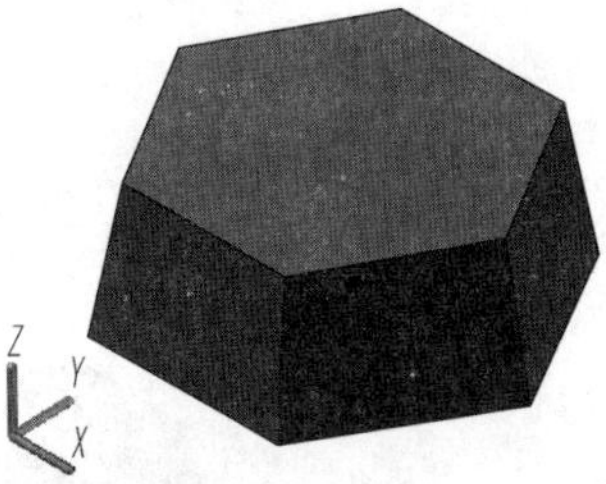

图 9-17　拉伸二

③ 指定路径拉伸。绘制图 9-18 所示的封闭图形和弧线，执行“拉伸”命令后，选择二维封闭图形为拉伸对象，输入指定拉伸路径（P），选择弧线，按 Enter 键确认得到图 9-18 所示的实体。其中，路径曲线不能和拉伸轮廓共面，拉伸轮廓处处与路径曲线垂直。

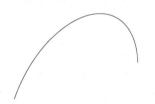

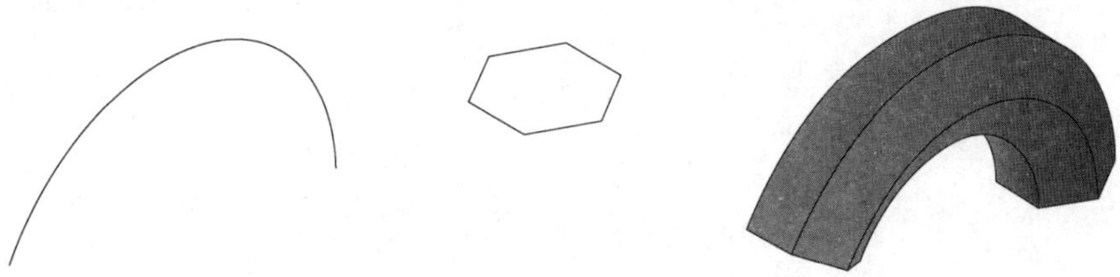

图 9-18　沿路径曲线拉伸

（2）旋转命令

1）功能。

旋转命令用于通过绕轴旋转二维对象来创建实体。

2）命令的调用。

调用旋转命令的方法有以下 3 种：①在命令窗口中输入“REVOLVE”（缩写 REV）；②选择菜单栏中的“绘图”→“建模”→“旋转”命令；③单击“建模”面板中的按钮。

3）应用。

01 绘制图 9-19 所示的二维封闭图形和直线 *AB*、直线 *CD*。

02 单击“实体”面板中的“旋转”按钮，选择闭合多段线，按 Enter 键，捕捉直线 *AB* 的两端点作为旋转轴，输入旋转角度 360°，得到旋转后的图形如图 9-20 所示。

03 以直线 *CD* 作为旋转轴旋转图形，得到图 9-21 所示的效果。

04 以直线 *AB* 作为旋转轴旋转图形，输入旋转角度 90°，得到图 9-22 所示的效果。

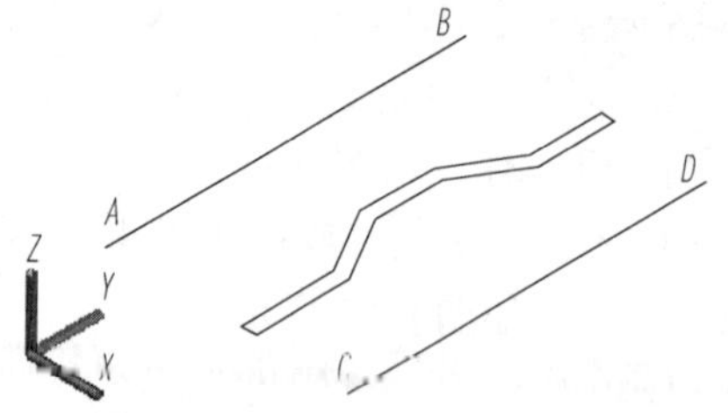

图 9-19　绘制的二维图形

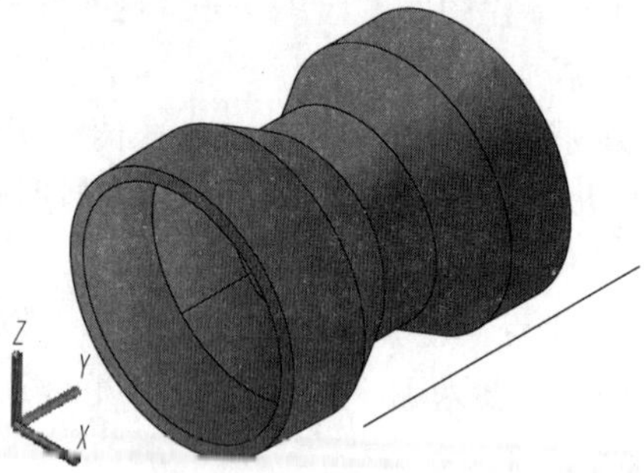

图 9-20　以直线 *AB* 为旋转轴

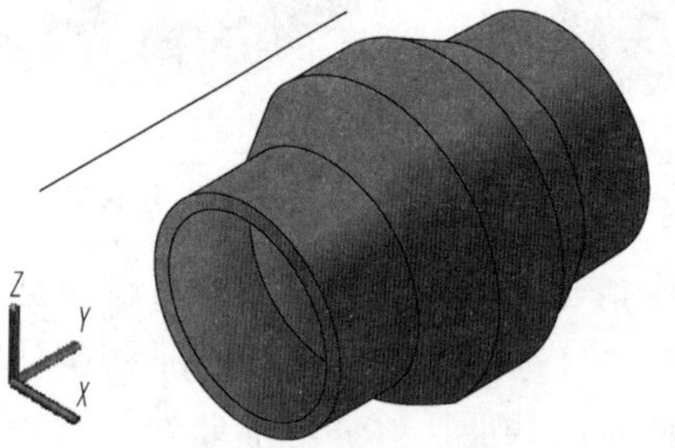

图 9-21　以直线 *CD* 为旋转轴

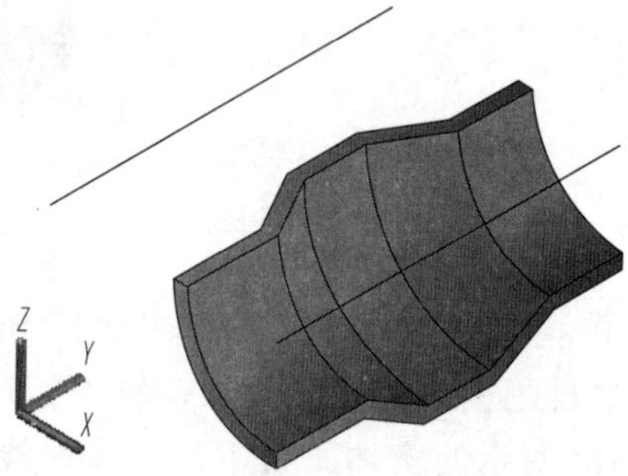

图 9-22　以直线 *AB* 为旋转轴旋转 90°

9.3 三维图形的编辑

将最基本的三维几何体加以编辑和组合，便可以创建出复杂的三维图形。在二维绘图中介绍过的图形编辑命令，大多数也适用于三维图形，且操作步骤基本相同，只是操作方式不同而已，如圆角、倒角、镜像、阵列、复制命令等。另外，三维图形还有其特有的编辑方法，可以通过求并集、差集、交集来创建实体；可以将一个实体剖切成几部分；可以拉伸、移动、偏移、删除、旋转、复制，以及着色三维实体的面，复制着色三维实体的边等。灵活运用各种三维实体编辑命令可以制作各种三维实体模型。

1. 三维实体编辑

（1）并集命令

1）功能。

并集命令用于对所选择的三维实体进行求并运算，可将两个或两个以上的实体进行合并，从而形成一个整体。

2）命令的调用。

调用并集命令的方法有以下3种：①在命令窗口中输入“UNION”（缩写UNI）；②选择菜单栏中的“修改”→“实体编辑”→“并集”命令；③单击“实体编辑”面板中的按钮。

3）应用。

利用三维实体工具栏创建一个大圆柱体和一个小圆柱体，如图9-23所示。执行“并集”命令后，选择大圆柱体、小圆柱体，按Enter键，得到图9-24所示的合并后的三维实体。

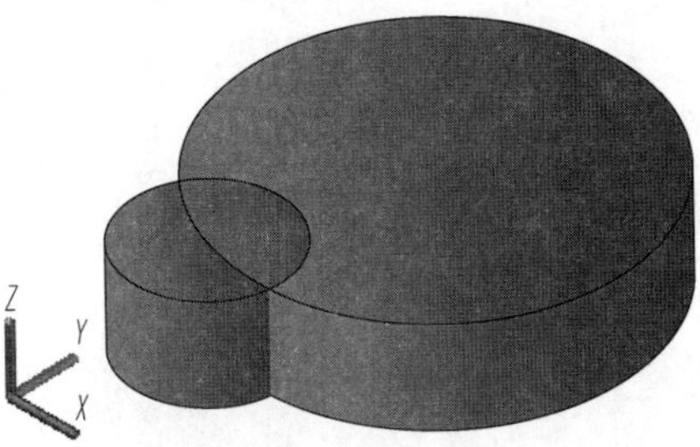

图9-23 大圆柱体和小圆柱体

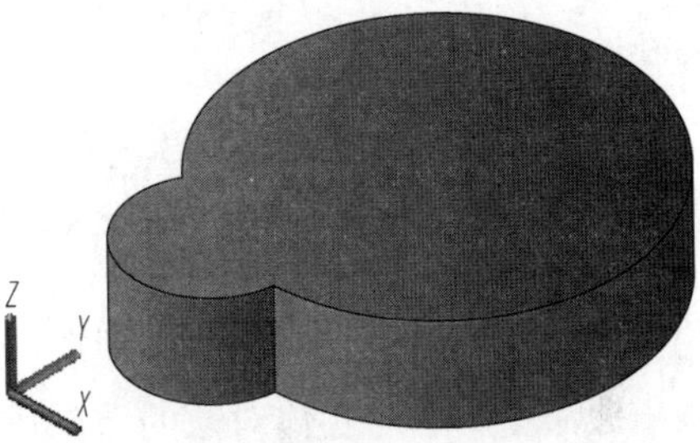

图9-24 合并后的三维实体

（2）差集命令

1）功能。

差集命令用于对三维实体或面域进行求差运算，实际上就是从一个实体中减去另一个实体，最终得到一个新的实体。

2）命令的调用。

调用差集命令的方法有以下3种：①在命令窗口中输入“SUBTRACT”（缩写SU）；②选择菜单栏中的“修改”→“实体编辑”→“差集”命令；③单击“实体编辑”面板中的按钮。

3）应用。

利用三维实体工具栏创建一个大圆柱体和一个小圆柱体，如图9-23所示。执行“差集”命令后，选择大圆柱体（要从中减去的实体、曲面和面域），按Enter键，选择小圆柱体（要减去的实体、曲面和面域），按Enter键，得到图9-25所示的求差后的三维实体。

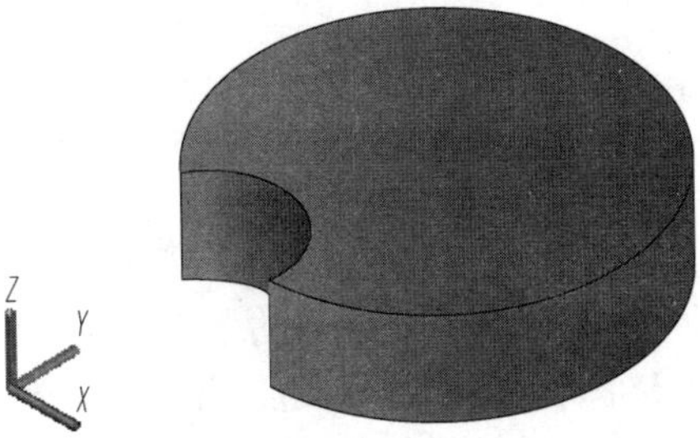

图9-25 求差后的三维实体

（3）交集命令

1）功能。

交集命令用于对两个或两个以上的实体进行求交运算，执行“交集”命令后会得到这些实体的公共部分，而每个实体的非公共部分将会被删除。

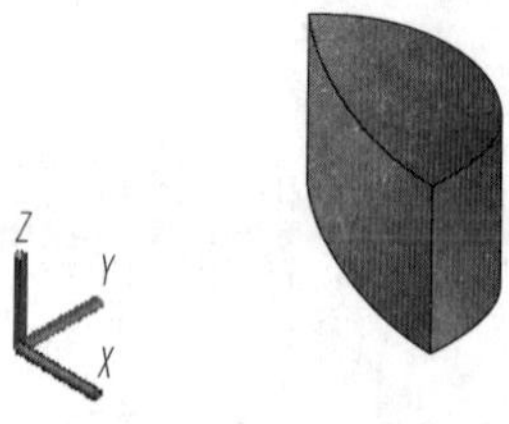

图 9-26　求交后的三维实体

2）命令的调用。

调用交集命令的方法有以下 3 种：①在命令窗口中输入“INTERSECT”（缩写 IN）；②选择菜单栏中的“修改”→“实体编辑”→“交集”命令；③单击“实体编辑”面板中的按钮。

3）应用。

利用三维实体工具栏创建一个大圆柱体和一个小圆柱体，如图 9-23 所示。执行“交集”命令后，选择大圆柱体、小圆柱体，按 Enter 键，得到图 9-26 所示的求交后的三维实体。

（4）圆角边命令

1）功能。

圆角边命令用于对实体对象的边制作圆角。

2）命令的调用。

调用圆角边命令的方法有以下 3 种：①在命令窗口中输入“FILLETEDGE”；②选择菜单栏中的“修改”→“实体编辑”→“圆角边”命令；③单击“实体编辑”面板中的按钮。

3）应用。

创建图 9-27 所示的圆柱体，执行“圆角边”命令后，选择圆柱上底面圆周，输入半径 R 为 1，按 Enter 键，得到图 9-28 所示的圆角边后的圆柱体。

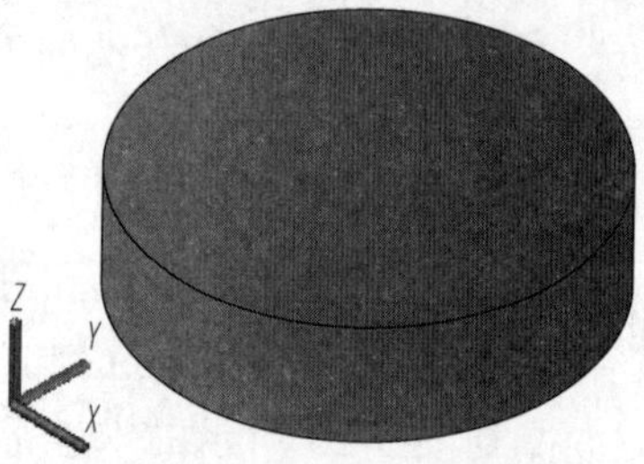

图 9-27　以 *CD* 为旋转轴

图 9-28　圆角边后的圆柱体

（5）倒角边命令

1）功能。

倒角边命令用于对实体对象的边制作倒角。

2）命令的调用。

调用倒角边命令的方法有以下 3 种：①在命令窗口中输入“CHAMFEREDGE”；②选择菜单栏中的“修改”→“实体编辑”→“倒角边”命令；③单击“实体编辑”面板中的按钮。

3）应用。

创建图 9-27 所示的圆柱体，执行“倒角边”命令后，选择圆柱上底面圆周，分别输入指定基面倒角边距离和指定其他曲面倒角边距离 D 为 1，按 Enter 键，得到图 9-29 所示的倒角边后的圆柱体。

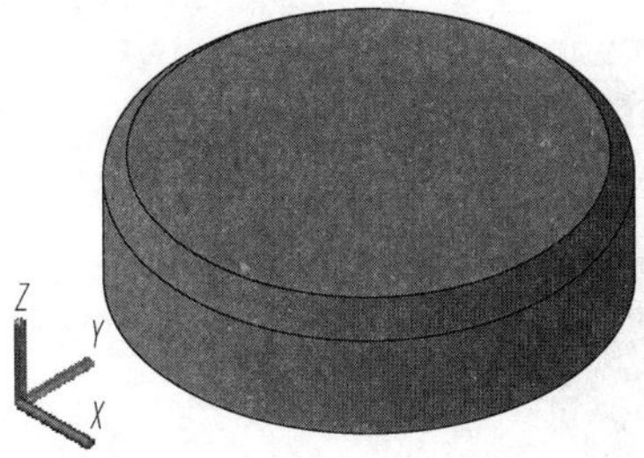

图 9-29　倒角边后的圆柱体

2. 实例

根据图 9-30 所示的二维图形绘制带轮三维实体。

分析：首先通过二维轮廓图形旋转得到带轮，然后通过差集处理得到 4 个圆孔，最后运用倒角边和圆角边得到带轮三维实体。

具体操作如下：

01 新建文件。选择“文件”→“新建”命令，创建一个新图形，进入“三维建模”工作空间。

02 绘制二维图形。绘制图 9-31 所示的二维轮廓图形。

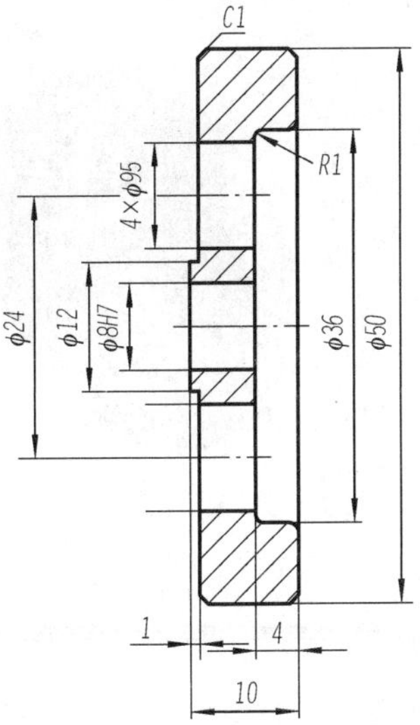

图 9-30　带轮二维图形

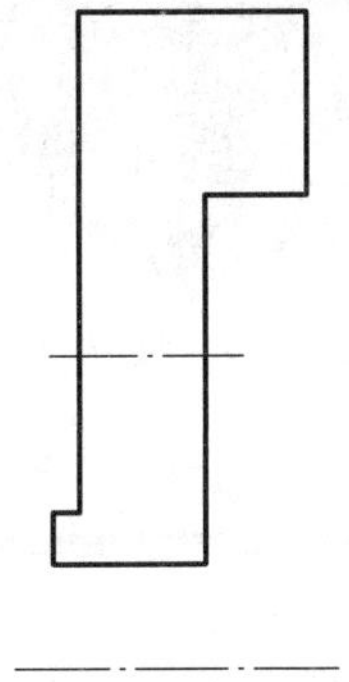

图 9-31　二维草图

03 编辑多段线。单击“修改”面板中的按钮，将所做的草图合并为一个闭合的图形。

04 旋转创建实体。单击“建模”面板中的“旋转”按钮，选择二维图形，按

Enter 键，捕捉虚线的两端点作为旋转轴，输入旋转角度 360°，得到旋转后的图形如图 9-32 所示。

05 创建三维实心圆柱体。单击“建模”面板中的按钮或在命令窗口中输入“CYLINDER”，选择圆心，创建 4 个 ϕ9.5 圆柱，拉伸高度为 5，结果如图 9-33 所示。

图 9-32　带轮三维实体

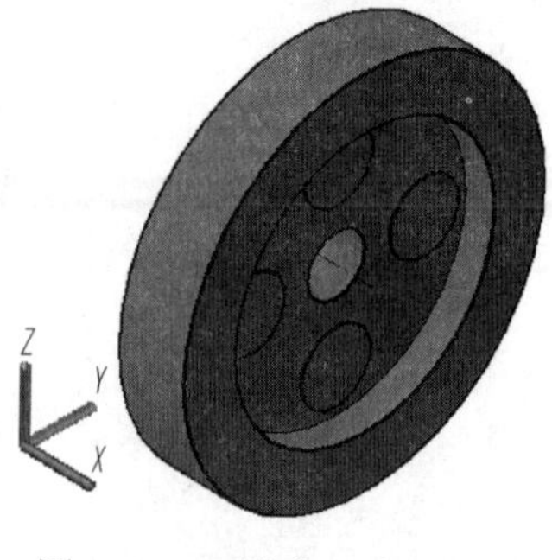

图 9-33　三维实心小圆柱体

06 差集处理。单击按钮或在命令窗口中输入“SUBTRACT”，选中带轮为保存对象，选中 4 个圆柱实体为消去对象，按 Enter 键，得到圆角边的三维实体，如图 9-34 所示。

07 倒角边和圆角边。单击“实体编辑”面板中的“倒角边”按钮，然后选择带轮两端面圆周，按 Enter 键确认，输入直径，指定基面倒角边距离为 1，指定其他曲面倒角边距离为 1，按 Enter 键得到圆角边的三维实体；单击“实体编辑”面板中的“圆角边”按钮，然后选择带轮孔内侧圆周，按 Enter 键，然后输入半径 1，按 Enter 键得到圆角边的三维实体，如图 9-35 所示。

图 9-34　差集处理实体

图 9-35　倒、圆角边后的带轮造型

习　题

1．用基本实体工具创建图 9-36 所示的模型。

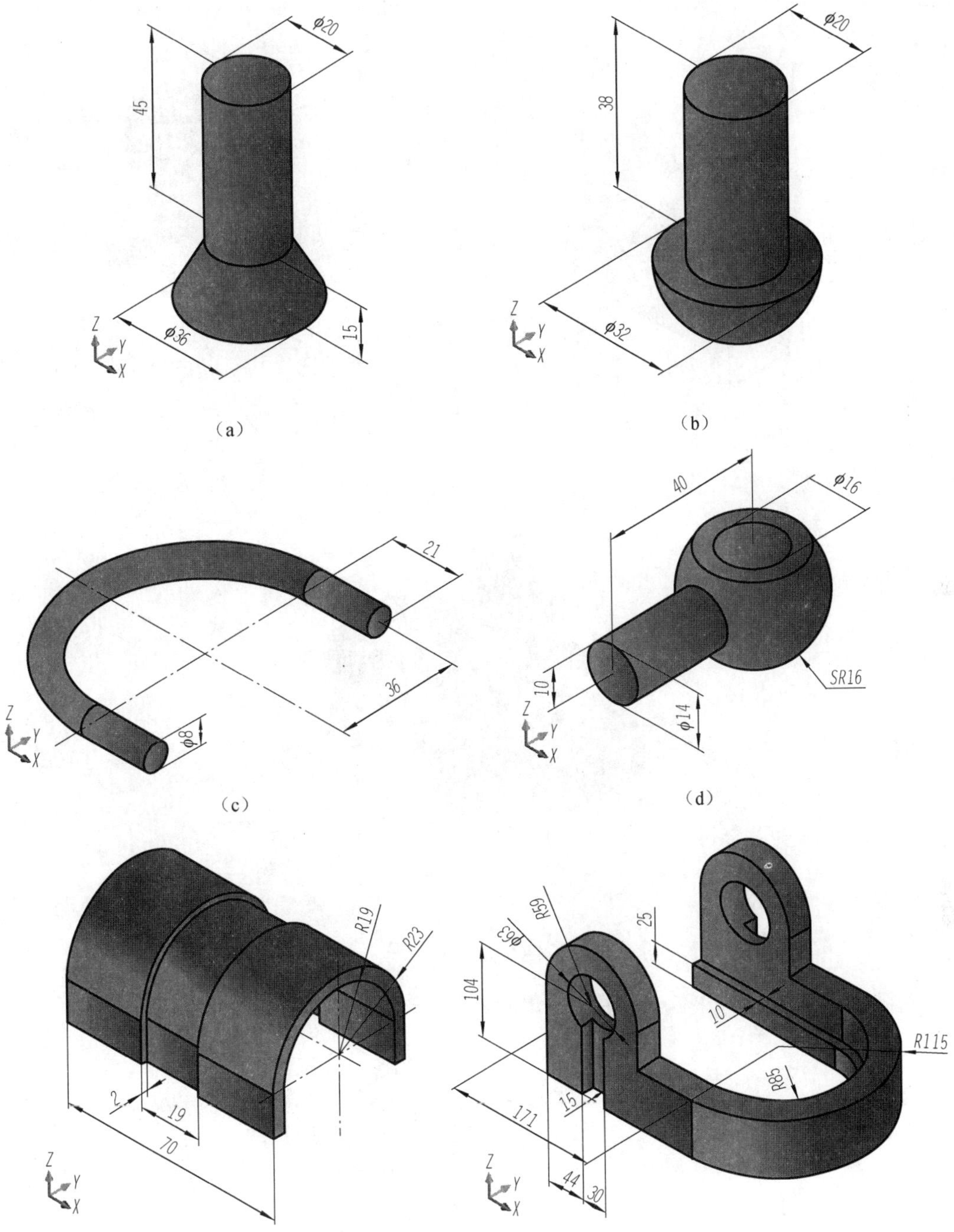

φ20
45
φ36
15
(a)
φ20
38
φ32
(b)
21
36
φ8
(c)
40
φ16
SR16
10
φ14
(d)
R19
R23
2
19
70
(e)
φ63
R59
25
104
10
R115
R85
15
171
44
30
(f)

图 9-36 实体模型

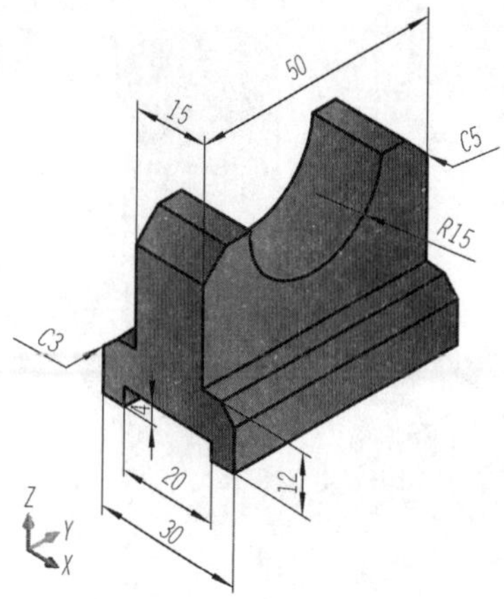

（g）

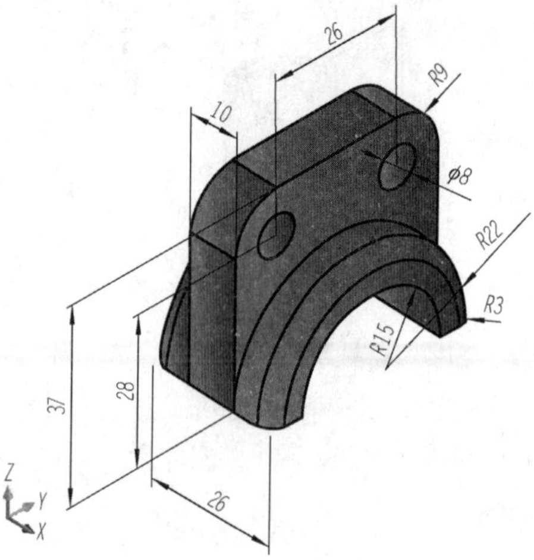

（h）

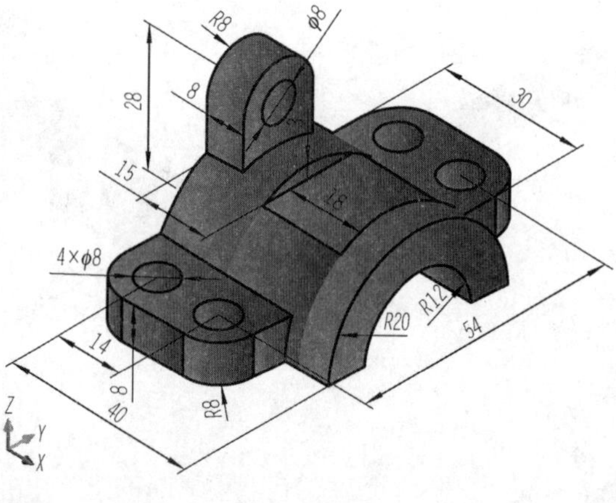

（i）

图 9-36（续）

2．用拉伸命令创建图 9-37 所示的实体模型。

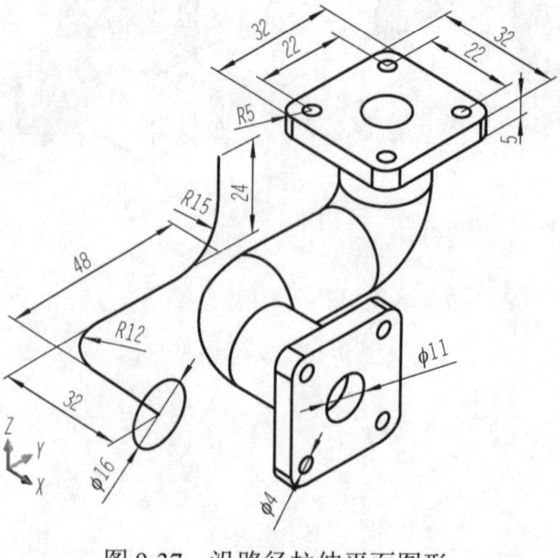

图 9-37　沿路径拉伸平面图形

3．用三维实体编辑绘制图 9-38 所示的实体模型。

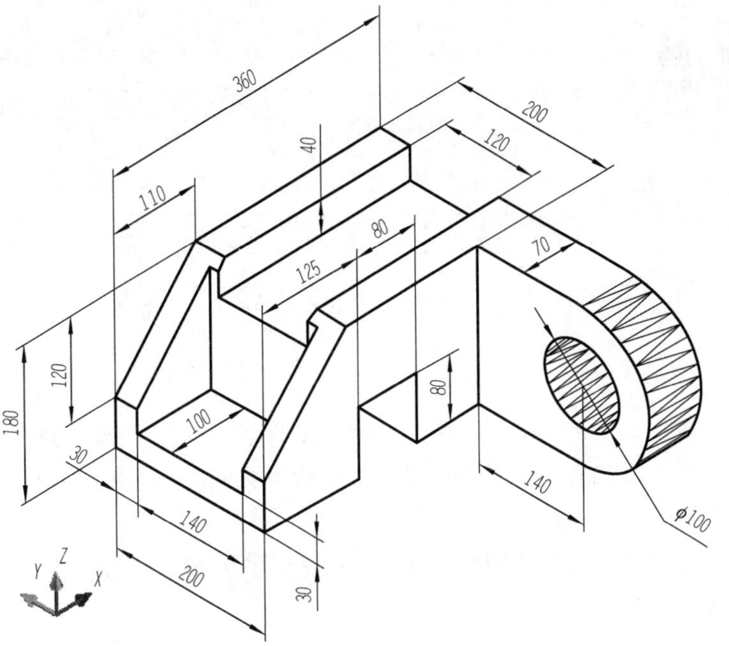

（a）

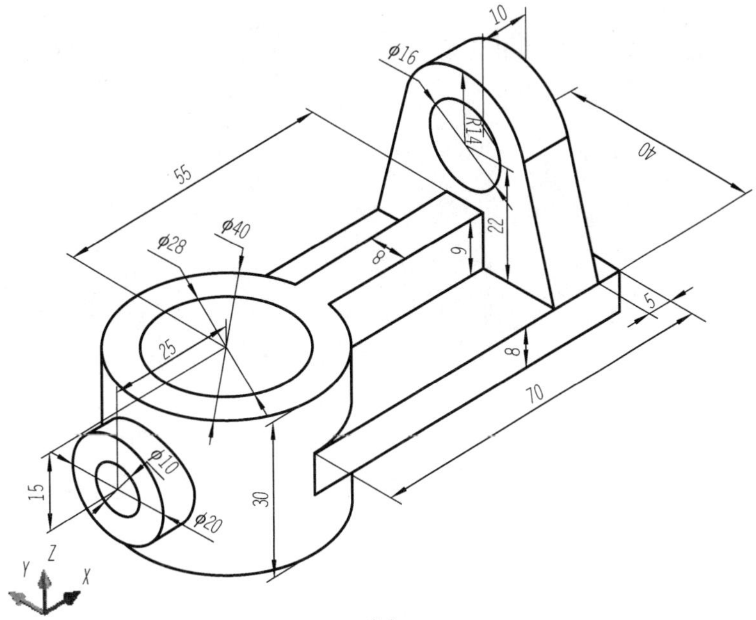

（b）

图 9-38　模型

10 单元 图形打印

◎ **内容导航**

设计好的图纸，只有打印出来，才能方便设计和技术人员阅读使用。AutoCAD 2018 为我们提供了方便的图纸布局、页面设置与打印输出功能，用户可以对同一图形对象进行多种不同的布局，以满足不同设计、不同阅读者的需要。

本单元主要介绍 AutoCAD 2018 的图形布局与打印方法。

◎ **学习目标**

- 了解模型与图纸空间。
- 了解布局与视口操作。
- 掌握页面设置与打印输出的方法。

10.1 模型空间与图纸空间

AutoCAD 提供了两种不同的空间：模型空间和图纸空间。通过本节的学习，读者将了解两种不同空间的特征及区别。

1. 模型空间

模型空间是一个三维空间，它主要用于几何模型的构建，读者在前面所学的内容都是在模型空间中进行的。

模型空间的主要特征如下：

1）在模型空间中，所绘制的二维图形和三维模型的比例是统一的。

2）在模型空间中，每个视口都包含对象的一个视图，如设置不同的视口会得到主视图、俯视图、左视图、立体图等。

3）用 VPORTS 命令创建视口和设置视口，还可以将其保存起来以备后用。

4）视口是平铺的，不能重叠，总是彼此相邻。

5）当前视口只有一个，十字光标只能出现在该视口中，只能编辑该视口。

6）只能打印活动的视口。

7）系统变量 Maxactvp 决定了视口的范围是 2～64。

2. 图纸空间

在 AutoCAD 中，图纸空间是以布局的形式来表现的。一个图形文件中可包含多个布局，每个布局代表一张单独的打印输出图纸，主要用于创建最终的打印布局，而不用于绘图或设计工作。在绘图区域底部选择“布局”选项卡，即可查看相应的布局。

图纸空间的主要特征如下：

1）只有激活了 MS 命令后，才可以编辑图形文件。

2）视口的边界是实体，可以删除、移动、缩放和拉伸视口。

3）视口的形状没有限制。

4）视口不是平铺的，可以用各种方法将它们重叠、分离。

5）每个视口都在自定的图层上，视口边界和当前层的颜色相同，但线型为实线。

6）可以同时打印多个视口。

7）十字光标可以不断延伸，处于任一视口中。

8）可通过 MVIEW 命令打开或关闭视口，通过 SOLVIEW 命令创建视口或通过 VPORTS 命令恢复在模型空间中保存的视口。

9）系统变量 Maxactvp 决定了活动状态下的视口数最多是 64。

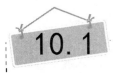

10.2 布局与视口

在图纸空间可以进行不同的布局及创建新布局、设置多个视口、调整视口等操作。

1. 创建布局

在建立新图形的时候，AutoCAD 会自动建立一个“模型”选项卡和两个“布局”选项卡。其中，“模型”选项卡不能删除也不能重命名；而“布局”选项卡可以删除、重命名，且个数没有限制。

在 AutoCAD 2018 的“插入”→“布局”下拉列表中，有 3 种创建布局的方法：新建布局、来自样板的布局和创建布局向导，如图 10-1 所示。

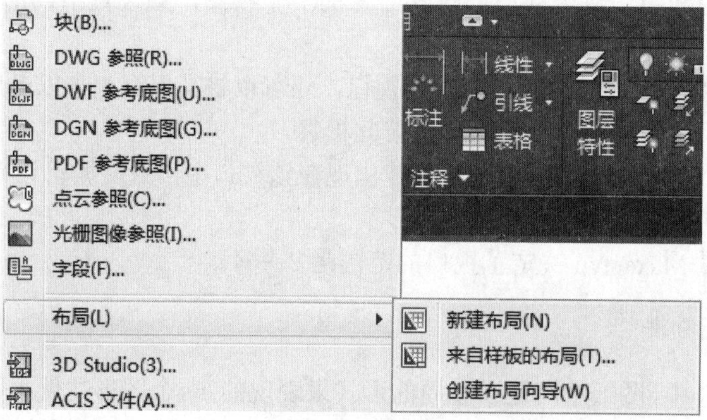

图 10-1　创建布局

（1）新建布局

命令:_layout

显示布局选项 [复制(C)/删除(D)/新建(N)/样板(T)/重命名(R)/另存为(SA)/设置(S)/?] :n ↙　　//新建布局

输入新布局名 <布局 3>:　　//输入新布局名

也可以用鼠标在任一“布局”选项卡上右击，在弹出的快捷菜单中选择“新建布局”命令。这种方式创建的新布局无须输入布局的名称，系统自动按“布局 3”“布局 4”依次命名。如有需要，可通过“重命名”更改布局名称。

（2）利用布局样板创建布局

可以利用系统提供的样板来创建布局，如图 10-2 所示。

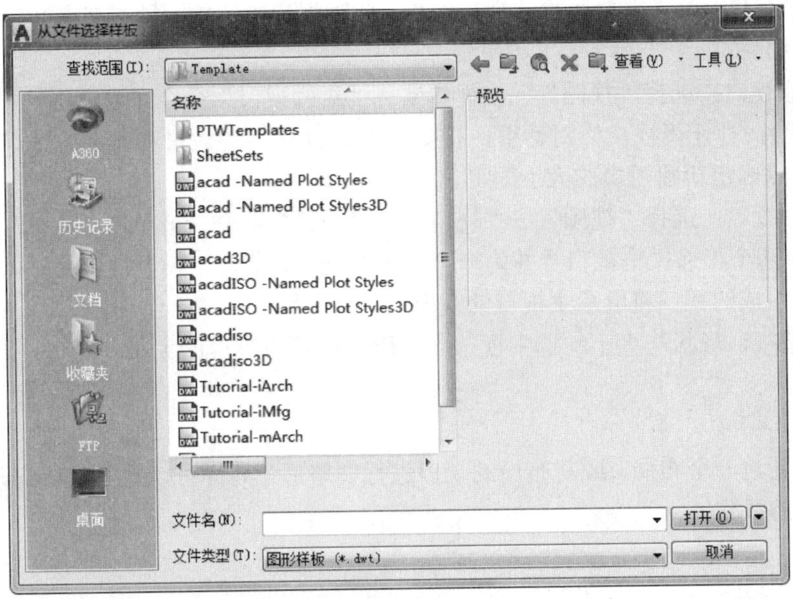

图 10-2　布局样板

（3）利用布局向导创建布局

AutoCAD 为用户提供了简单明了的布局创建方法，可以根据提示对新布局的名称、打印机、图纸尺寸、方向、标题栏、定义视口、拾取位置等进行设置，如图 10-3 所示。

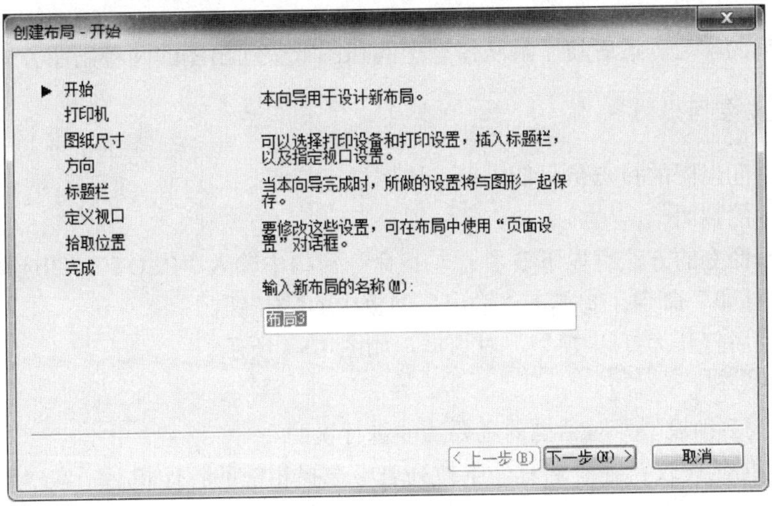

图 10-3　布局向导

2. 视口操作

用户创建的布局，默认情况下只有一个视口，通过“视口”工具栏中的相关命令可以创建多个视口、多边形视口和将对象转换为视口等。

1）编辑图形对象：当需要在图纸空间中编辑模型空间中的对象时，利用 MS 命令激活视口（激活的视口将以粗边框显示）进行编辑，用 PS 命令取消编辑。

2）删除视口：单击需要删除的视口边界，此时视口被选中（显示夹点），然后选择“删除”命令即可。

3）新建视口：选择“视图”→“视口”→“新建视口”命令（或单击“视口”工具栏中的按钮），打开“视口”对话框，根据需要设置视口的数量和排列方式，在布局视口中指定对角点确定新建视口的大小即可。

4）合并视口：选择“视图”→“视口”→“合并”命令（或单击“视口”工具栏中的按钮），将两个相邻模型视口合并为一个较大的视口，这两个模型视口必须共享长度相同的公共边。生成的视口将继承主视口的视图。

5）调整视口形状与大小：选中视口，利用夹点编辑视口的大小。

3. 布局的管理

当用户新建一个布局，或对布局的视口进行调整后，同样可以对其进行删除、重命名、移动和复制等操作。

10.3 打印设置与出图

通过本节的学习，读者将了解从模型空间和图纸空间出图的两种出图方法。

1. 从模型空间出图

从模型空间出图的特点是只能以单一比例进行打印。

（1）命令的调用

调用打印命令的方法有以下 3 种：①在命令窗口中输入“PLOT”；②选择菜单栏中的“文件”→“打印”命令；③单击“输出”面板中的按钮。

执行命令后打开“打印-模型”对话框，如图 10-4 所示。

（2）说明

下面对“打印-模型”对话框的主要功能进行说明。

1）打印机/绘图仪：在“名称”下拉列表中选择相应的打印机后，在“名称”下拉列表下方显示设备的名称、连接端口及其他注释信息。若想修改当前打印设置，可单击“特性”按钮。

2）图纸尺寸：在其下拉列表中选择图纸尺寸，该下拉列表中包含了已选打印设备可用的标准图纸尺寸。

3）预览框：显示当前的打印设置，如图纸尺寸等。

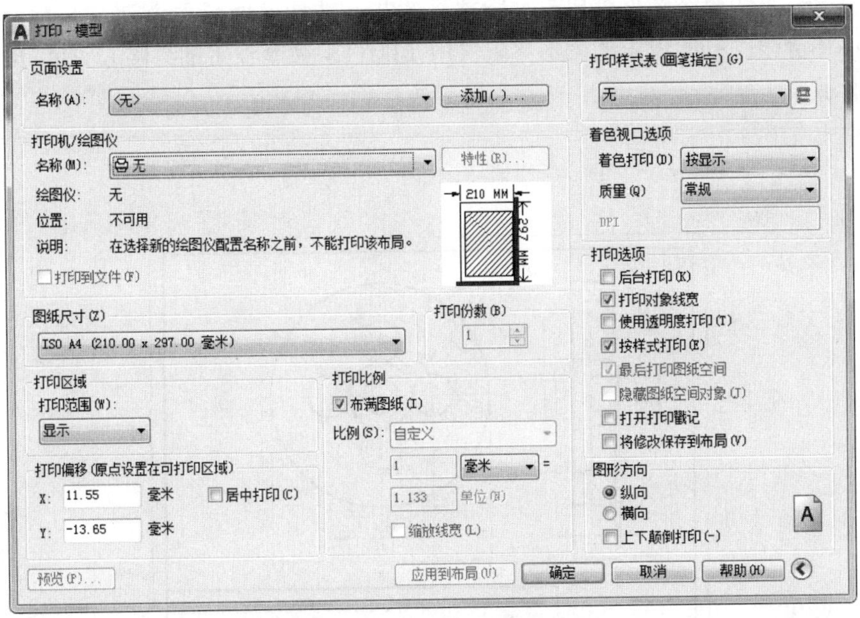

图 10-4 “打印-模型”对话框

4）打印区域：该区域的“打印范围”下拉列表中包含了 4 个选项，我们利用图 10-5 所示的图形说明这些选项的区别。请读者注意图形在窗口中的位置。

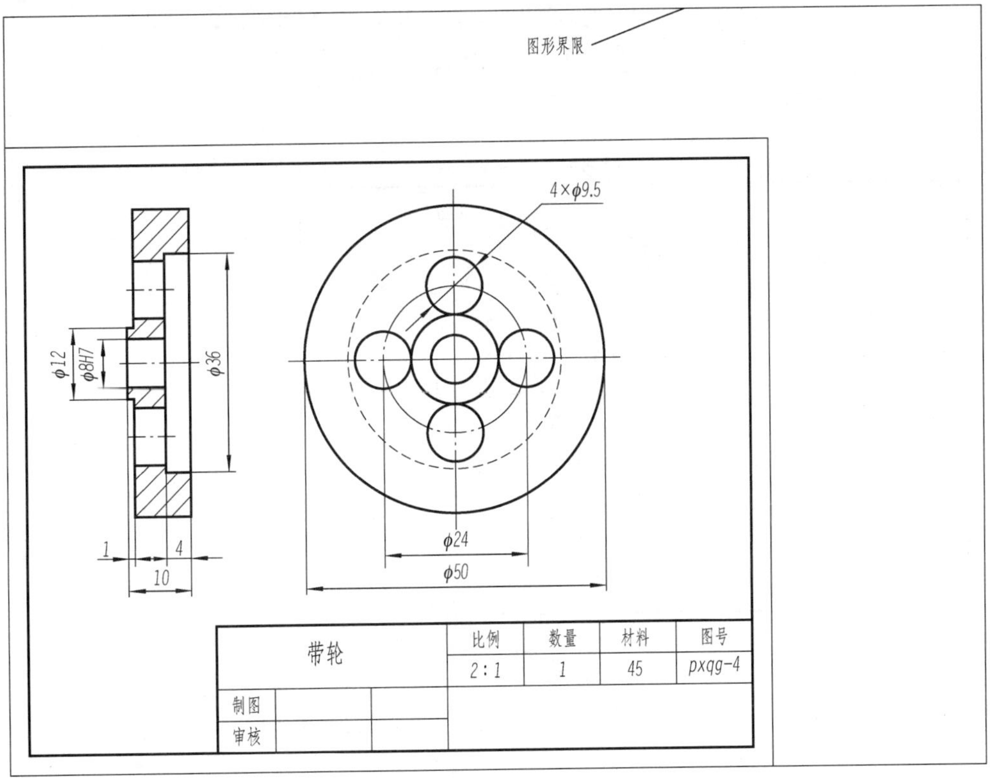

图 10-5 设置打印区域

① 显示：打印整个图形窗口，打印预览结果如图 10-6 所示。

② 图形界限：打印设定的图形界限（用 LIMITS 命令设定的界限），打印预览结果如图 10-7 所示。

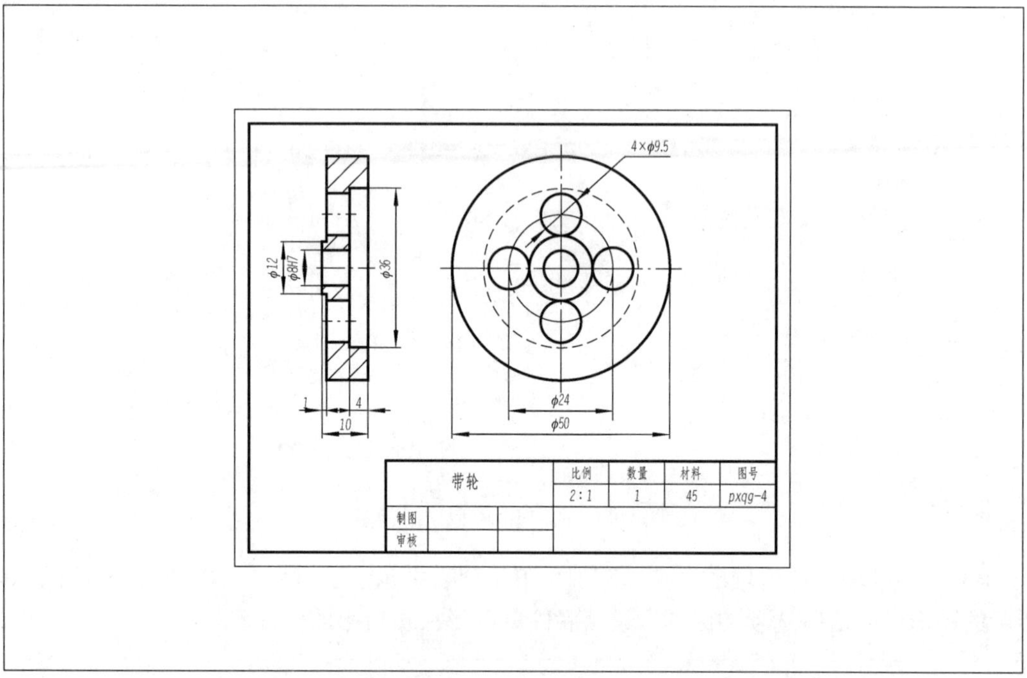

图 10-6　显示选项

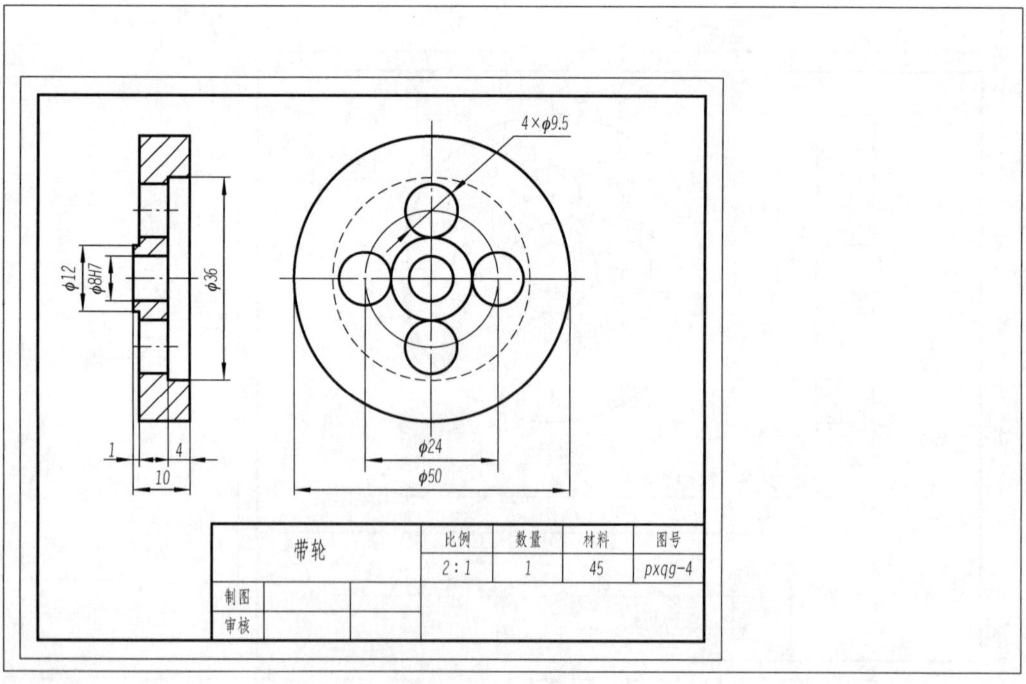

图 10-7　图形界限选项

③ 范围：打印文件中的所有图形对象，打印预览结果如图 10-8 所示。

④ 窗口：打印自己设定的区域（需根据提示指定两个对角点），同时显示按钮，单击此按钮可重新设定打印区域，如图 10-9 所示。

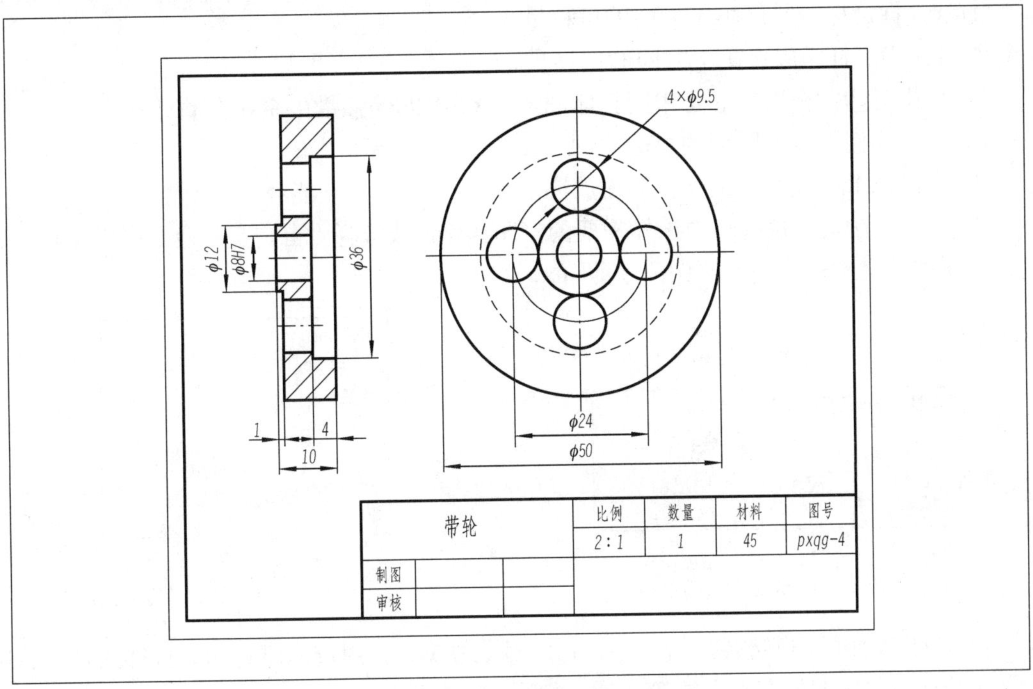

图 10-8 范围选项

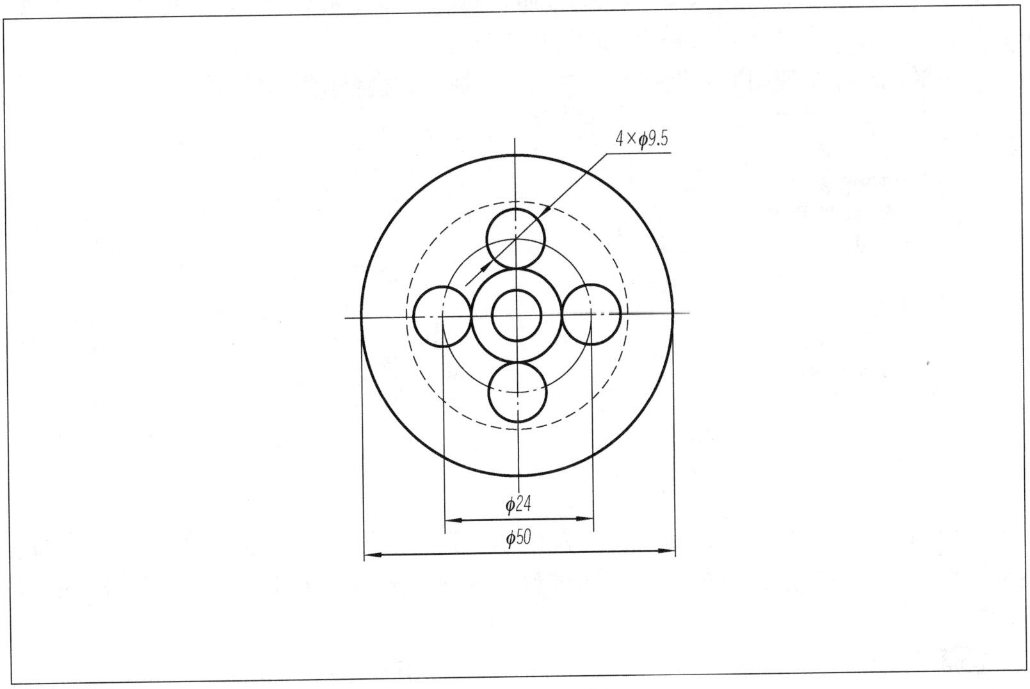

图 10-9 窗口选项

5）打印偏移：图形在图纸上的打印位置由“打印偏移”确定，如图 10-10 所示。默认情况下，AutoCAD 从图纸左下角打印图形。左下角的坐标为（0，0），即打印的原点在图纸的左下角。我们可以利用“打印偏移”选项组中的选项来重新设定打印原点。

① *X*：指定打印原点在 *X* 方向的偏移量。

② *Y*：指定打印原点在 *Y* 方向的偏移量。

③ 居中打印：在图纸的正中间打印图形（*X*、*Y* 的偏移量由系统自动计算）。

6）打印比例：设置图形的出图比例，如图 10-11 所示。

① 布满图纸：按图纸空间自动缩放图形。

② 比例：在其下拉列表中选择需要的打印比例，或选择“自定义”命令自定义打印比例，在下方的文本框中输入比例因子即可。

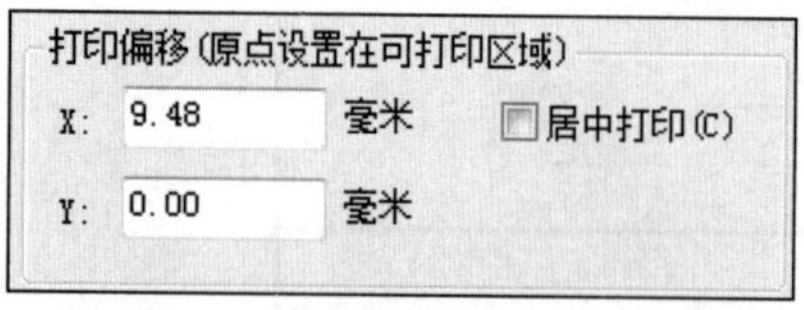

图 10-10 “打印偏移”选项组

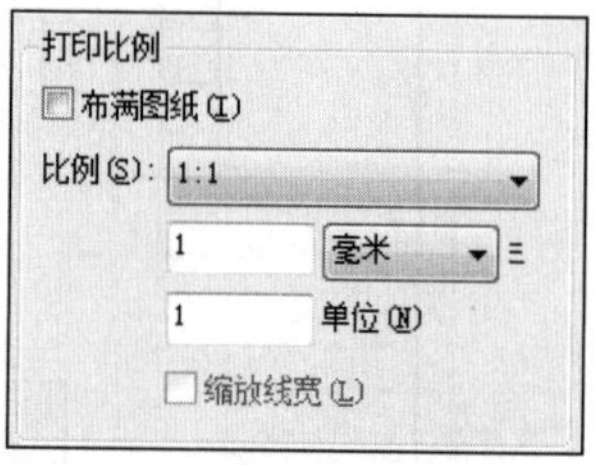

图 10-11 “打印比例”选项组

7）打印选项：可以选择后台打印、打印对象线宽、使用透明度打印、按样式打印、打开打印戳记、将修改保存到布局等选项，如图 10-12 所示。

8）图形方向：设置图形在图纸上的打印方向，如图 10-13 所示。图标 A 表示图纸的放置方向，字母 A 表示图形在图纸上的打印方向。

上下颠倒打印：使图形颠倒打印，与纵向、横向结合使用。

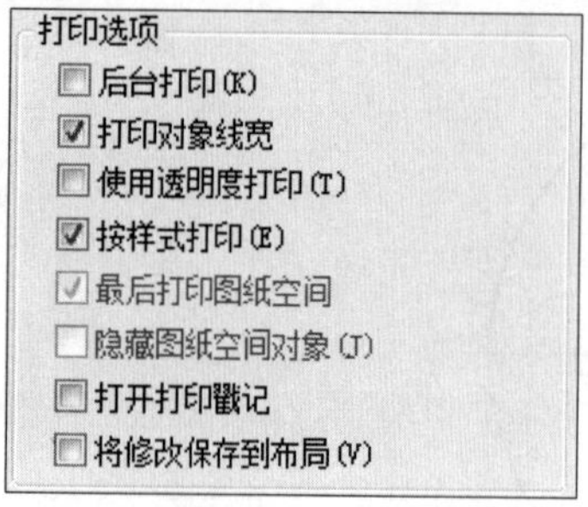

图 10-12 打印选项

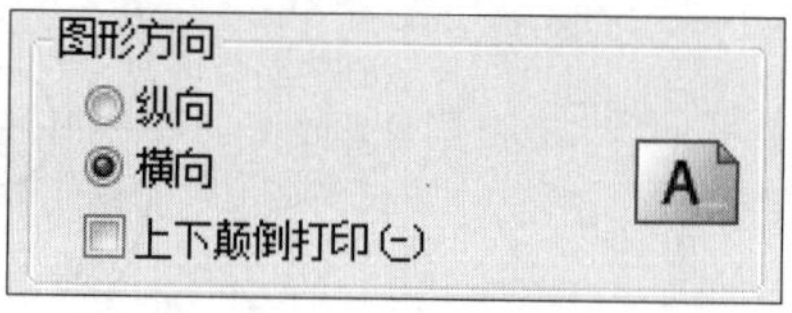

图 10-13 图形方向

（3）打印

打印参数设置完成后，就可以打印图纸了，但是，为了避免浪费图纸，在打印输出图纸之前，应养成打印预览的习惯，通过预览观察图形的打印效果，发现不合适的可重新调整。

01 打印预览。单击“打印-模型”对话框左下角的“预览”按钮，AutoCAD 显示实际的打印效果。查看完毕后，按 Esc 或 Enter 键返回“打印-模型”对话框。

02 保存打印设置。预览结束后，在“打印-模型”对话框中单击“确定”按钮，将打开“保存打印设置”对话框，可以将打印设置保存起来以备后用。

03 打印。保存好后自动打印文件。

2. 从图纸空间出图

从图纸空间出图的特点是可以将不同绘图比例的图纸放在一起打印。

选择“布局”选项卡，切换到图纸空间，屏幕左下角的图标变为。图纸空间可以认为是一张“虚拟的图纸”，在模型空间绘制好图形后，切换到图纸空间，把模型空间的图样按所需的比例布置在“虚拟的图纸”上，最后从图纸空间以1∶1的出图比例将“图纸”打印出来。

习　题

1．试述模型空间与图纸空间的区别。
2．打印图纸时，一般应设置哪些打印参数？如何设置？
3．当设置完成打印参数后，应如何保存打印设置以便以后使用？

附　　录

附录1　练习图精选

1. 绘制二维平面图形

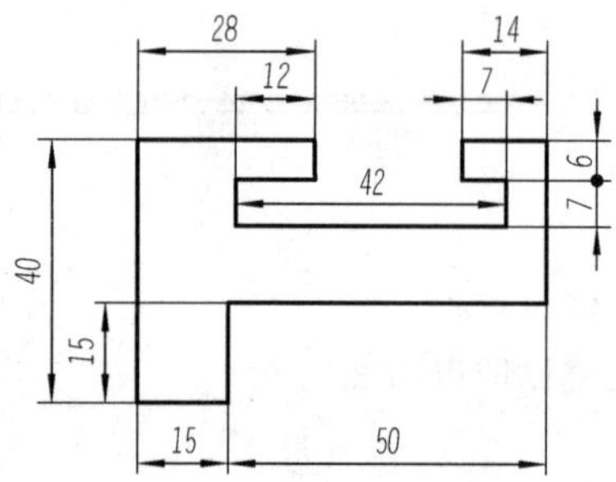

(1)

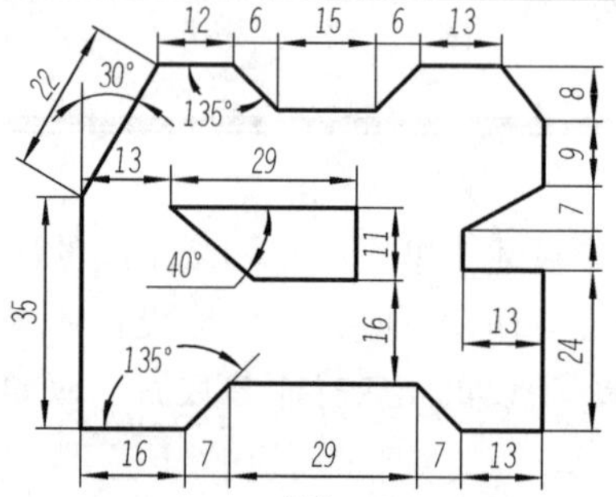

(2)

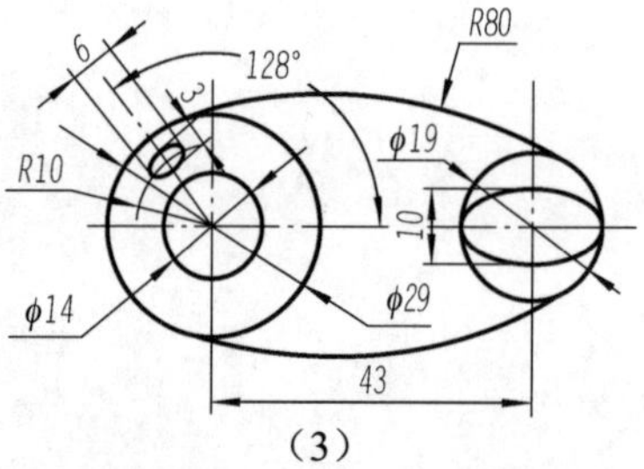

(3)

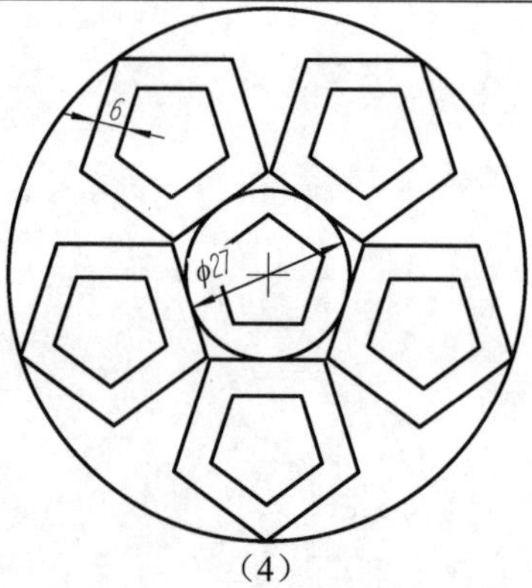

(4)

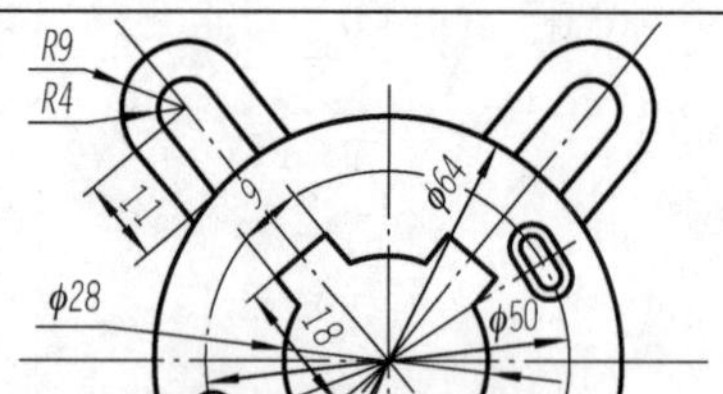

(5)

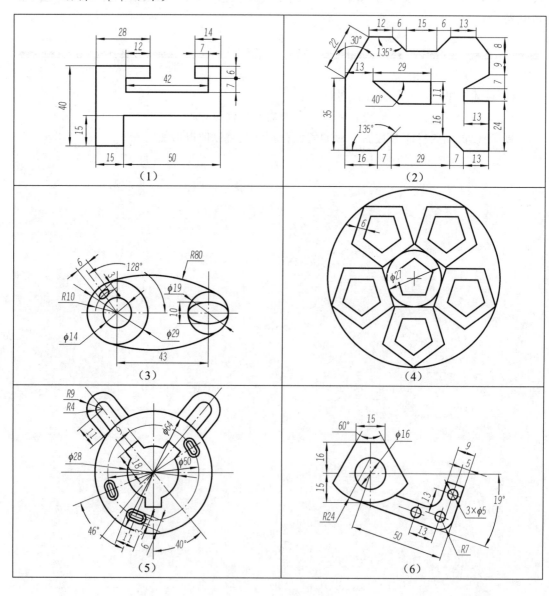

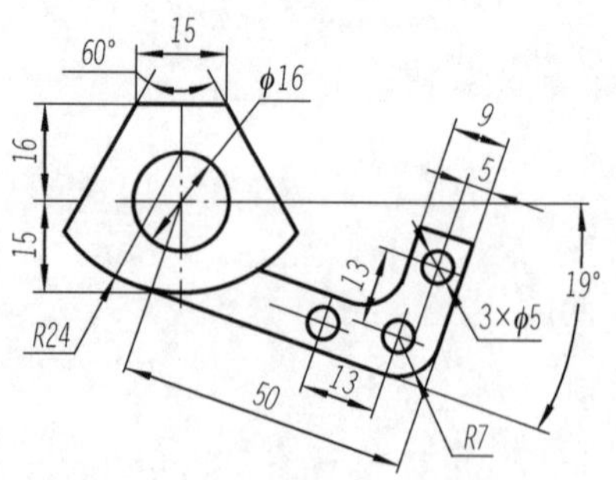

(6)

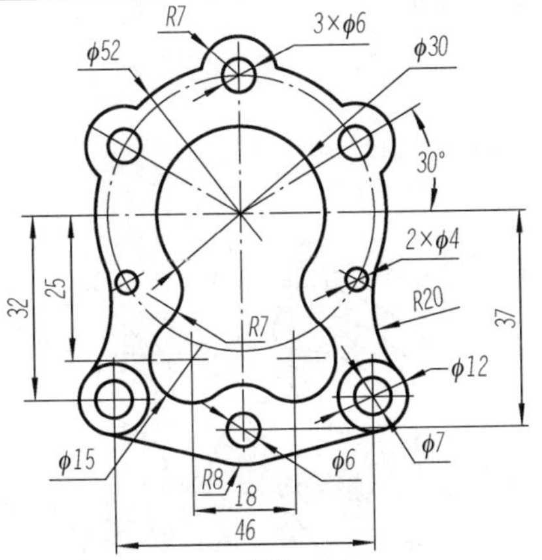
R7
3×ϕ6
ϕ52
ϕ30
30°
2×ϕ4
R20
R7
32
25
37
ϕ12
ϕ15
R8
18
ϕ6
ϕ7
46
(7)

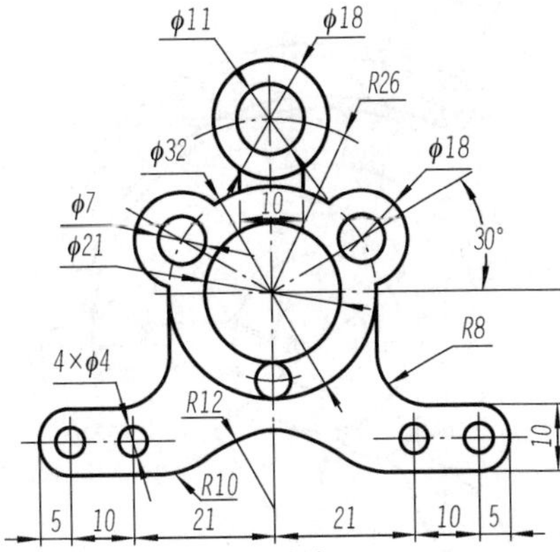
ϕ11
ϕ18
R26
ϕ32
ϕ18
ϕ7
10
ϕ21
30°
R8
4×ϕ4
R12
27
10
R10
5
10
21
21
10
5
(8)

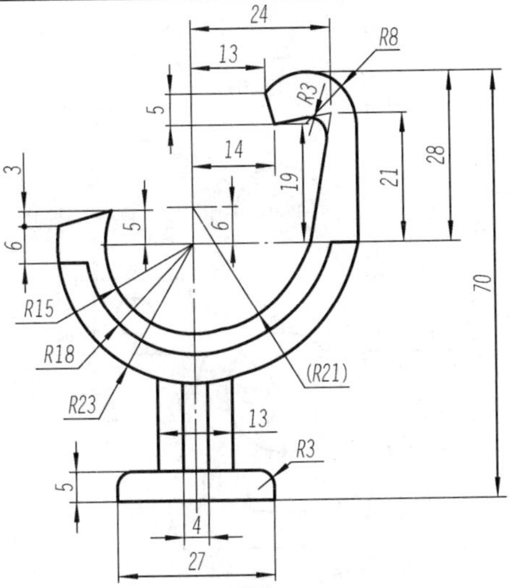
24
R8
13
R3
5
28
14
19
21
70
3
5
6
6
R15
R18
(R21)
R23
13
R3
5
4
27
(9)

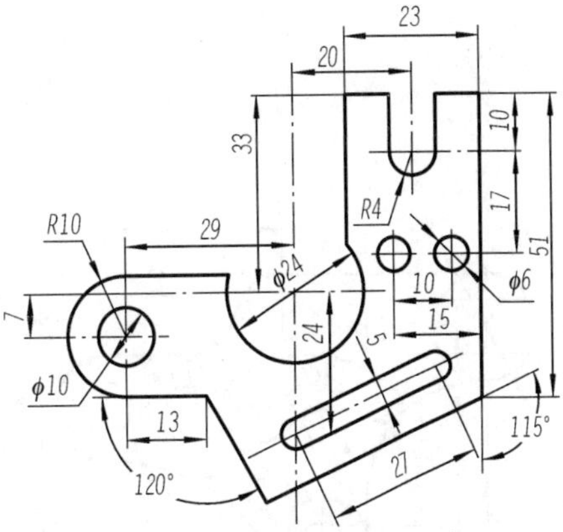
23
20
33
10
17
51
R4
R10
29
ϕ24
10
ϕ6
7
15
24
5
ϕ10
13
115°
27
120°
(10)

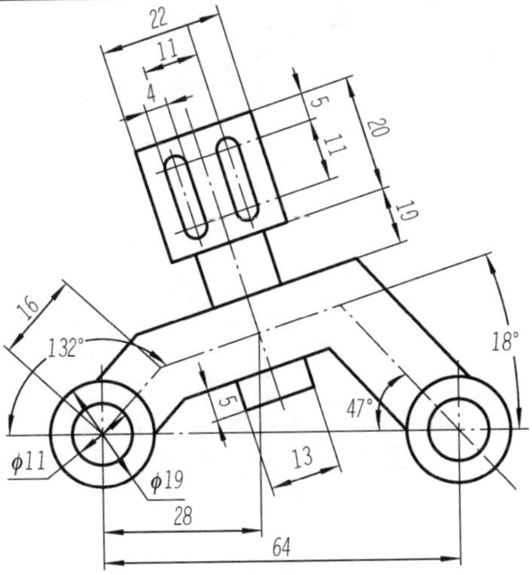
22
11
4
5
11
20
10
16
132°
18°
5
47°
ϕ11
ϕ19
13
28
64
(11)

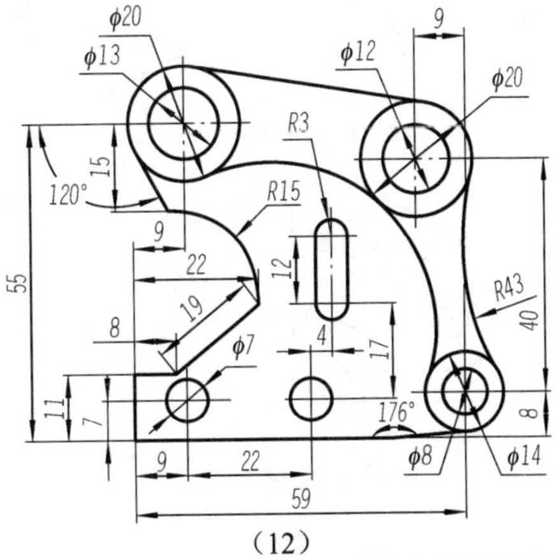
ϕ20
ϕ13
9
ϕ12
ϕ20
R3
120°
15
R15
9
22
12
55
19
R43
40
8
ϕ7
4
17
11
7
176°
8
ϕ8
ϕ14
9
22
59
(12)

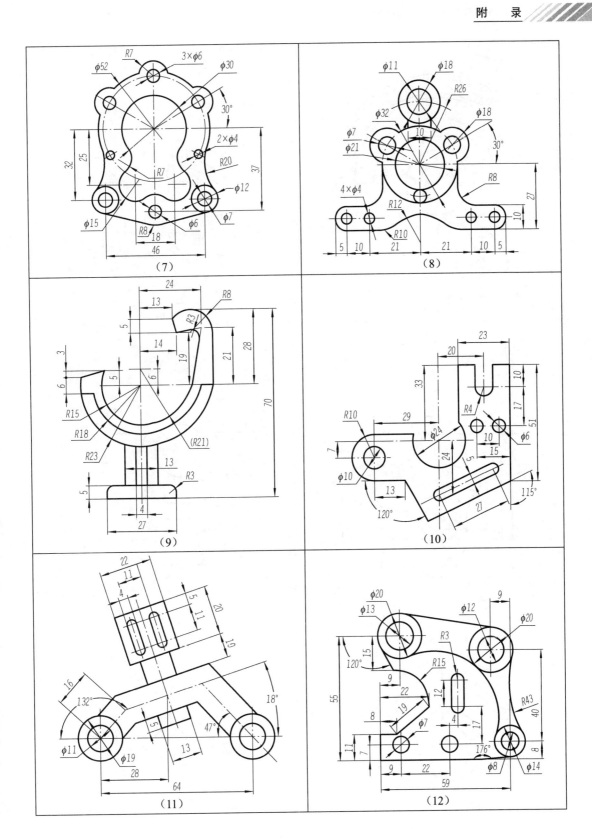

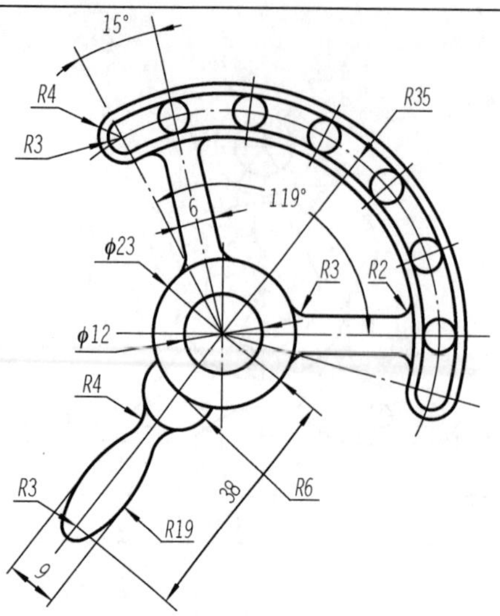

（13）

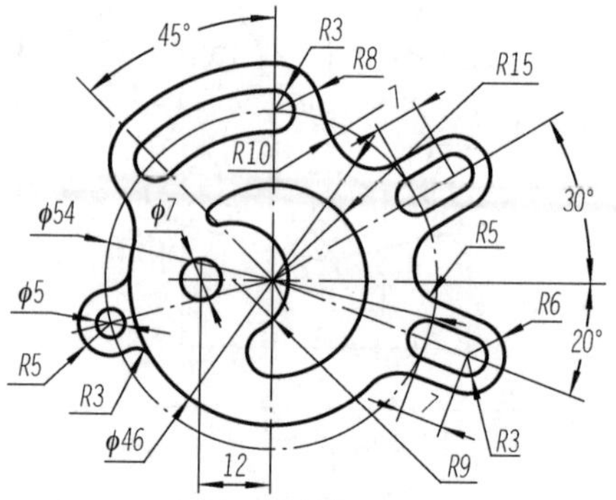

（14）

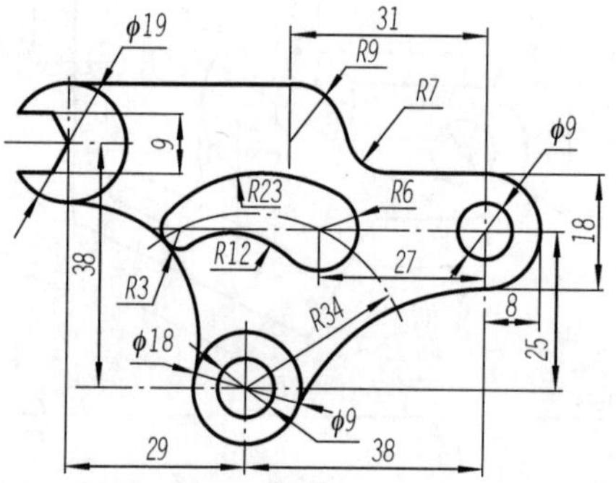

（15）

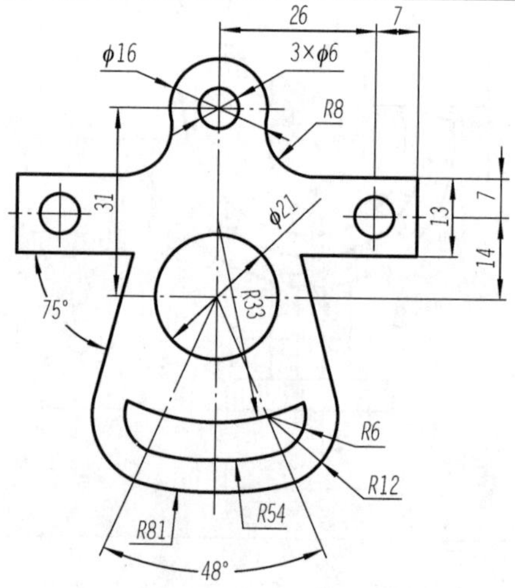

（16）

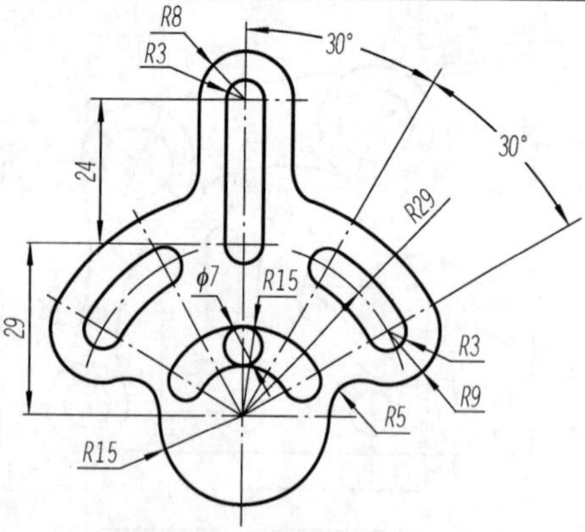

（17）

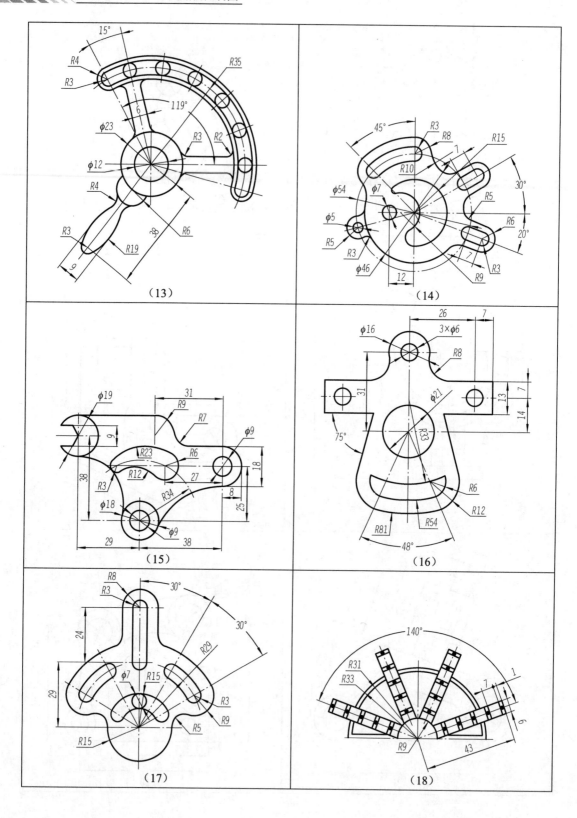

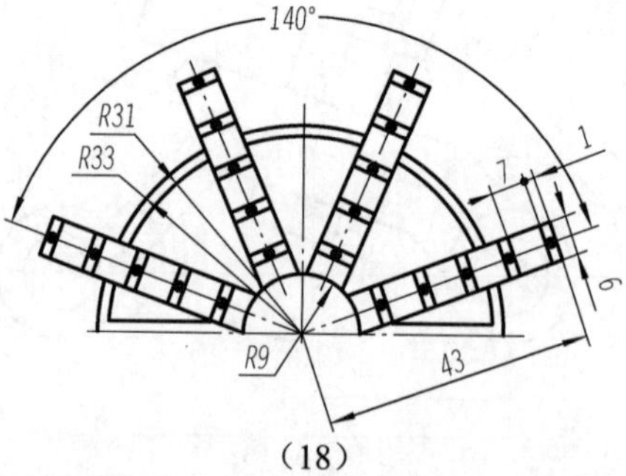

（18）

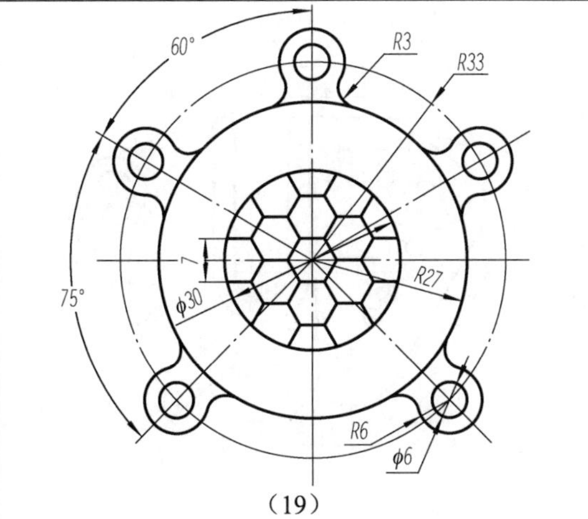

(19)

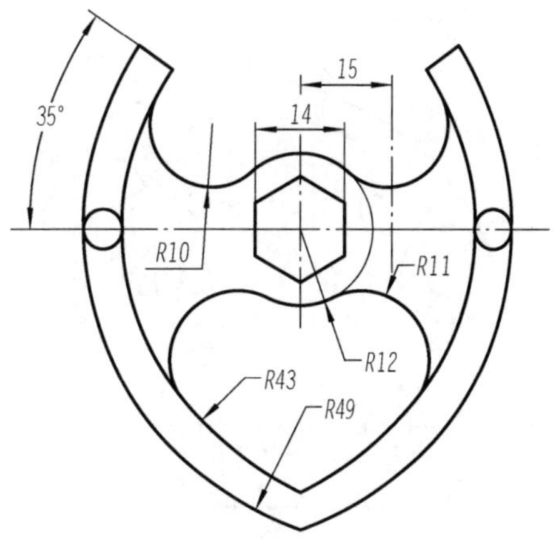

(20)

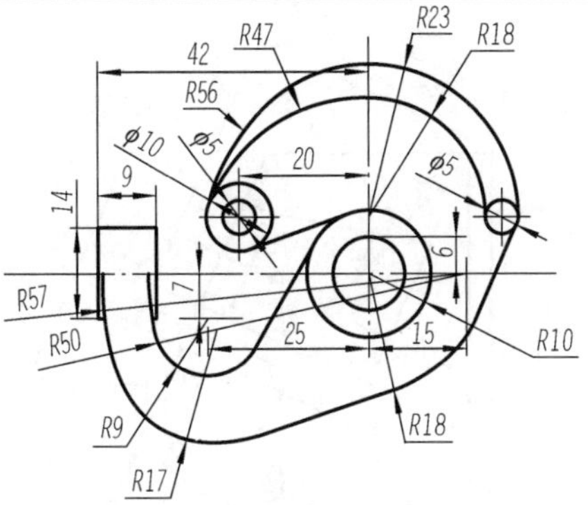

(21)

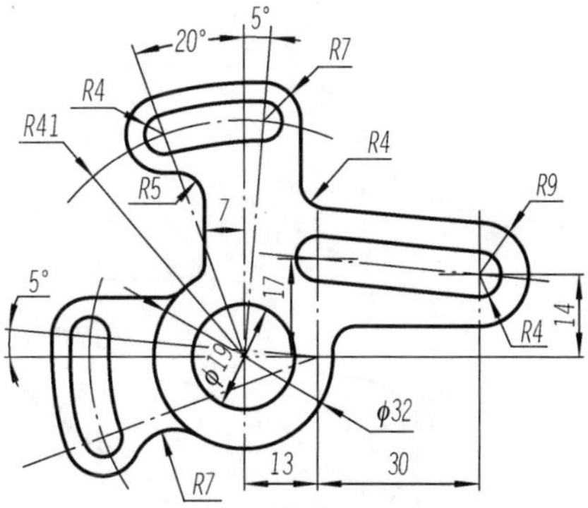

(22)

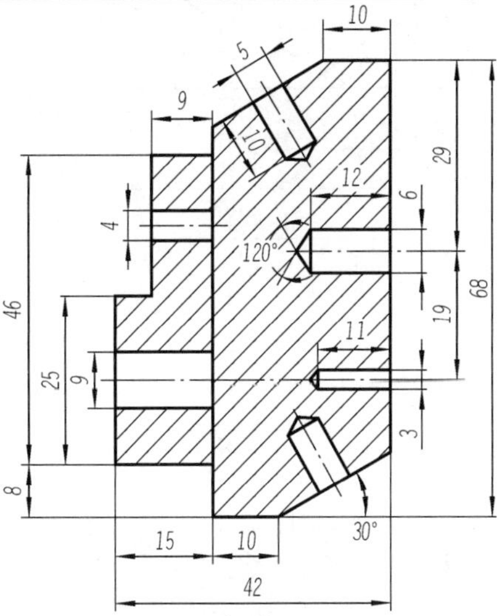

(23)

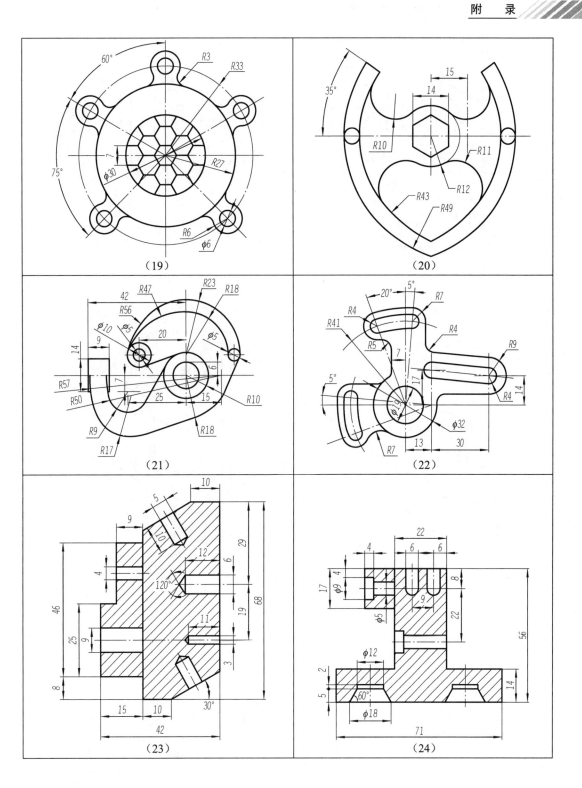

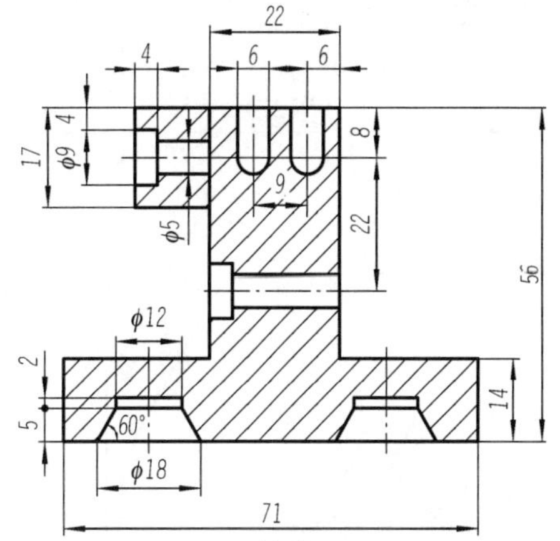

(24)

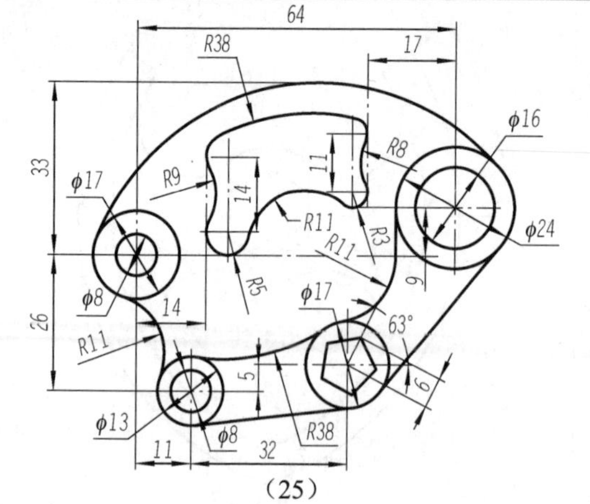

(25)

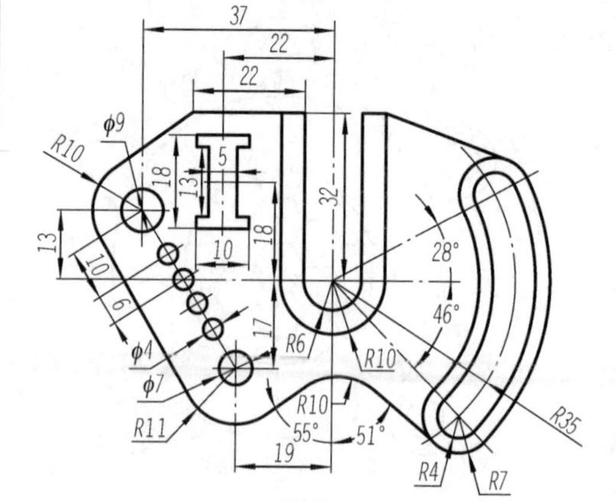

(26)

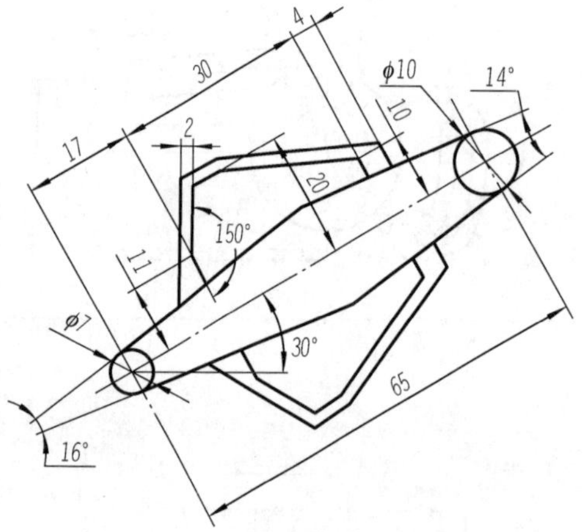

(27)

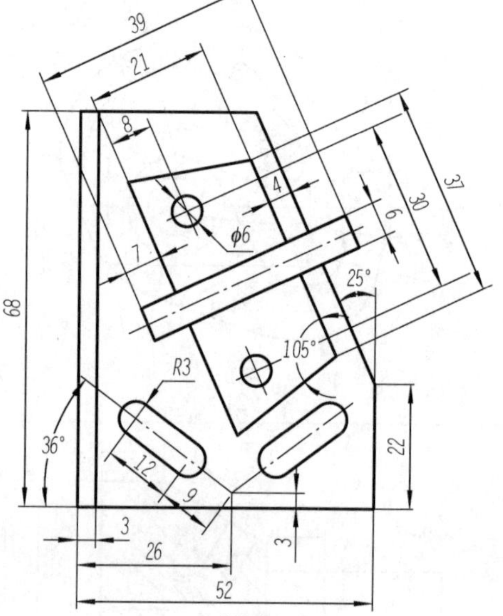

(28)

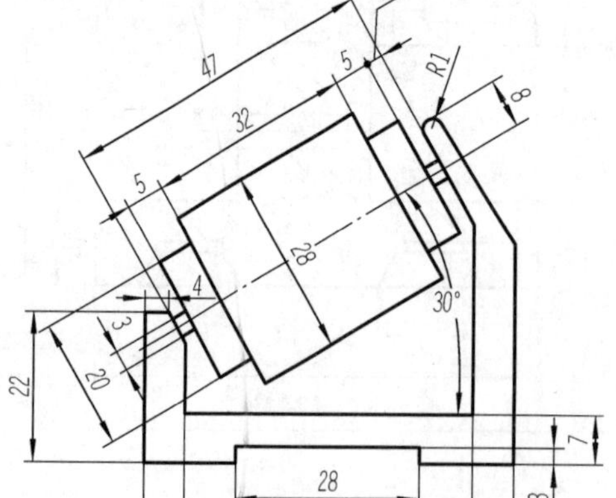

(29)

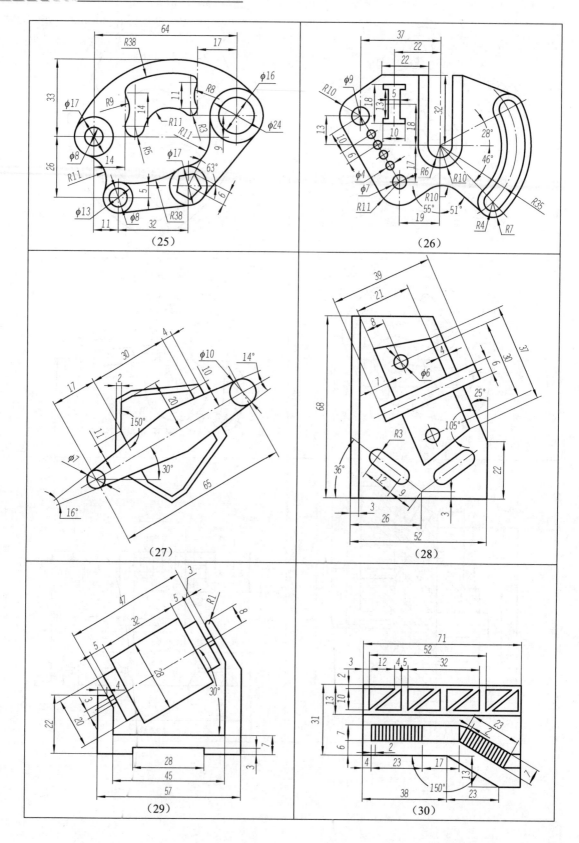

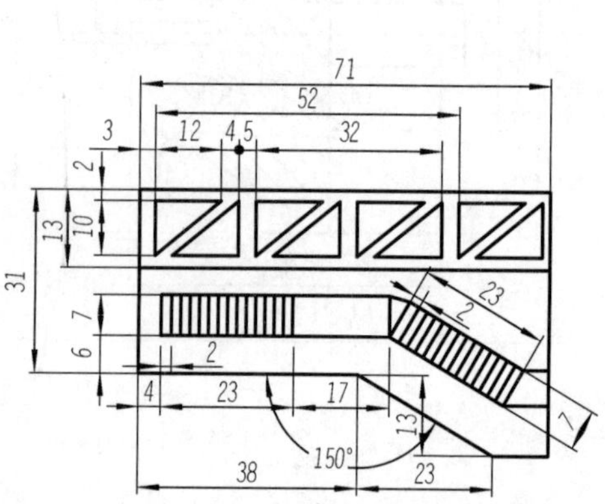

(30)

2. 抄画轴套类零件图

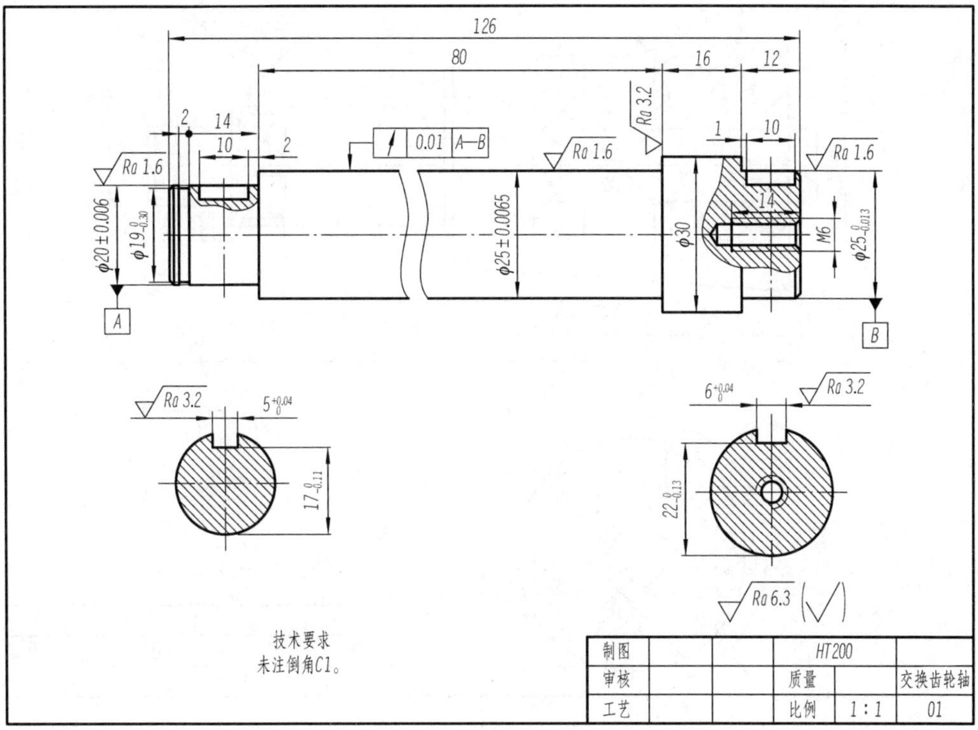

（1）

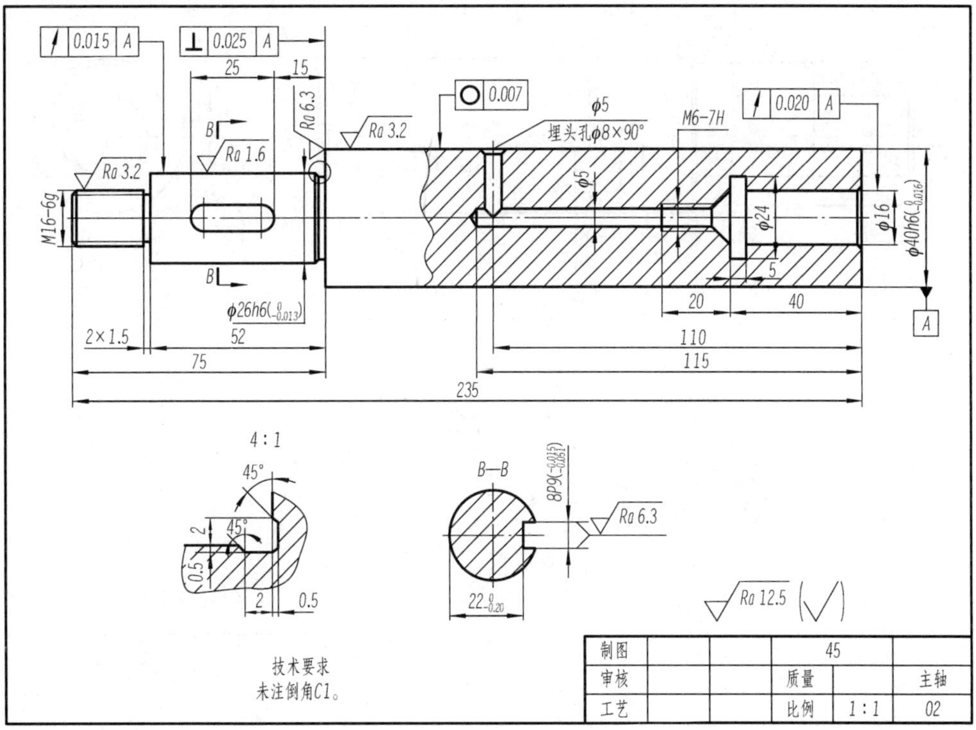

（2）

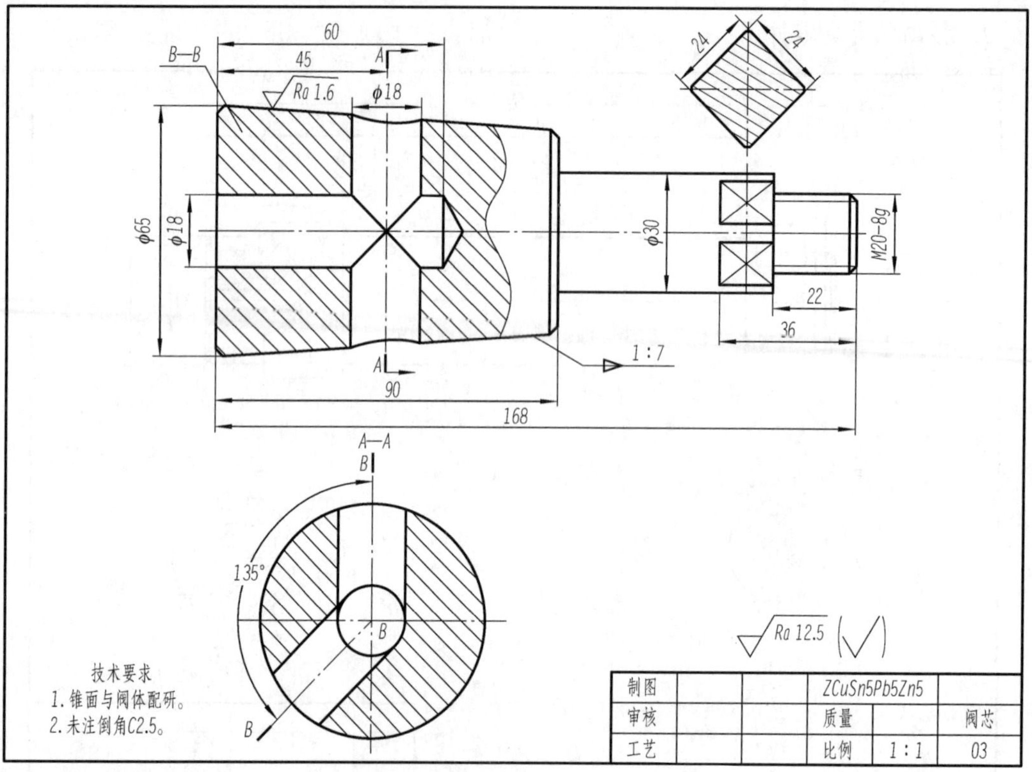
B—B
60
45
A
Ra 1.6
ϕ18
24
24
ϕ65
ϕ18
ϕ30
M20-8g
22
36
1:7
90
168
A—A
B
135°
B
B
Ra 12.5
技术要求
1. 锥面与阀体配研。
2. 未注倒角C2.5。
制图
ZCuSn5Pb5Zn5
审核
质量
阀芯
工艺
比例
1:1
03

（3）

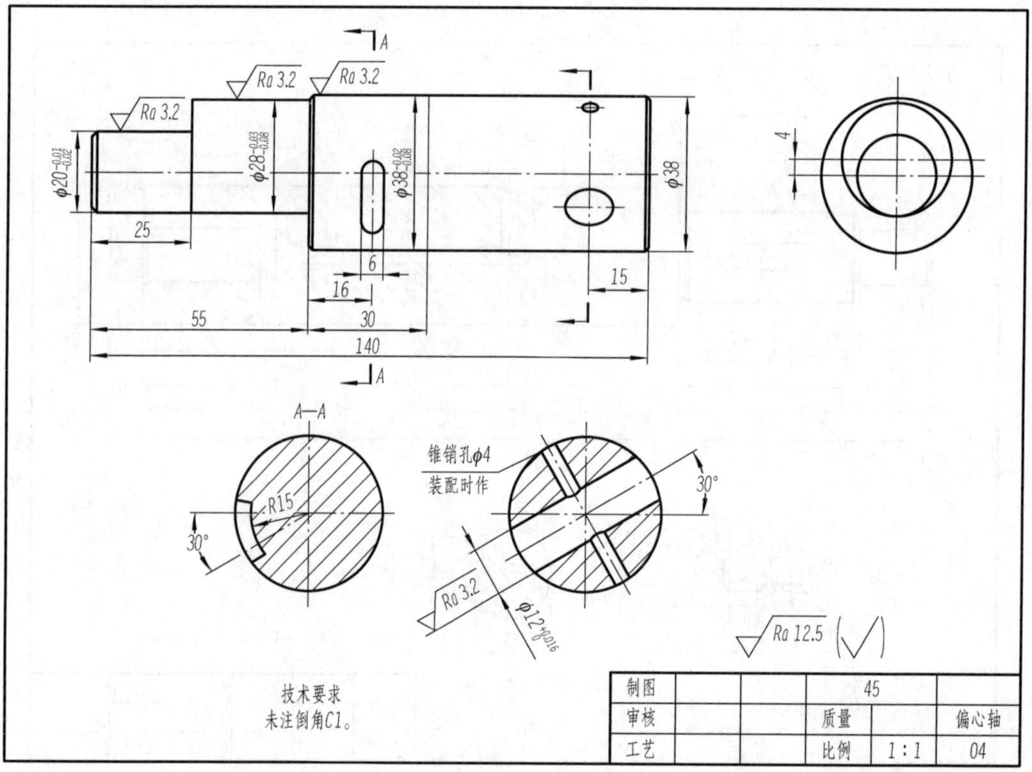
A
Ra 3.2
Ra 3.2
Ra 3.2
ϕ38
4
25
6
16
15
55
30
140
A—A
R15
30°
锥销孔ϕ4
装配时作
30°
Ra 3.2
Ra 12.5
技术要求
未注倒角C1。
制图
45
审核
质量
偏心轴
工艺
比例
1:1
04

（4）

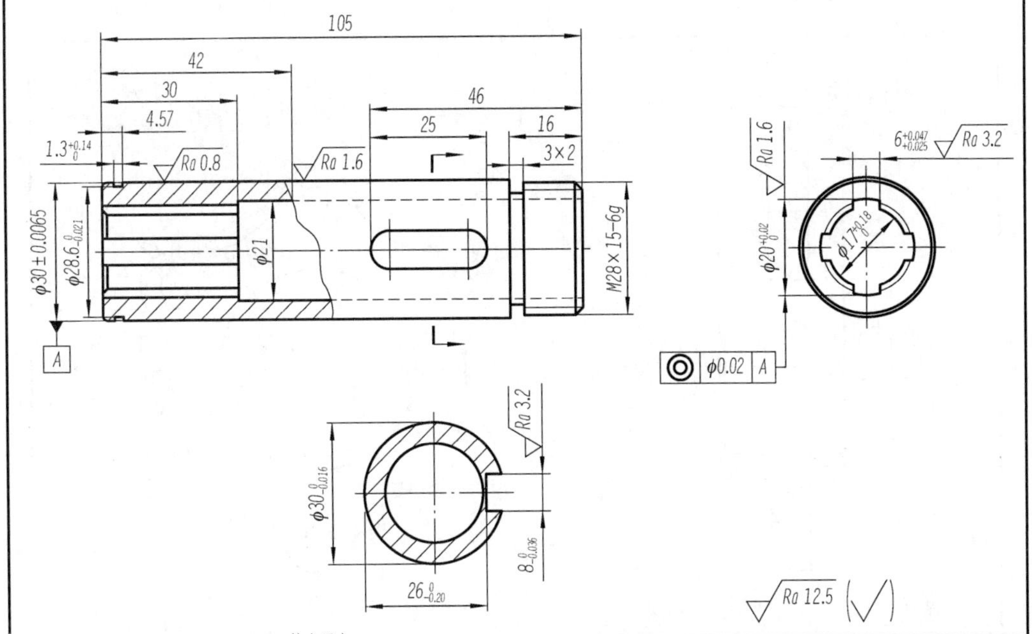

技术要求
1. 未注倒角C1。
2. 热处理：调质HBS225~255。

制图			45		
审核			质量		花键套
工艺			比例	1：1	05

（5）

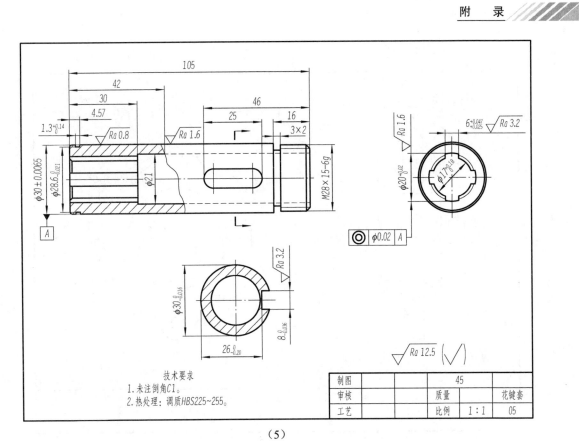

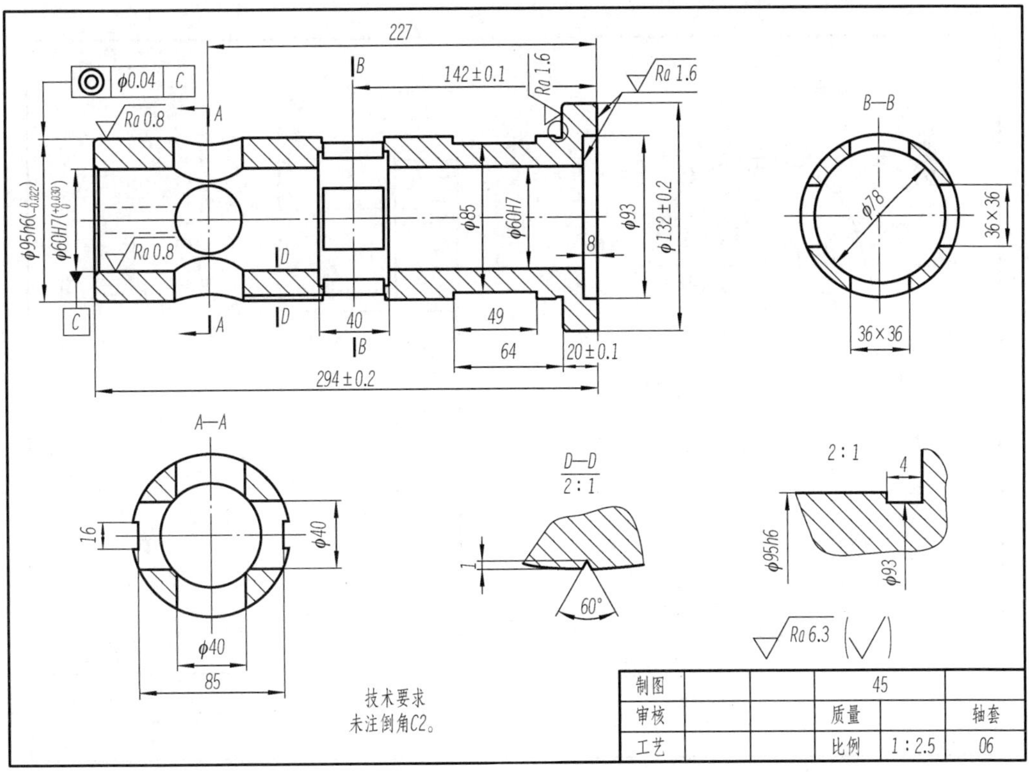

技术要求
未注倒角C2。

制图			45		
审核			质量		轴套
工艺			比例	1：2.5	06

（6）

3. 抄画轮盘类零件图

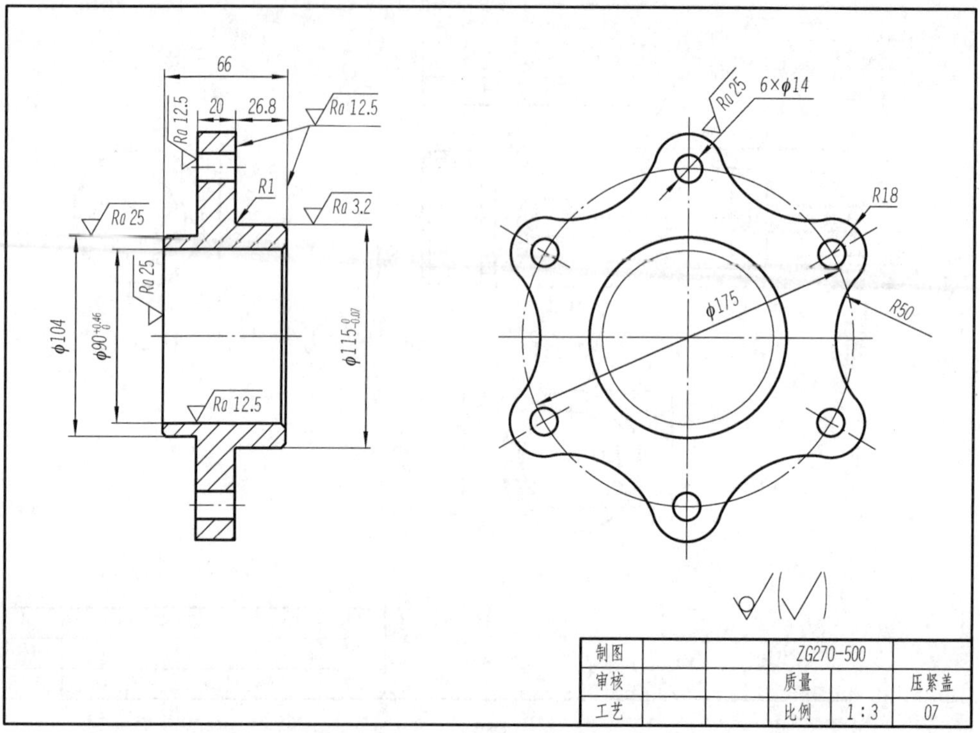

（1）

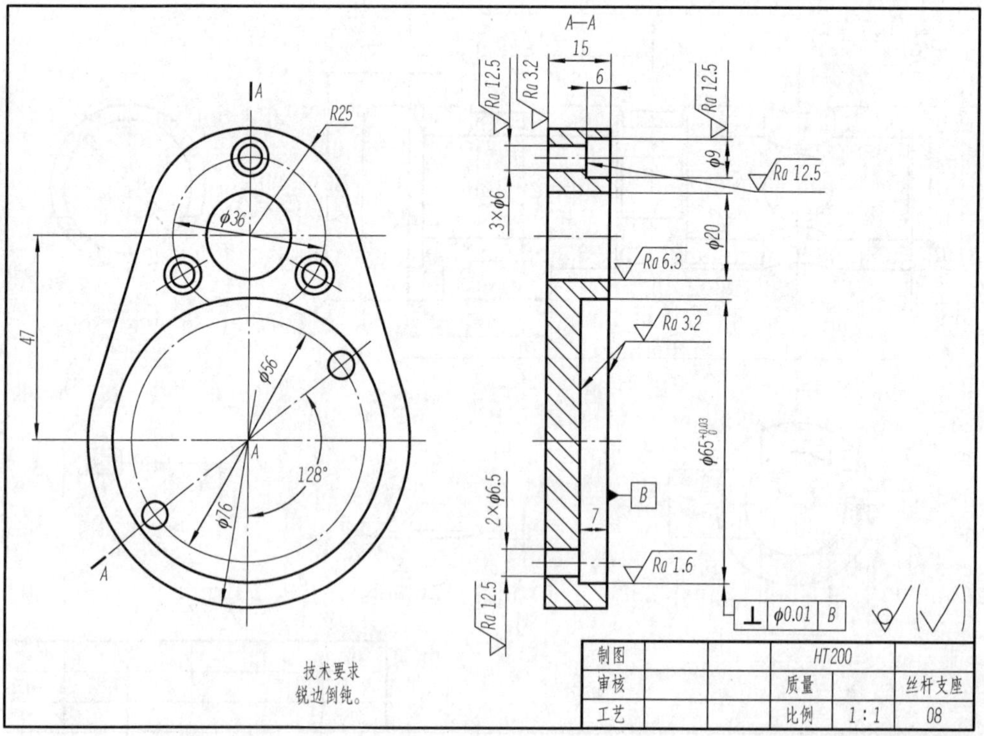

（2）

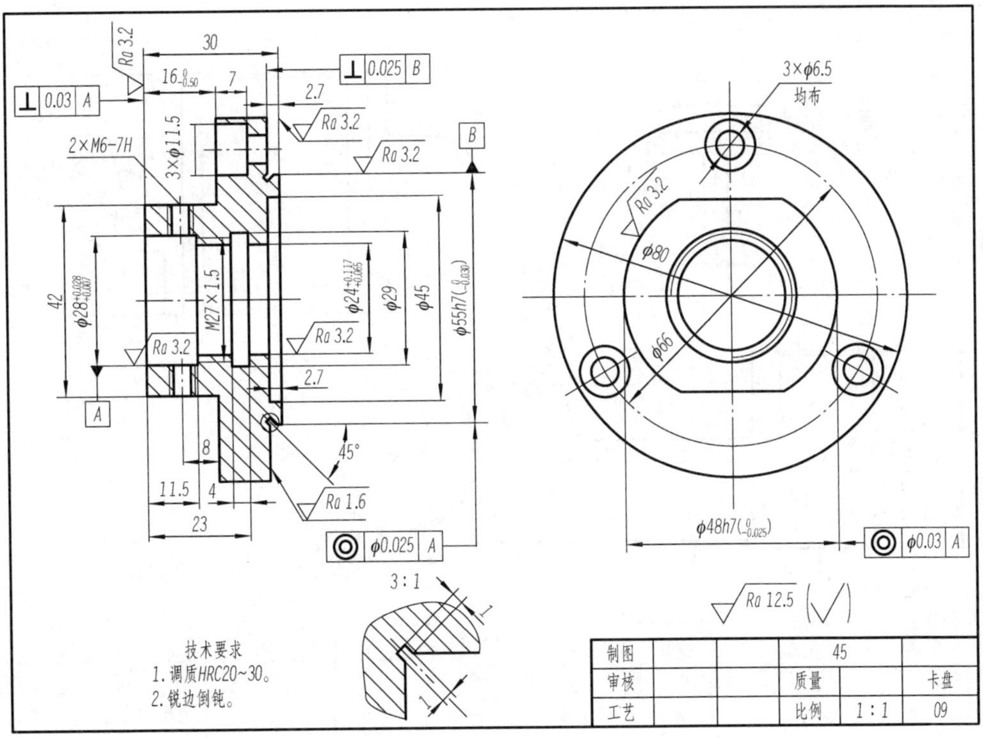

(3)

4. 抄画叉架类零件图

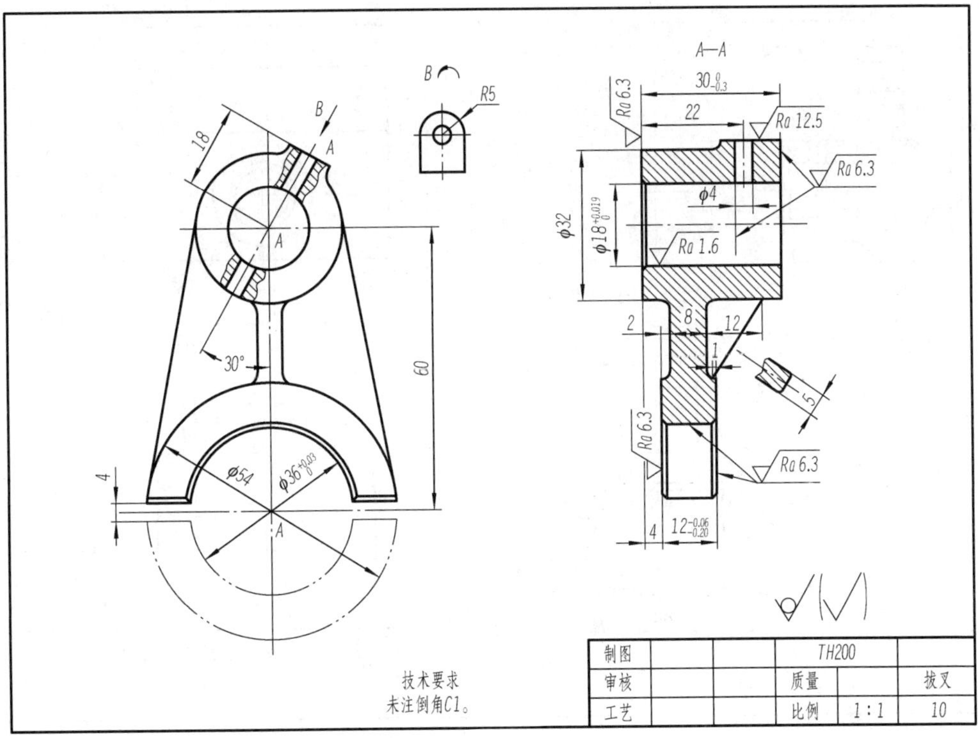

(1)

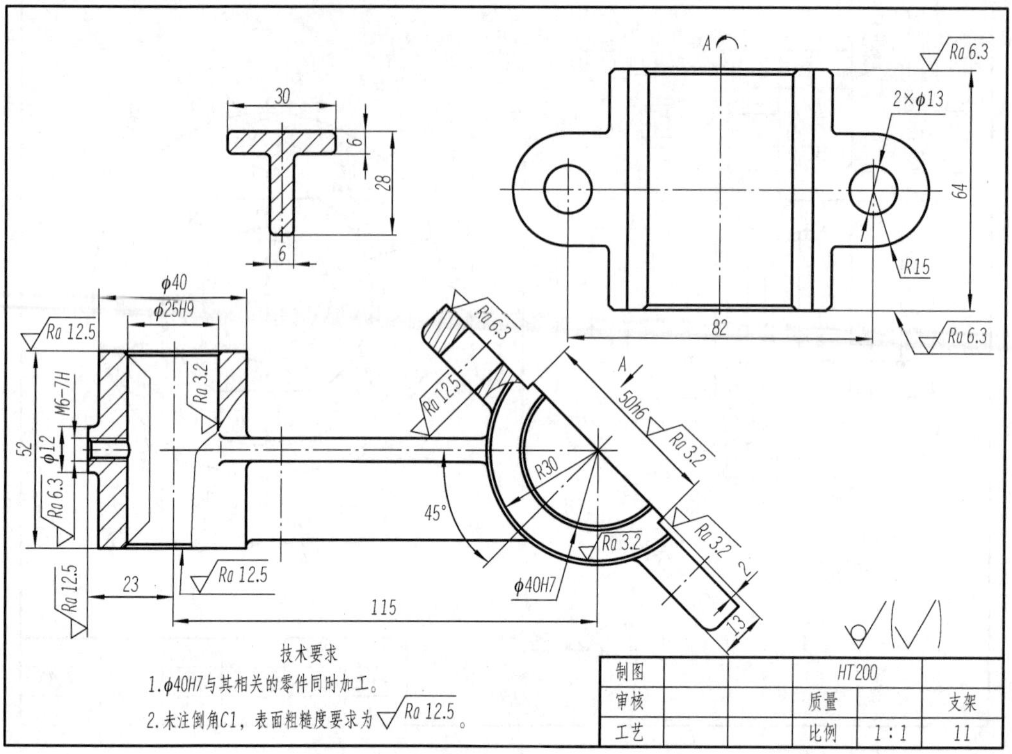

技术要求

1. φ40H7与其相关的零件同时加工。

2. 未注倒角C1，表面粗糙度要求为 Ra 12.5。

制图		HT200	
审核		质量	支架
工艺		比例 1:1	11

（2）

技术要求

1. 未注圆角R3~5。

2. 未注倒角C1。

制图		HT200	
审核		质量	轴架
工艺		比例 1:1	12

（3）

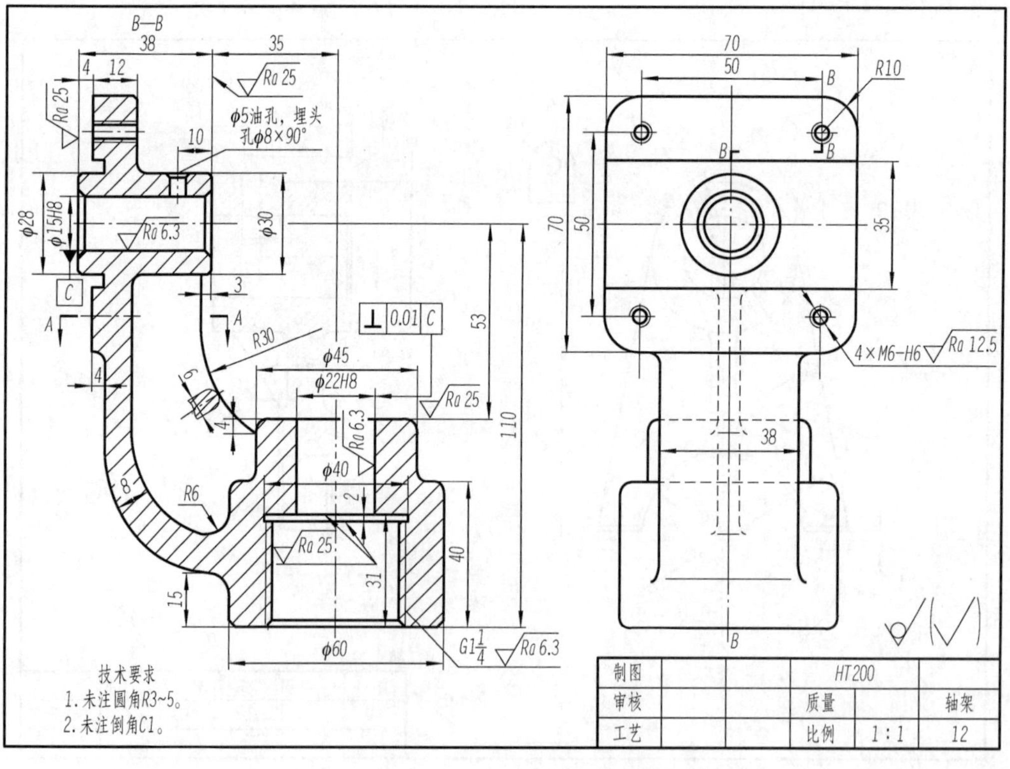

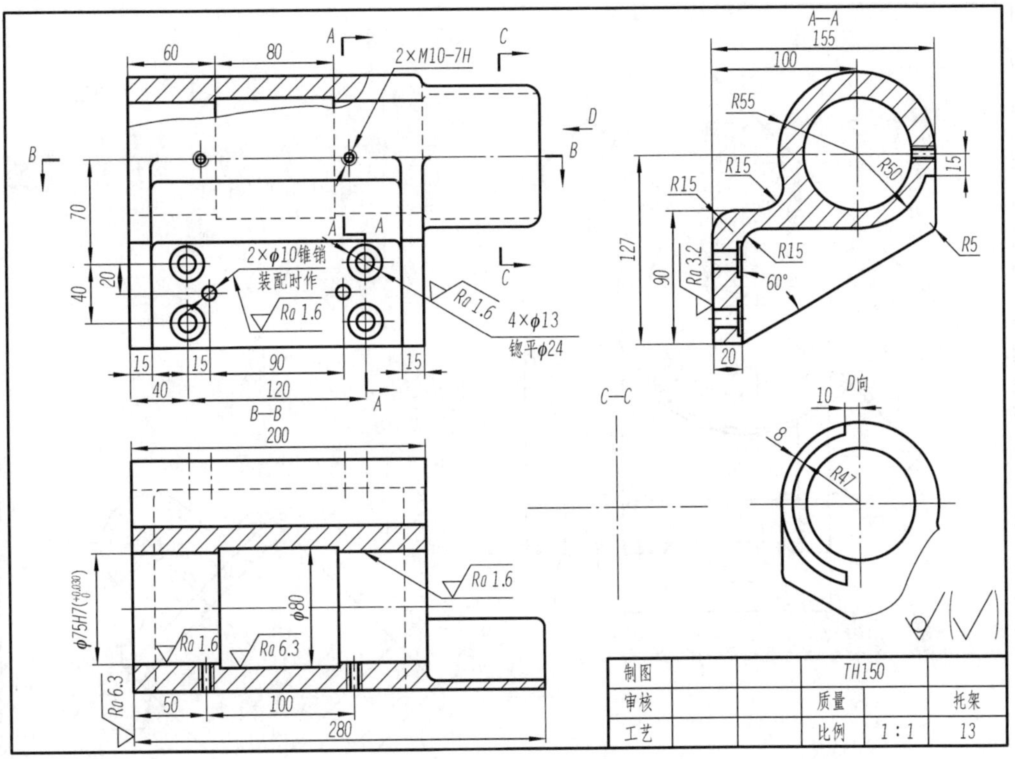
A—A
B—B
C—C
D向
2×M10-7H
2×φ10锥销
装配时作
4×φ13
锪平φ24
制图
审核
工艺
TH150
质量
比例
1:1
托架
13

（4）

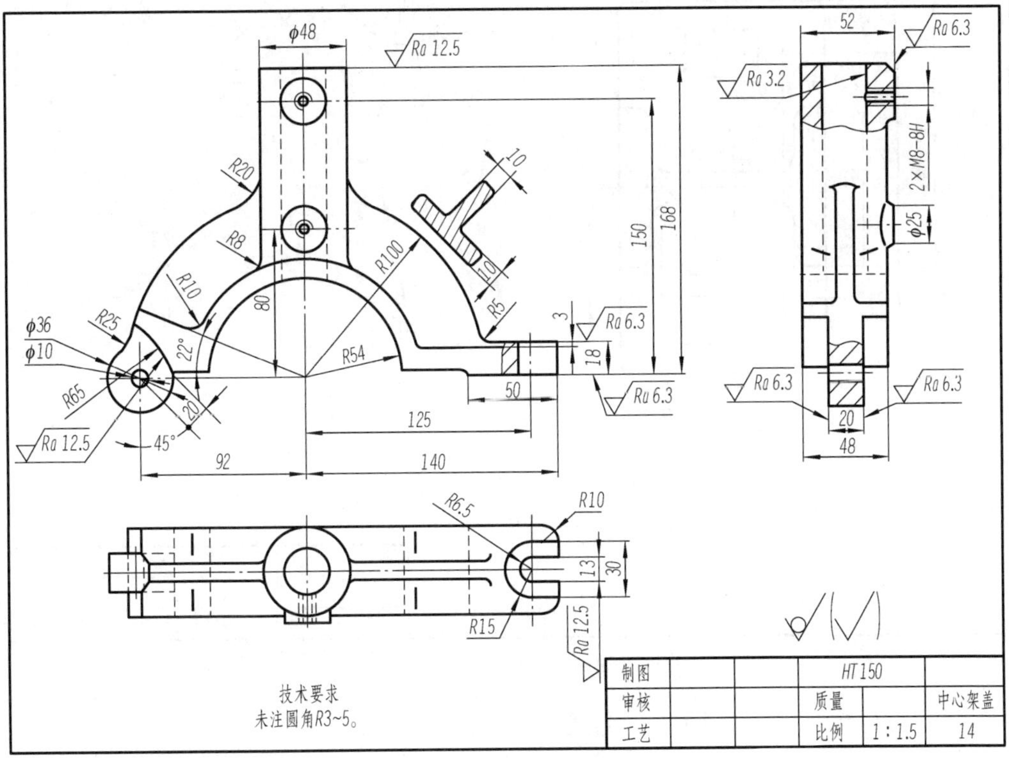
2×M8-8H
技术要求
未注圆角R3~5。
制图
审核
工艺
HT150
质量
比例
1:1.5
中心架盖
14

（5）

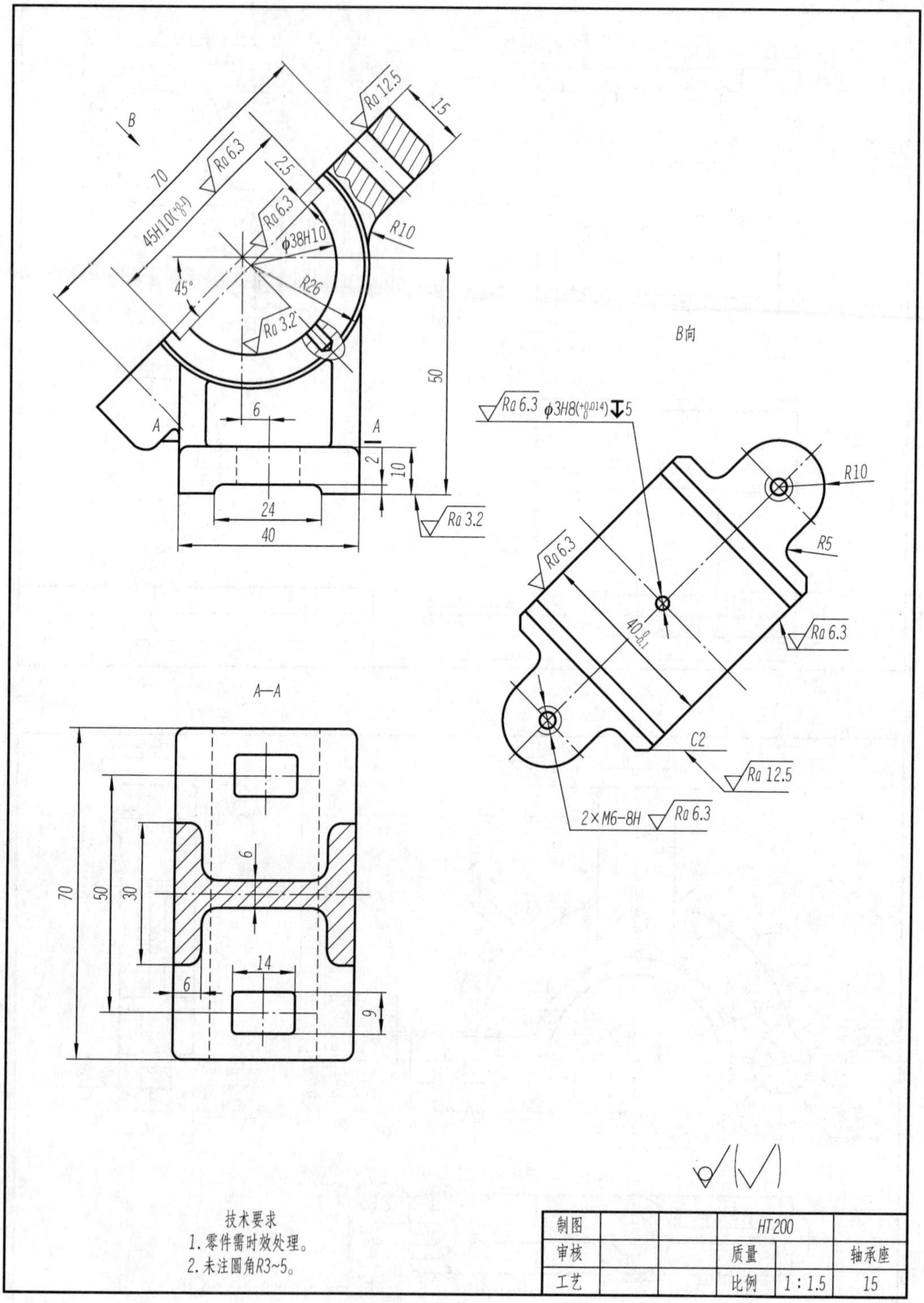
B
Ra 12.5
15
70
Ra 6.3
2.5
45H10
Ra 6.3
ϕ38H10
R10
45°
R26
Ra 3.2
50
6
A
A
2
10
24
40
Ra 3.2
B向
Ra 6.3
ϕ3H8
5
R10
R5
Ra 6.3
40
Ra 6.3
C2
Ra 12.5
2×M6-8H
Ra 6.3
A—A
70
50
30
6
14
6
9
技术要求
1. 零件需时效处理。
2. 未注圆角R3~5。
制图
审核
工艺
HT200
质量
比例
1 : 1.5
轴承座
15

（6）

5. 抄画箱体类零件图

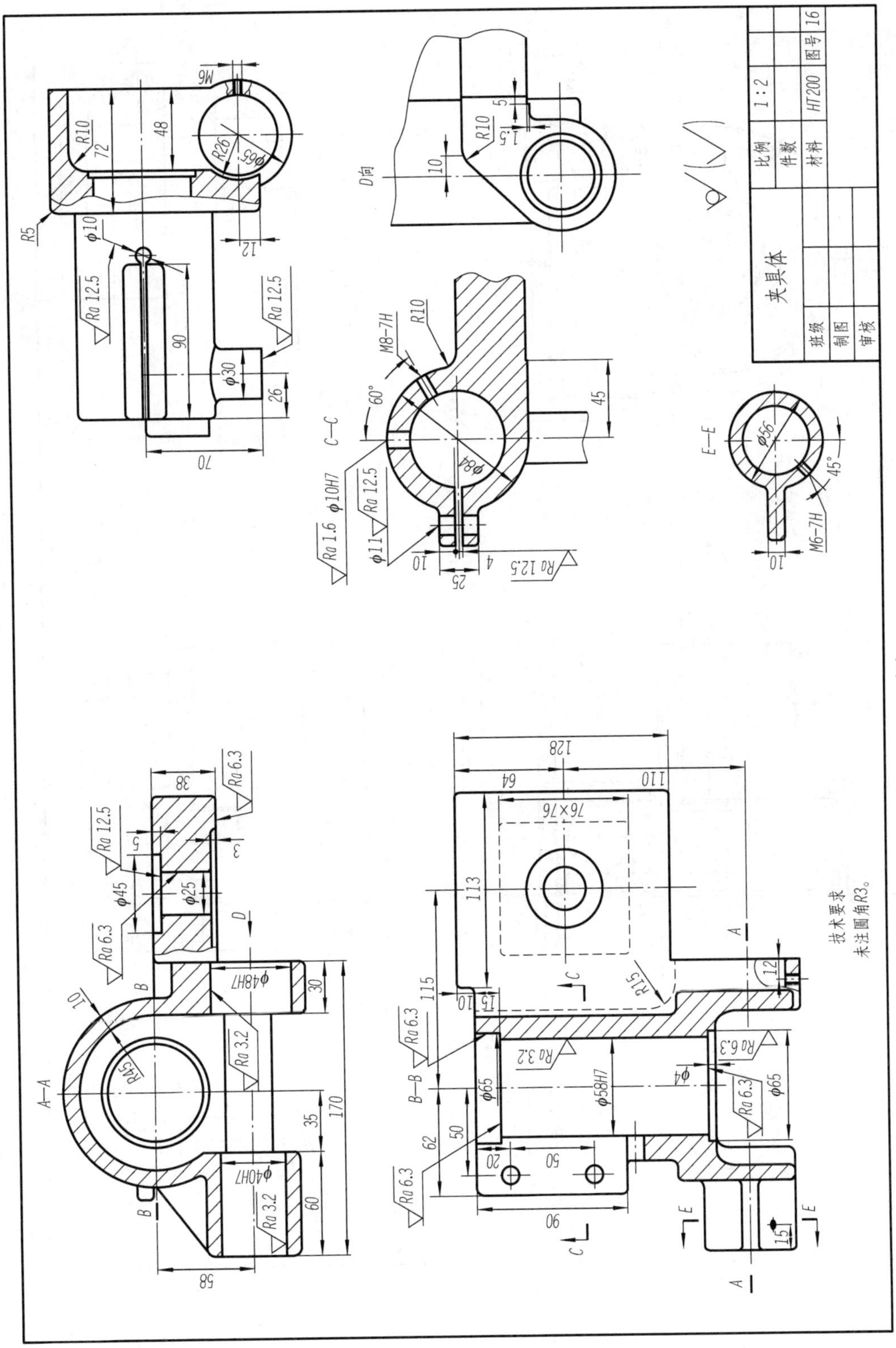

(1)

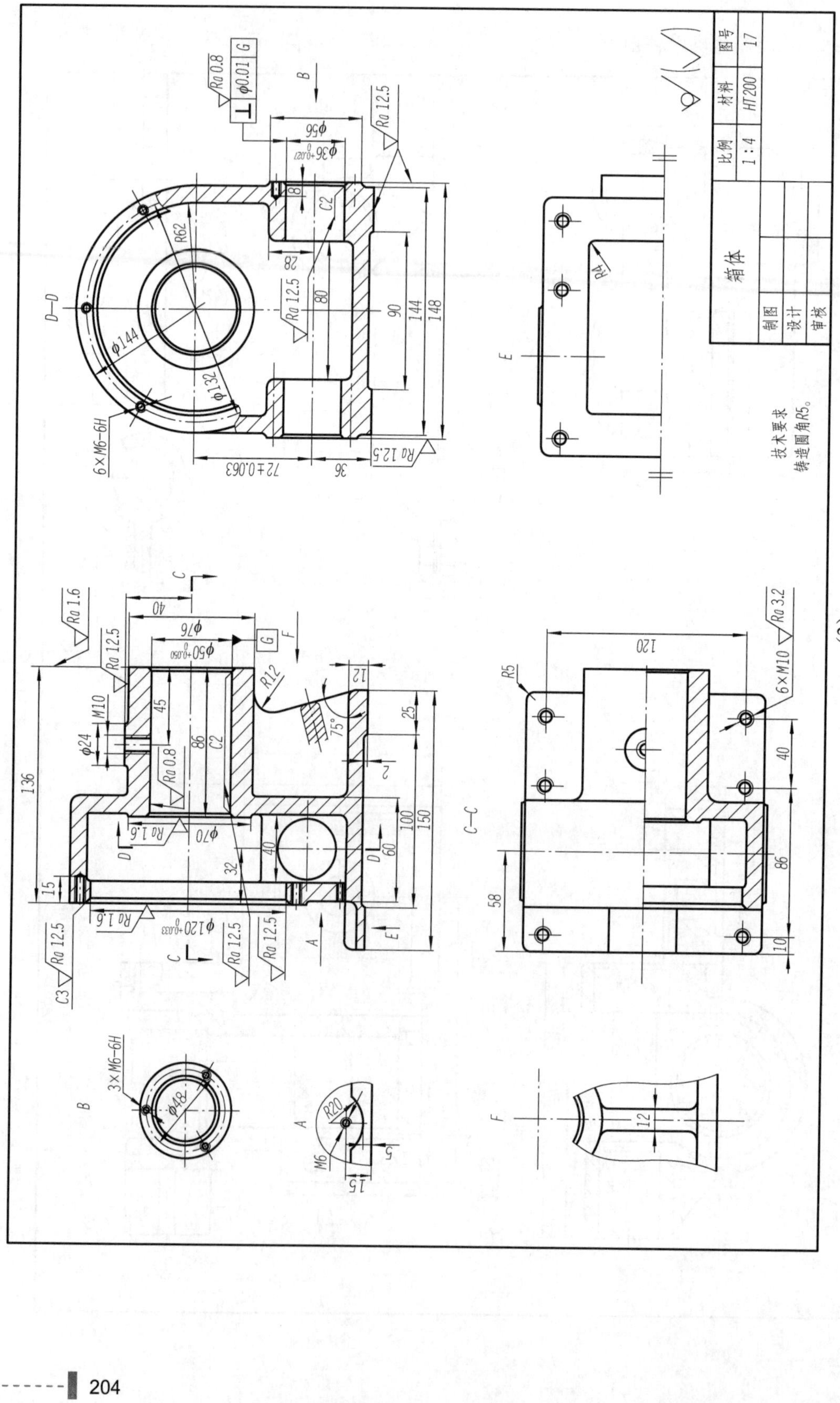

（2）

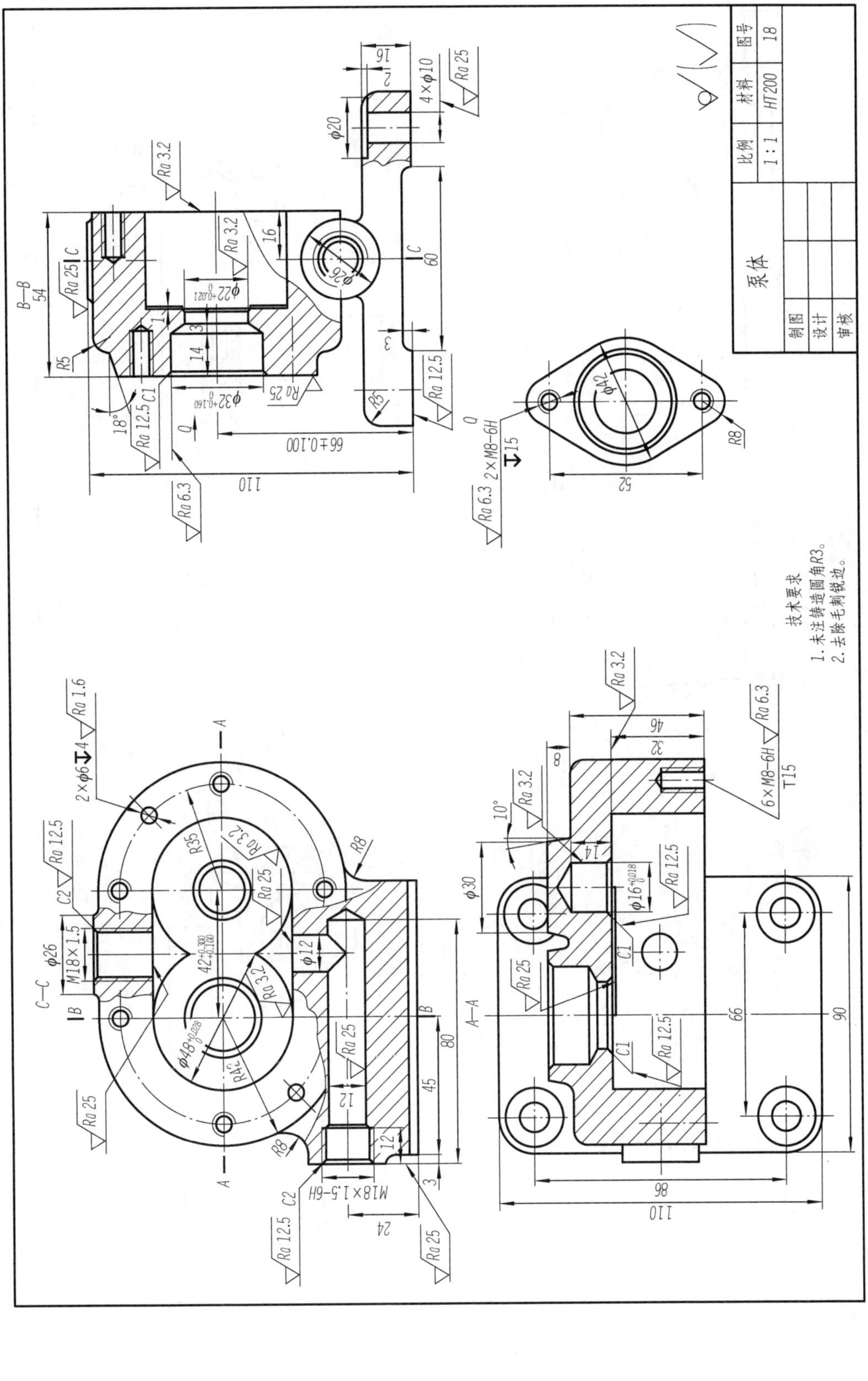

（3）

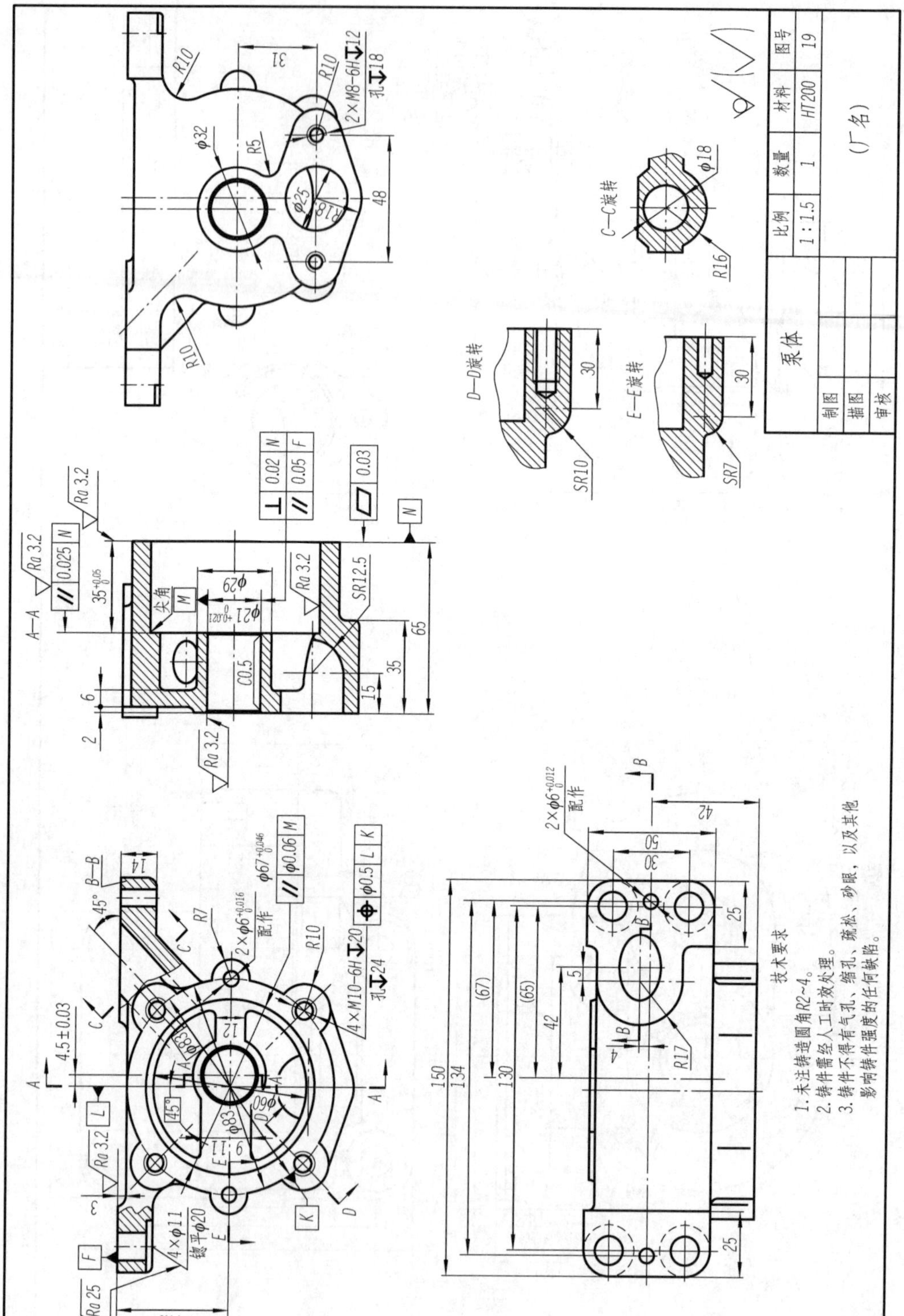
技术要求
1. 未注铸造圆角R2~4。
2. 铸件需经人工时效处理。
3. 铸件不得有气孔、缩孔、疏松、砂眼，以及其他影响铸件强度的任何缺陷。
泵体
比例 1:1.5
数量 1
材料 HT200
图号 19
制图
描图
审核
(厂名)
C—C旋转
D—D旋转
E—E旋转
A—A
B—B
(4)

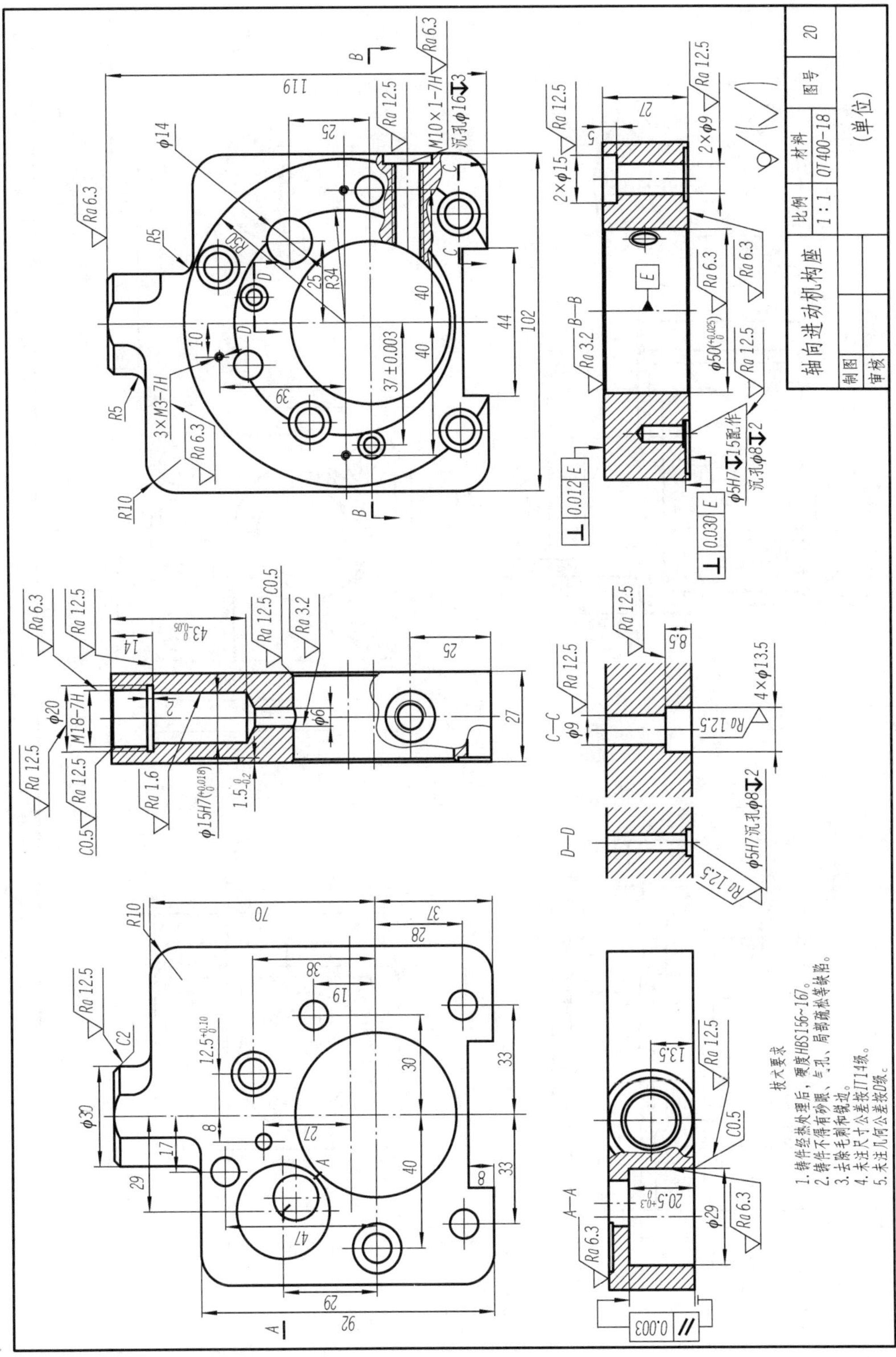
轴向进动机构座
比例 1:1
材料 QT400-18
图号 20
(单位)
制图
审核
技术要求
1.铸件经热处理后，硬度HBS156~167。
2.铸件不得有砂眼、气孔、局部疏松等缺陷。
3.去除毛刺和锐边。
4.未注尺寸公差按IT14级。
5.未注几何公差按D级。

(5)

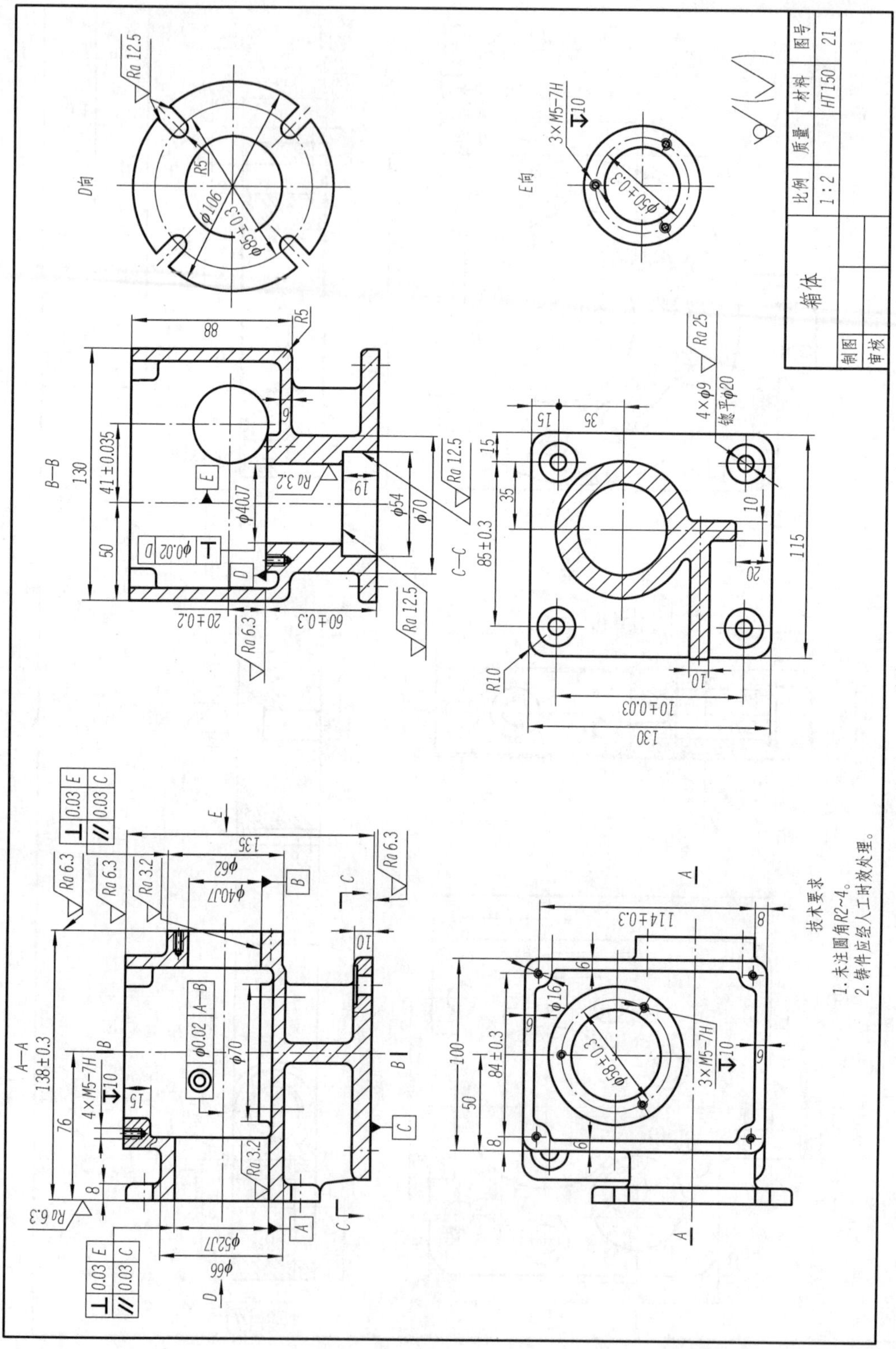
A—A
B—B
C—C
D向
E向
箱体
比例 1:2
质量
材料 HT150
图号 21
制图
审核
技术要求
1.未注圆角R2~4。
2.铸件应经人工时效处理。

（6）

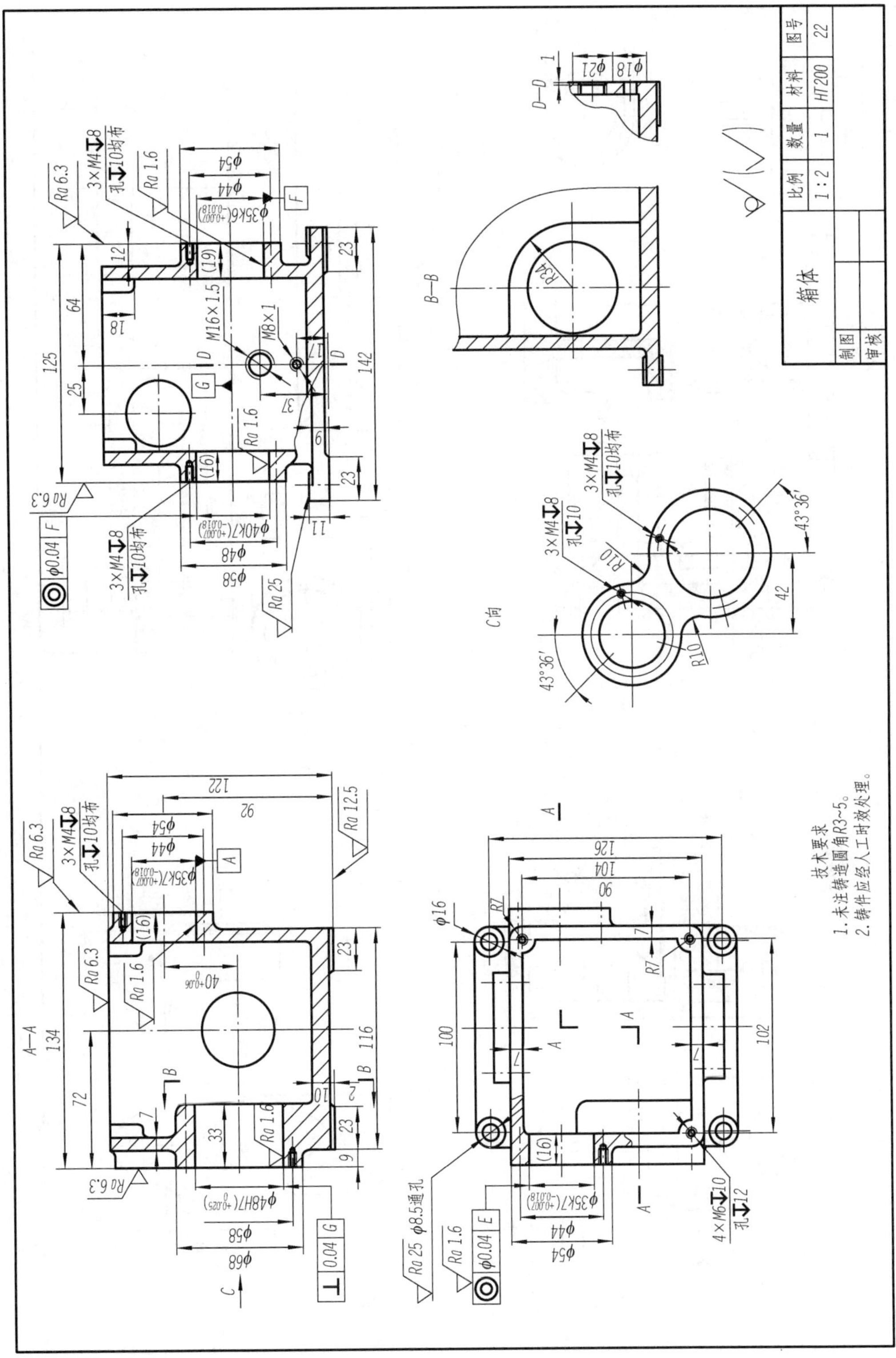
A—A
B—B
C向
D—D
技术要求
1.未注铸造圆角R3~5。
2.铸件应经人工时效处理。
箱体
比例 1:2
数量 1
材料 HT200
图号 22
制图
审核
(7)

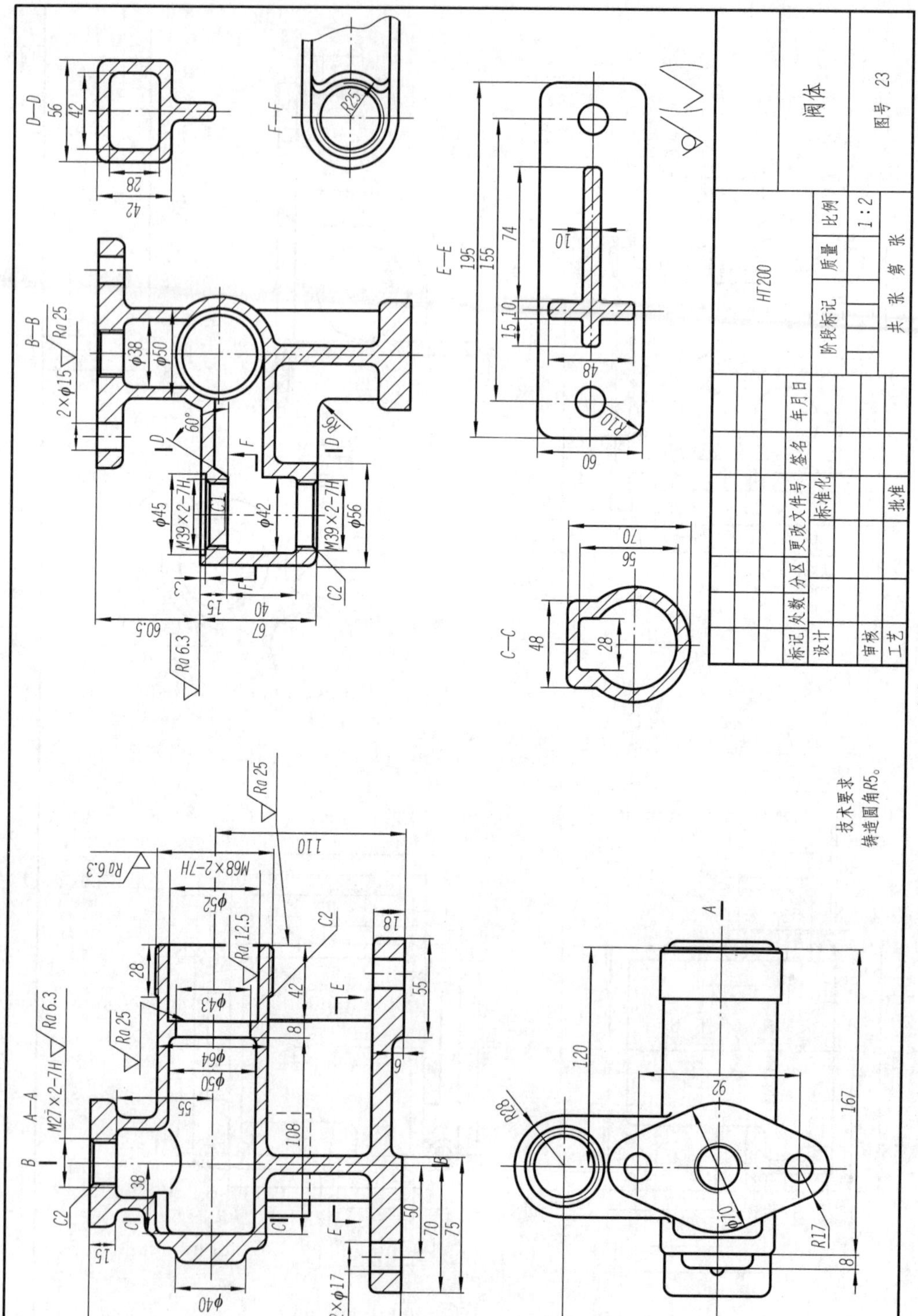

（8）

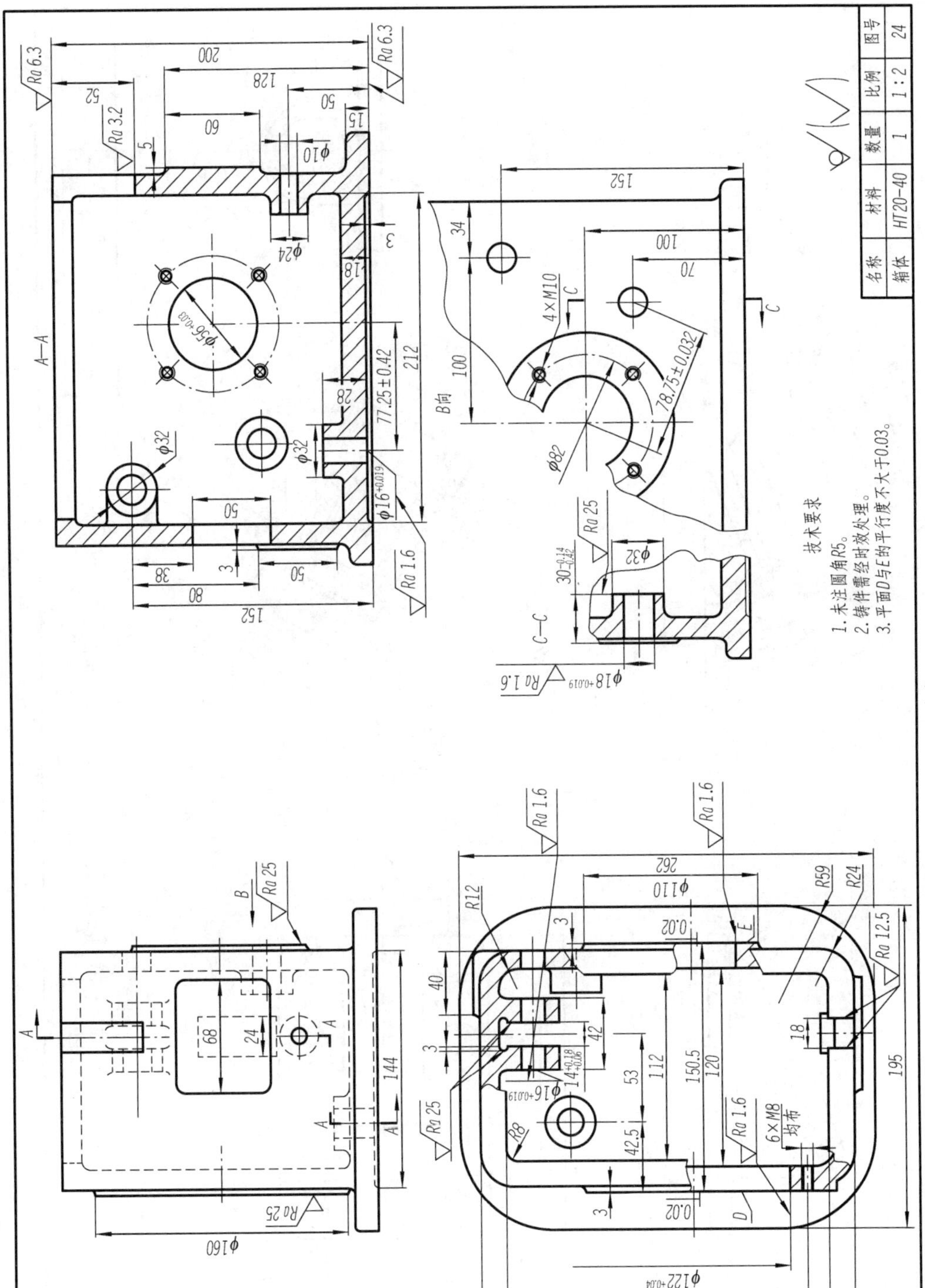
A—A
B向
C—C
技术要求
1. 未注圆角R5。
2. 铸件需经时效处理。
3. 平面D与E的平行度不大于0.03。
名称 箱体
材料 HT20-40
数量 1
比例 1:2
图号 24

(9)

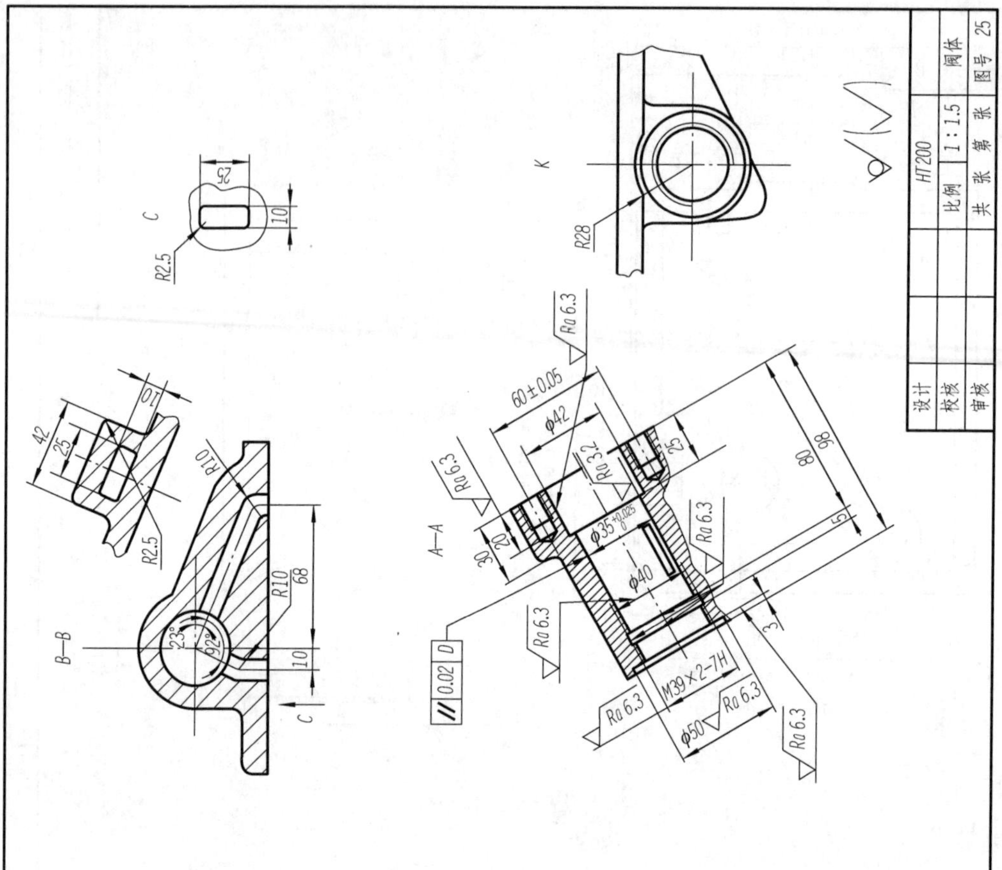
B—B
A—A
C
K
技术要求
1.工件面不允许有铸造缺陷。
2.未注铸造圆角R为5，未注倒角为C1。
6×φ13
沉孔φ20↧2
Ra 12.5
Ra 3.2
Ra 6.3
M39×2-7H
φ50
φ40
φ42
60±0.05
0.02 D
设计
校核
审核
HT200
比例 1:1.5
阀体
共 张 第 张
图号 25
（10）

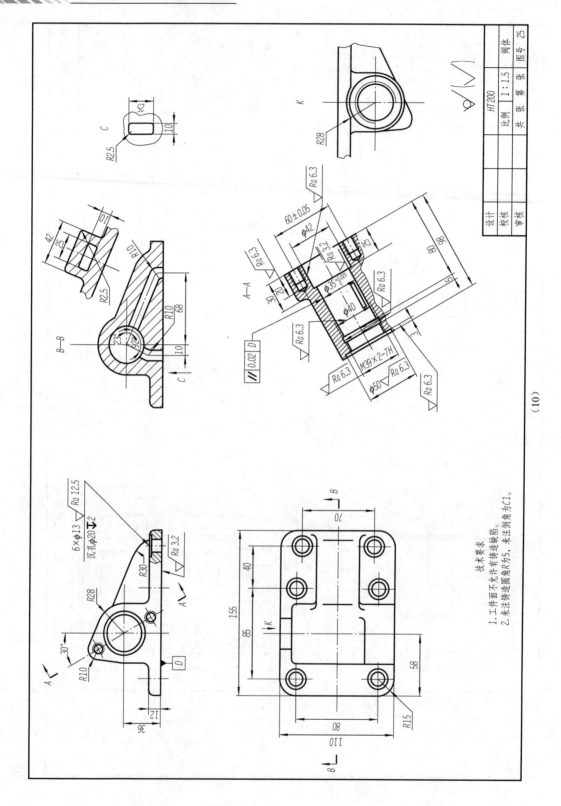

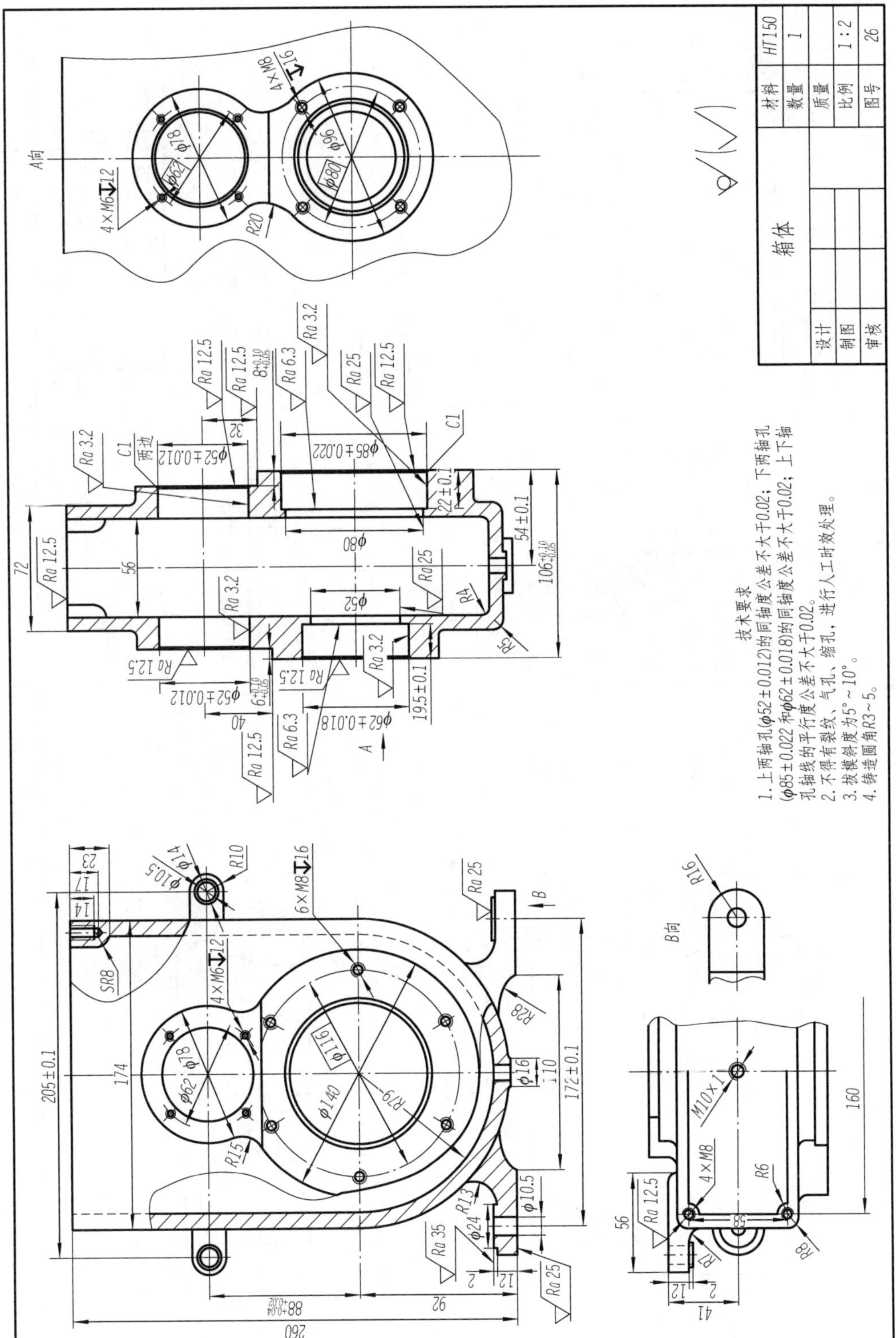
技术要求
1. 上两轴孔(φ52±0.012)的同轴度公差不大于0.02；下两轴孔(φ85±0.022和φ62±0.018)的同轴度公差不大于0.02；上下轴孔轴线的平行度公差不大于0.02。
2. 不得有裂纹、气孔、缩孔，进行人工时效处理。
3. 拔模斜度为5°~10°。
4. 铸造圆角R3~5。
箱体
材料 HT150
数量 1
质量
比例 1:2
图号 26
设计
制图
审核
A向
B向

(11)

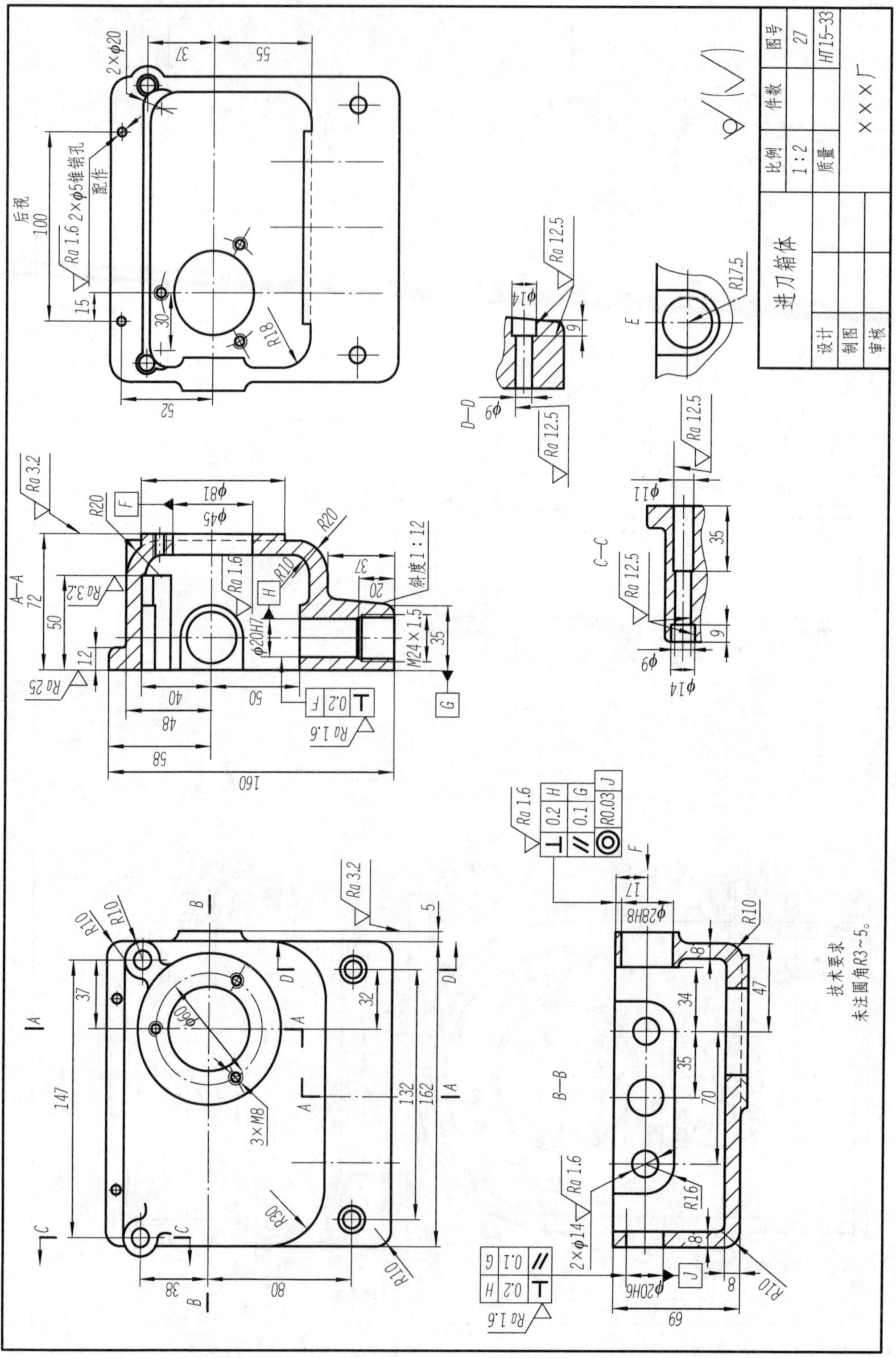
后视
2×ϕ5锥销孔
配作
A—A
B—B
C—C
D—D
斜度1:12
M24×1.5
ϕ20H7
ϕ28H8
ϕ20H6
2×ϕ14
3×M8
技术要求
未注圆角R3~5。
进刀箱体
比例
1:2
件数
图号
27
质量
HT15-33
设计
制图
审核
×××厂

(12)

附录 2 制图员技能检测模拟题

注意事项

1）本场考试分机考与手工绘图两部分内容，满分 100 分。考试安排在机房进行，时间为 180 分钟。

2）软件配置环境为中文 AutoCAD 2018，机考内容（初始设置、平面图形及零件图）储存在一个文件中，以“考生抽签号”为文件名统一存放在指定文件夹中。

3）手工绘图内容请用铅笔、直尺作图。

1．初始绘图环境设置（5 分）

考核要求如下：

1）设置 A3 图幅大小，绘制附图 2-1 所示的边框及标题栏，在对应框内填写姓名和抽签号，字高为 7mm。

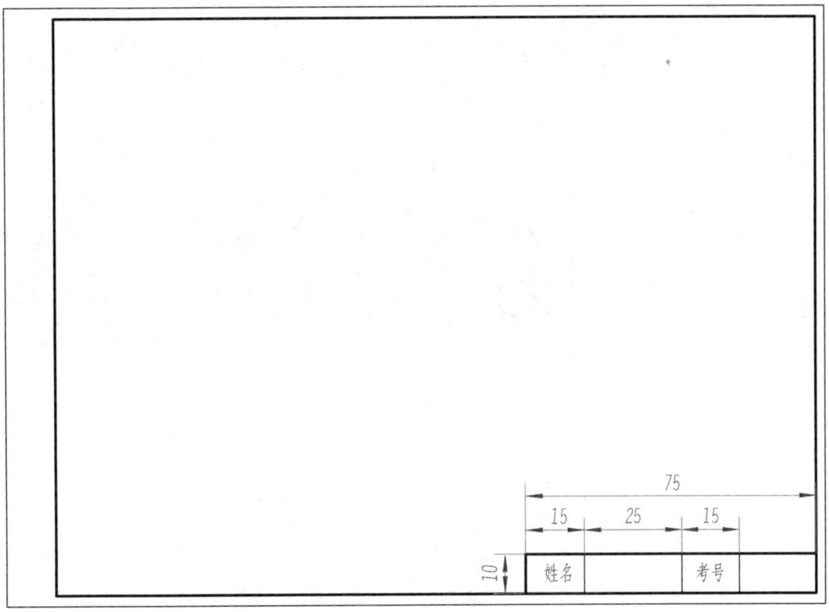

附图 2-1 边框及标题栏

2）尺寸标注按图中格式。尺寸参数：字高为 3.5mm，箭头长度为 3.5mm，尺寸界线延伸长度为 2mm，其余参数使用系统默认配置。

3）分层绘图。图层、颜色、线型要求见附表 2-1。

附表 2-1 分层绘图的要求

用途	层名	颜色	线型	线宽
粗实线	0	绿	实线	0.5
细实线	1	红	实线	0.25
虚线	2	洋红	虚线	0.25
中心线	3	紫	点画线	0.25
尺寸标注	4	黄	实线	0.25
文字	5	兰	实线	0.25

注：其余参数使用系统默认配置。另外需要建立的图层，考生自行设置。

4）将所有图形储存在一个文件中，均匀布置在边框线内。存盘前使图框充满屏幕，文件名采用考生抽签号。图形文件没有保存在指定磁盘位置的不得分。

2. 抄画平面图形（15 分）

考核要求如下：

1）读懂平面图形各项内容，使用计算机绘图软件抄画平面图形（附图 2-2）。

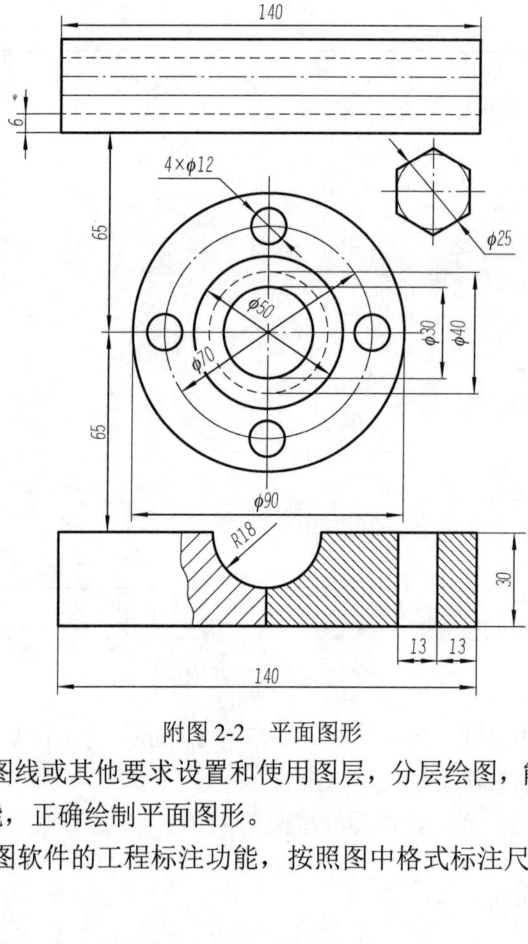

附图 2-2 平面图形

2）按照不同类型图线或其他要求设置和使用图层，分层绘图，能熟练使用计算机绘图软件的绘图及编辑功能，正确绘制平面图形。

3）使用计算机绘图软件的工程标注功能，按照图中格式标注尺寸。

4）将平面图形和初始设置及零件图储存在一个文件中，均匀布置在边框线内。存盘前使图框充满屏幕，文件名采用考生抽签号。

3. 抄画“支座”零件图（35 分）

考核要求如下：

1）按尺寸 1∶1 抄画零件图（附图 2-3），各种线型粗度采用默认值。

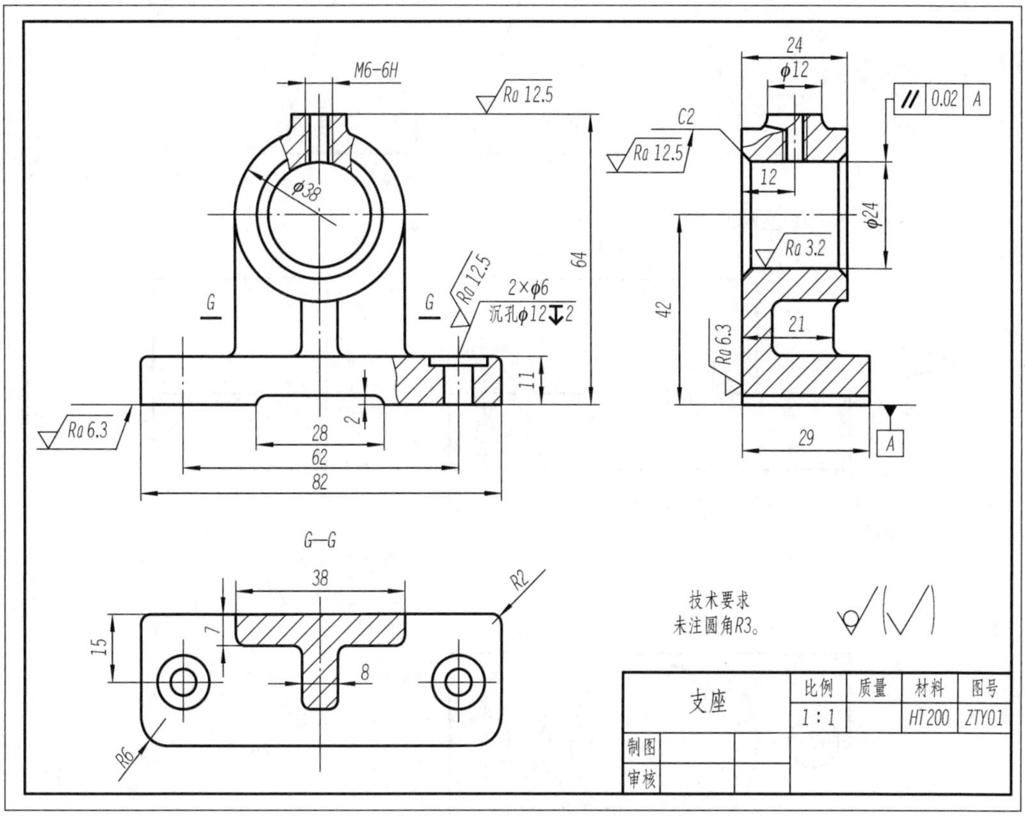

附图 2-3　“支座”零件

2）抄注尺寸及技术要求：字号为 3.5，箭头长度为 5mm，粗糙度符号采用默认值。

3）视图布局要恰当。

4）将零件图、初始设置及平面图形均存在一个文件中，均匀布置在边框线内。存盘前使图框充满屏幕，文件名采用考生抽签号。

4. 读“支座”零件图（图号 ZTY01），完成下列内容（15 分）

1）在图中指引标出 3 个方向的主要尺寸基准。

2）图中螺孔 M6-6H，M 表示________，公称直径为________mm，6H 表示________。

3）支座底板上的 2×ϕ6 孔的定位尺寸为________和________。

4）图中 // 0.02 A 标注，被测要素为________，基准要素为________，公差项目为________，公差值为________。

5）图中的表面粗糙度共有________级，其中底板上的两柱形沉孔的粗糙度代号是________，含义是______________________________。

5. 已知主、左视图，补画俯视图（8 分）

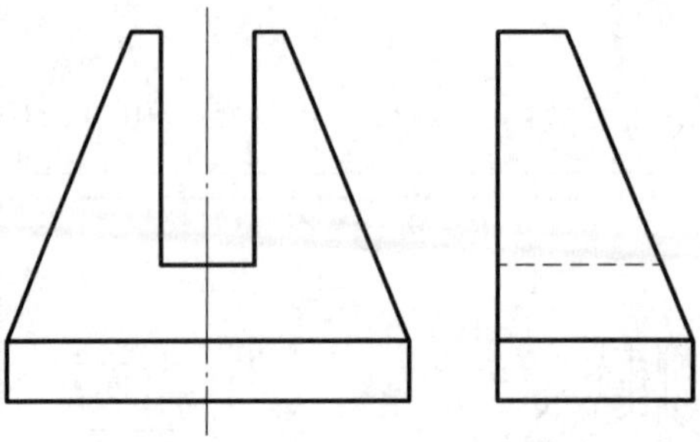

6. 标注尺寸，数值从图中量取，取整数（9 分）

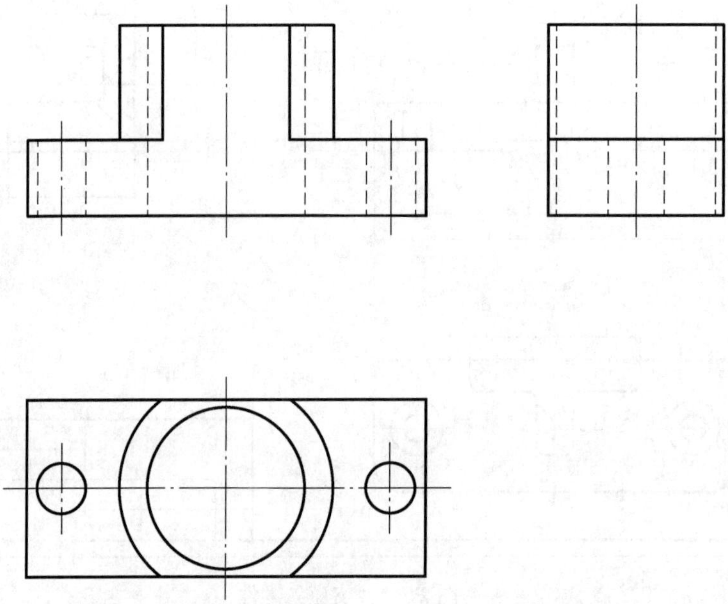

7. 根据给定的三视图，绘制正等轴测图（尺寸从图中量取）（8 分）

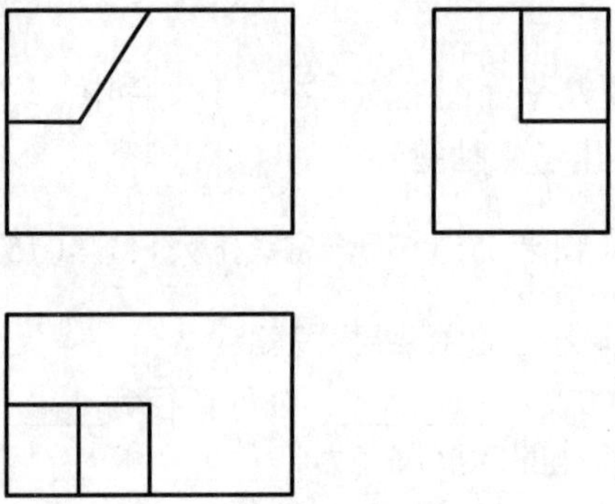

8. 完成下图螺柱连接的装配图（5分）

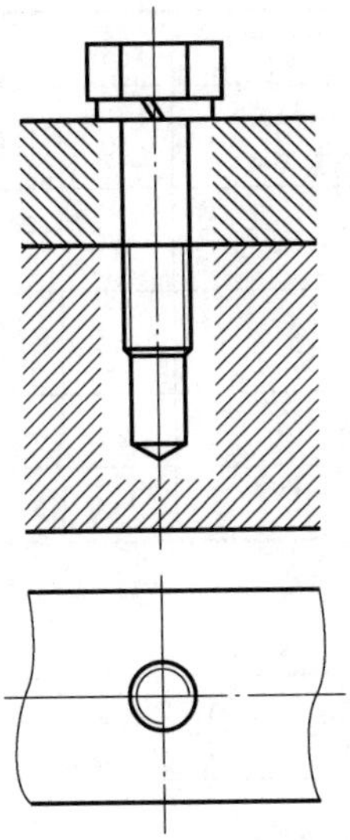

评　分　表

学校		班级		姓名			
学号		抽签号		总分			
题号	一	二	三	四	五	六	七	八
配分	5	15	35	15	8	9	8	5
得分								
评分人								

1. 初始绘图环境设置

序号	考核内容	考核要点	配分	评分标准	扣分	得分
1	设置图纸幅面大小	设置绘图界限	0.5	没按规定设置绘图界限扣0.5分		
2	绘制边框和填写标题栏	（1）绘制边框线 （2）绘制标题栏 （3）填写标题栏	2	（1）边框线尺寸不符合要求扣0.5分 （2）标题栏尺寸不符合要求扣0.5分 （3）标题栏内汉字大小不对扣0.5分 （4）标题栏内汉字内容不对扣0.5分		
3	图层、线型和颜色的设定	（1）按要求设立图层 （2）设定图层上的线型 （3）设定图层上的颜色	1	（1）图层的数量和层名不符合要求扣0.5分 （2）线型、颜色不符合要求扣0.5分		
4	标注参数的设定	（1）按要求设置字体样式 （2）按要求设置尺寸标注的样式	1	（1）字体样式不符合要求扣0.5分 （2）尺寸标注的样式不符合要求扣0.5分		
5	保存文件	按要求保存文件	0.5	文件名错误扣0.5分，图形文件没有保存在指定磁盘位置的不得分		
合计			5	—		

2. 抄画平面图形

序号	考核内容	考核要点	配分	评分标准	扣分	得分
1	图形	使用绘图软件的绘制和编辑功能，使图形形状和线型符合题目要求	10	图线错一处扣 1 分，扣完为止		
2	图层	按不同线型使用相应图层绘制	1	全部内容在一个图层上不得分，错一图层扣 0.5 分，扣完为止		
3	尺寸	使用绘图软件的标注功能标注尺寸	3	尺寸标注错一个或少一个扣 0.5 分，扣完为止		
4	尺寸数字	尺寸数字大小按要求设定	1	尺寸数字大小不按要求设定不得分		
合计			15	—		

3. 抄画“支座”零件图

序号	考核内容	考核要点	配分	评分标准	扣分	得分
1	抄画视图	各视图之间的投影规律，各种图线的设置	18	主视图 7 分、左视图 6 分、俯视图 5 分。剖面线填充不正确扣 2 分，剖视图标注不正确各扣 1 分，其他错误酌情扣分		
2	标注尺寸	设置尺寸标注菜单，抄注各尺寸	8	正确抄注尺寸得 8 分，错注或漏注一个扣 0.5 分，扣完为止		
3	标注技术要求	设置技术要求标注菜单，抄注表面粗糙度	4	视图中标注正确得 4 分，每错一处扣 0.5 分，扣完为止		
4	标题栏	按规定要求画标题栏，填写各项内容	3	标题栏尺寸不按要求扣 3 分，每漏填一项扣 0.5 分，扣完为止		
5	视图布置	视图的位置要布局恰当	2	视图位置不恰当、布局不合理酌情扣分		
合计			35	—		

4. 读“支座”零件图（图号 ZTY01），完成下列内容

序号	考核内容	参考答案	配分	评分标准	扣分	得分
1	标注尺寸基准	长度方向尺寸基准：零件左右对称平面； 宽度方向尺寸基准：零件的后面； 高度方向尺寸基准：零件的底面	3	每个基准标注错误扣 1 分。标注尺寸基准时，必须指明所选基准的位置和写明是哪个方向的尺寸基准，否则不得分		
2	解释定形尺寸	普通螺纹；6；中径和顶径公差代号	3	每空 1 分		
3	确定定位尺寸	62；15	2	每空 1 分		
4	识读几何公差	ϕ24 孔的轴线；零件底面；平行度；0.02mm	4	每空 1 分		
5	识读表面粗糙度	4；√Ra 12.5；表示用去除材料方法获得的表面，*Ra* 上限值为 12.5μm	3	每空 1 分		
合计			15	—		

5. 已知主、左视图，补画俯视图

序号	考核内容	参考答案	配分	评分标准	扣分	得分
1	补画俯视图	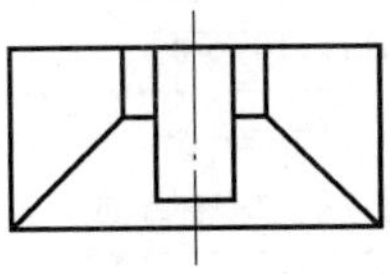	7	按三等关系画全俯视图。多线、少线、错线每处均扣 1 分，扣完为止		
2	图面质量		1	按国家标准规定线型画图，图面不整洁或线条不按要求绘制的不得分		
合计			8	—		

6. 标注尺寸，数值从图中量取，取整数

序号	考核内容	参考答案	配分	评分标准	扣分	得分
1	标注尺寸	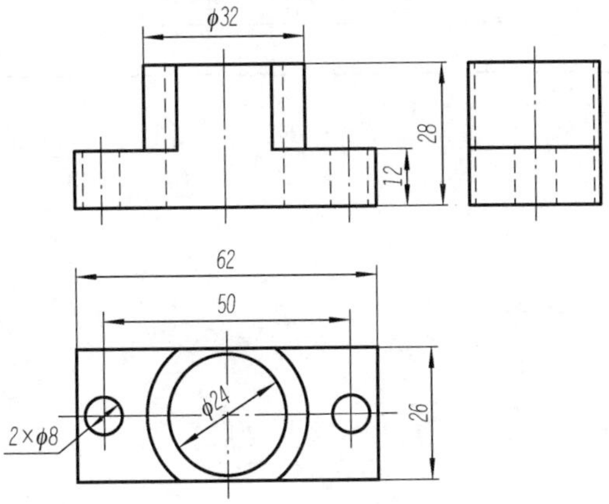	8	标错或漏注（多注）一个尺寸扣 1 分，扣完为止		
2	图面质量		1	按国家标准规定线型画图，图面不整洁或线条不按要求绘制的不得分		
合计			9	—		

7. 根据给定的三视图，绘制正等轴测图（尺寸从图中量取）

序号	考核内容	参考答案	配分	评分标准	扣分	得分
1	画轴测轴	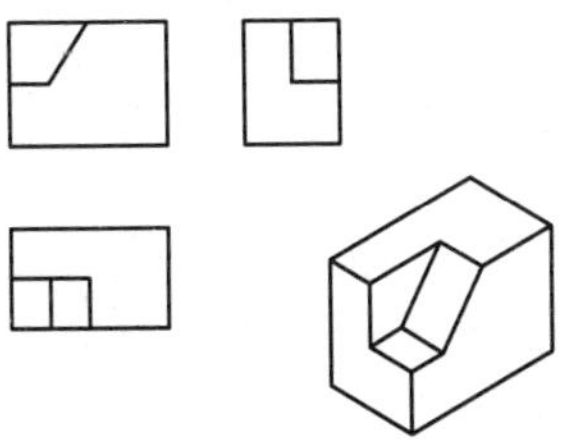	1	轴测轴的轴间角错，不得分		
2	绘制正等轴测图		6	量取尺寸，按简化系数画出轴测图；尺寸没按简化系数画的扣 1 分；立体画错，不得分		
3	图面质量		1	按国家标准规定线型画图，图面不整洁扣 0.5 分，线条不均匀扣 0.5 分		
合计			8	—		

8. 完成下图螺柱连接的装配图

序号	考核内容	参考答案	配分	评分标准	扣分	得分
1	绘制螺纹紧固件	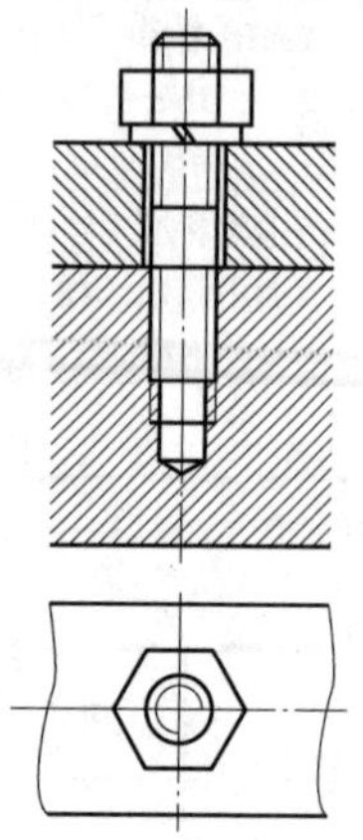	1	螺纹紧固件画法符合国家标准要求，螺柱 0.5 分，螺母和垫圈 0.5 分		
2	螺柱连接画法		1	各螺纹紧固件与工件的相对位置准确，错一处扣 0.5 分，错两处及两处以上扣 1 分		
3	视图投影关系		1	正确绘制视图之间的投影关系，出现一处投影错误扣 0.5 分，出现两处及两处以上错误扣 1 分		
4	剖面线画法		1	剖视图中剖面线绘制准确，一处错画或漏画扣 0.5 分，两处及两处以上错画或漏画扣 1 分		
5	图面质量		1	按国家标准规定线形画图，图面不整洁扣 0.5 分，线条不均匀扣 0.5 分		
合计			5	—		

附录 3 AutoCAD 2018 常用快捷命令

1. 绘图命令

快捷键	命令	含义
A	ARC	圆弧
B	BLOCK	块定义
C	CIRCLE	圆
DIV	DIVIDE	等分
DO	DONUT	圆环
DT	TEXT	单行文本
EL	ELLIPSE	椭圆
H	HATCH	填充
I	INSERT	插入块
L	LINE	直线
ML	MLINE	多线
PL	PLINE	多段线
PO	POINT	点
POL	POLYGON	多边形
REC	RECTANG	矩形
SPL	SPLINE	样条曲线
T	MTEXT	多行文本
W	WBLOCK	定义外部块

2. 修改命令

快捷键	命令	含义
AR	ARRAY	阵列
BR	BREAK	打断
CHA	CHAMFER	倒角
CO	COPY	复制
E	ERASE	删除
ED	DDEDIT	修改
EX	EXTEND	延伸
F	FILLET	圆角
LEN	LENGTHEN	拉长
M	MOVE	移动
MI	MIRROR	镜像
O	OFFSET	偏移
RO	ROTATE	旋转
EXT	EXTRUDE	拉伸
SC	SCALE	缩放
TR	TRIM	修剪
U	UNDO	放弃
X	EXPLODE	分解

3. 对象特性

快捷键	命令	含义
ATE	ATTEDIT	编辑属性
ATT	ATTDEF	属性定义
LA	LAYER	图层操作
LT	LINETYPE	线型
LTS	LTSCALE	线型比例
LW	LWEIGHT	线宽
MA	MATCHPROP	格式刷
OP	OPTIONS	选项设置
OS	OSNAP	对象捕捉设置
PRE	PREVIEW	打印预览
PRINT	PLOT	打印
RE	REGEN	重生成
ST	STYLE	文字样式
TO	TOOLBAR	工具栏
UN	UNITS	图形单位

4. 尺寸标注

快捷键	命令	含义
D	DIMSTYLE	标注样式
DAL	DIMALIGNED	对齐标注
DAN	DIMANGULAR	角度标注
DDI	DIMDIAMETER	直径标注
DED	DIMEDIT	编辑标注
DLI	DIMLINEAR	线性标注
DOR	DIMORDINATE	点标注
DOV	DIMOVERRIDE	替换标注
DRA	DIMRADIUS	半径标注
LE	QLEADER	快速引线标注
TOL	TOLERANCE	几何公差标注

5. Ctrl 快捷键

快捷键	命令	含义
Ctrl+1	PROPERTIES	修改特性
Ctrl+2	ADCENTER	设计中心
Ctrl+B	SNAP	栅格捕捉
Ctrl+C	COPY	复制
Ctrl+F	OSNAP	对象捕捉
Ctrl+G	GRID	栅格
Ctrl+L	ORTHO	正交

续表

快捷键	命令	含义
Ctrl+N	NEW	新建文件
Ctrl+O	OPEN	打开文件
Ctrl+P	PLON	打印文件
Ctrl+S	QSAVE	保存文件
Ctrl+U	—	极轴
Ctrl+V	PASTECLIP	粘贴
Ctrl+W	—	对象追踪
Ctrl+X	CUTCLIP	剪切
Ctrl+Z	U	放弃

参 考 文 献

方意琦，2009．AutoCAD 2008 中文版机械制图[M]．北京：科学出版社．

郭朝勇，2008．AutoCAD 2004 中文版应用基础[M]．2 版．北京：电子工业出版社．